Schnittpunkt 3

Mathematik
Baden-Württemberg

Joachim Böttner
Rainer Maroska
Achim Olpp
Rainer Pongs
Claus Stöckle
Hartmut Wellstein
Heiko Wontroba

Ernst Klett Verlag
Stuttgart · Leipzig

Schnittpunkt 3, Mathematik, Baden-Württemberg

Begleitmaterial:
Lösungsheft (ISBN 978-3-12-740373-2)
Arbeitsheft mit Lösungen (ISBN 978-3-12-740376-3)
Arbeitsheft mit Lösungen inklusive Lernsoftware (ISBN 978-3-12-740375-5)
Schnittpunkt Kompakt, Klasse 5/6 (ISBN 978-3-12-740358-9)
Schnittpunkt Kompakt, Klasse 7/8 (ISBN 978-3-12-740375-5)
Kompetenztest 2, Klasse 7/8 (ISBN 978-3-12-740487-6)
Formelsammlung (ISBN 978-3-12-740322-0)
Themenorientierter Kompetenzunterricht Klasse 6-9 (ISBN 978-3-12-742358-7)

1. Auflage   1   11 10 9 8 | 15 14

Alle Drucke dieser Auflage sind unverändert und können im Unterricht nebeneinander verwendet werden. Die letzten Zahlen bezeichnen jeweils die Auflage und das Jahr des Druckes.

Das Werk und seine Teile sind urheberrechtlich geschützt.
Jede Nutzung in anderen als den gesetzlich zugelassenen Fällen bedarf der vorherigen schriftlichen Einwilligung des Verlages. Hinweis zu § 52a UrhG: Weder das Werk noch seine Teile dürfen ohne eine solche Einwilligung eingescannt und in ein Netzwerk eingestellt werden. Dies gilt auch für Intranets von Schulen und sonstigen Bildungseinrichtungen. Fotomechanische oder andere Wiedergabeverfahren nur mit Genehmigung des Verlages.

© Ernst Klett Verlag GmbH, Stuttgart 2005.
Alle Rechte vorbehalten.
www.klett.de

Autoren: Joachim Böttner, Rainer Maroska, Achim Olpp, Rainer Pongs, Claus Stöckle, Prof. Dr. Hartmut Wellstein, Heiko Wontroba
Redaktion: Annegret Weimer, Elke Linzmaier

Zeichnungen / Illustrationen: Uwe Alfer, Waldbreitbach;
Bildkonzept Umschlag: SoldanKommunikation, Stuttgart
Umschlagfoto: Klaus Mellenthin, Stuttgart

Reproduktion: Meyle + Müller, Medien-Management, Pforzheim
DTP / Satz: topset Computersatz, Nürtingen
Druck: Firmengruppe APPL, aprinta druck, Wemding
Printed in Germany

ISBN 978-3-12-740371-8

Willkommen im Schnittpunkt

Liebe Schülerin, lieber Schüler,

der Schnittpunkt soll dich in diesem Schuljahr beim Lernen begleiten und unterstützen. Damit du dich jederzeit zurecht findest, wollen wir dir ein paar Hinweise geben.

Zu Beginn des Buches findest du **Basiswissen** aus den letzten Schuljahren zum Nachschlagen und Auffrischen.

Jedes neue Kapitel beginnt mit einer **Doppelseite**, auf der es viel zu entdecken und auszuprobieren gibt und auf der du nachlesen kannst, was du in diesem Kapitel lernen wirst. Innerhalb der Kapitel wirst du vor allem die **Aufgaben** bearbeiten – gemeinsam mit anderen oder allein.

Auf vielen Aufgabenseiten findest du bunt hervorgehobene Kästen, die Verschiedenes bieten:

- Wichtige mathematische Methoden und Vorgehensweisen, die du immer wieder brauchen wirst.

- Informationen, Daten und Diagramme zu einem interessanten Thema sowie einige Fragestellungen, zu denen du Antworten und Fragen finden kannst.

- Den Anstoß zu einer ausführlichen Beschäftigung mit einem Thema, bei dem es einiges zu entdecken gibt.

- Wissenswertes aus alter Zeit.

- Schaufenster in die Mathematik mit Interessantem, Staunenswertem, mit Spielen, Bastelideen, Gedankenexperimenten und echten Knobelnüssen.

Am Ende jedes Kapitels findest du in der **Zusammenfassung** noch einmal alles, was du dazugelernt hast. Hier kannst du dich für die anstehenden Klassenarbeiten fit machen und jederzeit nachschlagen.

Unter **Üben • Anwenden • Nachdenken** sind Aufgaben zum Üben, Weiterdenken und Anknüpfen an früher Gelerntes zusammengestellt.

Die letzte Seite des Kapitels, der **Rückspiegel**, bietet dir eine Aufgabenauswahl, mit der du dein Wissen und Können testen kannst. Links findest du die leichteren, rechts die schwierigeren Aufgaben. Wenn du einen Aufgabentyp schon sehr gut beherrschst, kannst du nach rechts springen, wenn dir eine Art von Aufgaben noch Schwierigkeiten bereitet, wechselst du auf die linke Seite. Die Lösungen zu diesen Aufgaben findest du alle am Ende des Buches.

Und jetzt wünschen wir dir viel Spaß und Erfolg!

Inhalt

- **Basiswissen** — 6

1 Rationale Zahlen — 12

1. Ganze Zahlen — 14
2. Rationale Zahlen — 16
3. Anordnung — 18
4. Zunahme und Abnahme — 21
5. Koordinatensystem — 23
   Zusammenfassung — 25
   Üben • Anwenden • Nachdenken — 26
   Rückspiegel — 29

2 Rechnen mit rationalen Zahlen — 30

1. Addieren — 32
2. Subtrahieren — 34
3. Addition und Subtraktion. Klammern — 37
4. Multiplizieren — 40
5. Dividieren — 42
6. Verbindung der Rechenarten — 45
   Zusammenfassung — 48
   Üben • Anwenden • Nachdenken — 49
   Rückspiegel — 53

3 Dreiecke — 54

1. Winkelsumme im Dreieck — 56
2. Dreiecksformen — 58
3. Konstruktion von Dreiecken — 61
4. Umkreis und Inkreis — 64
5. Höhenschnittpunkt und Schwerpunkt — 66
   Zusammenfassung — 68
   Üben • Anwenden • Nachdenken — 69
   Rückspiegel — 73

4 Rechnen mit Termen — 74

1. Terme und Variablen — 76
2. Addition und Subtraktion von Termen — 78
3. Multiplikation und Division — 80
4. Terme mit Klammern — 83
   Zusammenfassung — 86
   Üben • Anwenden • Nachdenken — 87
   Rückspiegel — 89

5 Gleichungen — 90

1. Gleichungen — 92
2. Gleichungen mit Klammern — 96
3. Lesen und Lösen — 99

5 Gleichungen

Zusammenfassung	103
Üben • Anwenden • Nachdenken	104
Rückspiegel	107

6 Vierecke. Vielecke 108

1 Haus der Vierecke	110
2 Vierecke. Winkelsumme	113
3 Vierecke konstruieren	115
4 Regelmäßige Vielecke	118
Zusammenfassung	121
Üben • Anwenden • Nachdenken	122
Rückspiegel	127

7 Proportional und umgekehrt proportional 128

1 Dreisatz	130
2 Proportionale Zuordnung	132
3 Umgekehrter Dreisatz	135
4 Umgekehrt proportionale Zuordnungen	137
Zusammenfassung	140
Üben • Anwenden • Nachdenken	141
Rückspiegel	145

8 Prozente 146

1 Absoluter und relativer Vergleich	148
2 Prozente	150
3 Prozentsatz	153
4 Prozentwert	155
5 Grundwert	157
Zusammenfassung	159
Üben • Anwenden • Nachdenken	160
Rückspiegel	163

9 Daten 164

1 Rangliste	166
2 Relative Häufigkeit	168
3 Stichproben	171
4 Zentralwert	173
Zusammenfassung	178
Üben • Anwenden • Nachdenken	179
Rückspiegel	183

Lösungen des Basiswissens	184
Lösungen der Rückspiegel	186
Register	196
Mathematische Symbole / Maßeinheiten	198

Basiswissen | Kreis und Winkel

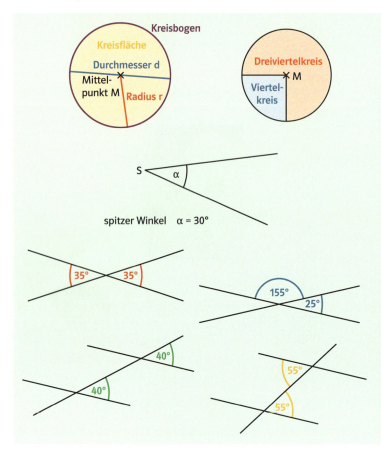

Alle Punkte des Kreises haben vom Mittelpunkt dieselbe Entfernung. Es gilt: $d = 2 \cdot r$.

Ein von zwei Radien und einem **Kreisbogen** begrenztes Stück der **Kreisfläche** heißt **Kreisausschnitt**.

Ein **Winkel** wird von zwei **Schenkeln** mit gemeinsamem Anfangspunkt S begrenzt. Der Punkt S heißt **Scheitel** des Winkels. Die Maßeinheit für die Größe eines Winkels heißt **Grad** (kurz: °).

Winkel werden nach ihrer Größe eingeteilt. Es gibt **spitze** (kleiner als 90°), **rechte** (90°), **stumpfe** (zwischen 90° und 180°), **gestreckte** (180°), **überstumpfe** (zwischen 180° und 360°) und **volle** Winkel (360°).

Scheitelwinkel sind gleich groß.
Nebenwinkel ergänzen sich zu 180°.
Stufenwinkel an geschnittenen Parallelen sind gleich groß.
Wechselwinkel an geschnittenen Parallelen sind gleich groß.

1 Zeichne je einen Kreis.
r = 2,0 cm   r = 45 mm   d = 6,0 cm

2 In wie viele Teile wurde zerlegt? Benenne jeweils einen Kreisausschnitt und den gefärbten Anteil der Kreisfläche.
a)   b)   c)

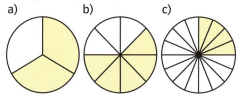

3 Zeichne je einen Winkel mit 45°; 90°; 135°; 240° und 310°. Um welche Winkelarten handelt es sich?

4 Berechne den Winkel α mithilfe der Winkeldifferenz.

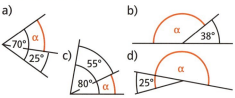

5 Wie groß sind α, β und γ an den parallelen Geraden g und h?

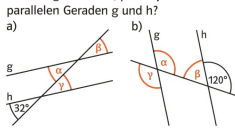

Basiswissen | Symmetrische Figuren. Vierecke

Eine Figur mit zwei spiegelbildlichen Hälften heißt **achsensymmetrisch**. Die Verbindungsstrecke spiegelbildlicher Punkte steht auf der **Symmetrieachse** senkrecht und wird von ihr halbiert.

Vierecke

Rechteck
- gegenüberliegende Seiten gleich lang
- gegenüberliegende Seiten parallel
- vier rechte Winkel

Quadrat
- Rechteck mit vier gleich langen Seiten

Parallelogramm
- gegenüberliegende Seiten gleich lang
- gegenüberliegende Seiten parallel

Raute
- Parallelogramm mit vier gleich langen Seiten

Drachen
- Symmetrieachse durch zwei Eckpunkte
- dort kommen gleich lange Seiten zusammen

Symmetrisches Trapez
- zwei Seiten parallel
- zwei Seiten gleich lang
- Symmetrieachse durch die Mittelpunkte der parallelen Seiten

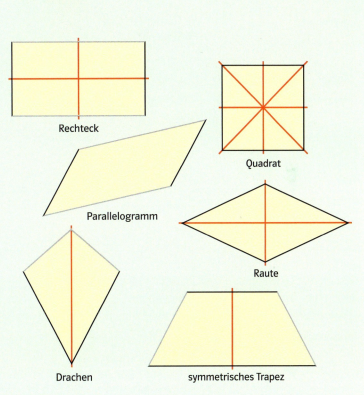

Im Bild gleich gefärbte Seiten sind gleich lang. Außerdem sind die Symmetrieachsen eingezeichnet.

1 Drei Eckpunkte eines Rechtecks ABCD sind gegeben:
A(3|2); B(9|5); C(7|9).
Bestimme die Koordinaten von D.

2 Ein Drachen ABCD mit der Symmetrieachse durch A und C hat die Eckpunkte
A(2|8); B(3|2); C(7|3).
Bestimme die Koordinaten von D.

3 Ergänze die Punkte P(5|2); Q(7|7); R(2|5) zum Parallelogramm. Es gibt drei Möglichkeiten.

4 Übertrage die Figur ins Heft und zeichne die Symmetrieachsen ein.

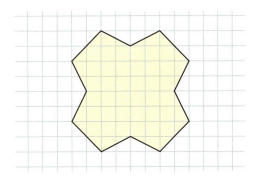

Basiswissen | Daten

In der Jahrgangsstufe 7 wird nach der Anzahl guter Freundinnen bzw. Freunde gefragt.

Anzahl	0	1	2	3	4	5	6
Nennungen	ℍℍ I	ℍℍ ℍℍ ℍℍ IIII	ℍℍ ℍℍ ℍℍ ℍℍ ℍℍ ℍℍ	ℍℍ ℍℍ ℍℍ ℍℍ III	ℍℍ III		IIII

Eine **statistische Erhebung** ist eine Sammlung von Daten.

Die einzelnen Ergebnisse der statistischen Erhebung werden oft in **Strichlisten**

Anzahl	0	1	2	3	4	5	6
Nennungen	6	19	30	23	8	0	4

oder **Häufigkeitslisten** festgehalten.

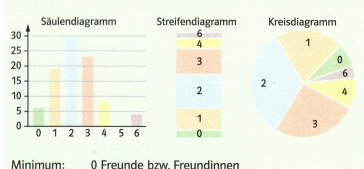

Statistische Erhebungen können durch **Säulen-, Balken-, Bild-, Streifen-** oder **Kreisdiagramme** veranschaulicht werden.

Minimum: 0 Freunde bzw. Freundinnen
Maximum: 6 Freunde bzw. Freundinnen
Spannweite: 6 Freunde bzw. Freundinnen
Mittelwert: $\frac{6 \cdot 0 + 19 \cdot 1 + 30 \cdot 2 + 23 \cdot 3 + 8 \cdot 4 + 0 \cdot 5 + 4 \cdot 6}{90}$
$= \frac{204}{90} \approx 2{,}3$ Freunde bzw. Freundinnen

Einen schnellen Überblick über statistische Erhebungen verschafft man sich mit **Kennwerten**.
Der kleinste Wert der Liste: **Minimum**
Der größte Wert der Liste: **Maximum**
Die Differenz aus Maximum und Minimum: **Spannweite**
Die Summe aller Werte durch die Anzahl der Werte: **Mittelwert**

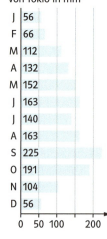

Niederschlagsmenge von Tokio in mm
J 56, F 66, M 112, A 132, M 152, J 163, J 140, A 163, S 225, O 191, N 104, D 56

1 Bei einer Verkehrszählung wurden in einer Stunde 58 Autos, 5 Omnibusse, 20 Motorräder und 17 Fahrräder gezählt.
a) Zeichne ein Säulendiagramm.
b) Zeichne ein Kreisdiagramm.
c) Zeichne ein Streifendiagramm.

2 Berechne zu den Niederschlagsmengen von Tokio Minimum, Maximum, Mittelwert und Spannweite.

3 Welche Punktzahl erreichten die Schülerinnen und Schüler im Durchschnitt?

Punkte	2	3	4	5	6	7	8	9	10	11	12	13	14	15
Anzahl	1	0	1	1	3	2	0	0	6	8	5	0	2	1

4 Beim Kugelstoßwettkampf wurden folgende Weiten (in cm) erzielt:

7a: 665; 682; 671; 703; 689; 696; 699; 701
7b: 692; 686; 700; 699; 685; 683; 676; 671
7c: 689; 686; 692; 691; 692; 697; 691; 693
7d: 687; 652; 692; 702; 710; 675; 684; 623

a) In welcher Klasse wurde die durchschnittlich größte Weite gestoßen?
b) In welcher Klasse ist der Unterschied am größten, in welcher am kleinsten?
c) Welche Klasse hat den besten Durchschnitt, wenn man nur die drei Besten wertet?
d) Es werden die beiden schlechtesten Leistungen jeder Klasse gestrichen. Berechne die veränderten Werte und vergleiche.

Basiswissen | Rechnen mit Brüchen

Brüche werden **erweitert**, indem man Zähler und Nenner mit derselben Zahl multipliziert. Brüche werden **gekürzt**, indem man Zähler und Nenner durch dieselbe Zahl dividiert. Beim Erweitern oder Kürzen ändert sich der Wert des Bruches nicht.
Brüche **vergleicht** man, indem man sie auf den gleichen Nenner erweitert oder kürzt und dann die Zähler vergleicht.

Erweitern: $\frac{5}{8} = \frac{5 \cdot 3}{8 \cdot 3} = \frac{15}{24}$ Kürzen

Kürzen: $\frac{6}{10} = \frac{6:2}{10:2} = \frac{3}{5}$ Erweitern

$\frac{3}{4} < \frac{4}{5}$, da $\frac{3 \cdot 5}{4 \cdot 5} = \frac{15}{20}$ und $\frac{4 \cdot 4}{5 \cdot 4} = \frac{16}{20}$

1 Erweitere.
a) $\frac{2}{3}$ mit 2; 3; 4
b) $\frac{2}{3}$ auf $\frac{\square}{15}$; $\frac{\square}{18}$; $\frac{\square}{30}$
c) $\frac{3}{4}$ mit 6; 8; 10
d) $\frac{3}{4}$ auf $\frac{\square}{8}$; $\frac{\square}{12}$; $\frac{\square}{16}$
e) $\frac{5}{6}$ mit 2; 5, 8
f) $\frac{5}{6}$ auf $\frac{\square}{18}$; $\frac{\square}{24}$; $\frac{\square}{60}$

2 Kürze vollständig.
a) $\frac{24}{42}$
b) $\frac{20}{32}$
c) $\frac{28}{42}$
d) $\frac{45}{54}$
e) $\frac{60}{80}$
f) $\frac{75}{125}$

3 Vergleiche.
a) $\frac{3}{8} \square \frac{1}{4}$
b) $\frac{3}{5} \square \frac{7}{10}$
c) $\frac{2}{3} \square \frac{4}{5}$
d) $\frac{5}{6} \square \frac{5}{9}$
e) $\frac{5}{6} \square \frac{4}{5}$
f) $\frac{7}{8} \square \frac{8}{9}$

4 Ordne die Brüche nach der Größe.
a) $\frac{1}{4}$; $\frac{5}{6}$; $\frac{7}{12}$; $\frac{17}{24}$; $\frac{3}{8}$; $\frac{1}{2}$
b) $\frac{37}{50}$; $\frac{2}{3}$; $\frac{17}{25}$; $\frac{3}{5}$; $\frac{11}{15}$; $\frac{52}{75}$; $\frac{7}{10}$

Zwei Brüche werden **addiert** oder **subtrahiert**, indem man beide Brüche auf einen gemeinsamen Nenner erweitert und dann die beiden Zähler addiert oder subtrahiert.
In Summen dürfen die Summanden vertauscht
und beliebig Klammern gesetzt und weggelassen werden.

$\frac{1}{6} + \frac{3}{4} = \frac{1 \cdot 2}{6 \cdot 2} + \frac{3 \cdot 3}{4 \cdot 3} = \frac{2}{12} + \frac{9}{12} = \frac{11}{12}$

$\frac{4}{5} - \frac{2}{3} = \frac{4 \cdot 3}{5 \cdot 3} - \frac{2 \cdot 5}{3 \cdot 5} = \frac{12}{15} - \frac{10}{15} = \frac{2}{15}$

$\frac{2}{3} + \frac{1}{2} = \frac{1}{2} + \frac{2}{3}$, denn
$\frac{2}{3} + \frac{1}{2} = \frac{4}{6} + \frac{3}{6} = \frac{7}{6} = 1\frac{1}{6}$
$\frac{1}{2} + \frac{2}{3} = \frac{3}{6} + \frac{4}{6} = \frac{7}{6} = 1\frac{1}{6}$

$\left(\frac{2}{3} + \frac{2}{5}\right) + \frac{1}{5} = \frac{2}{3} + \left(\frac{2}{5} + \frac{1}{5}\right) = \frac{2}{3} + \frac{3}{5} = \frac{10}{15} + \frac{9}{15} = \frac{19}{15} = 1\frac{4}{15}$

5 Berechne im Kopf.
a) $\frac{2}{5} + \frac{3}{5}$
b) $\frac{5}{7} - \frac{2}{7}$
c) $\frac{3}{4} + \frac{5}{4}$
d) $\frac{2}{3} + \frac{1}{4}$
e) $1 - \frac{1}{5}$
f) $\frac{2}{3} + \frac{2}{5}$
g) $\frac{1}{3} + 1$
h) $\frac{3}{4} - \frac{3}{8}$
i) $\frac{5}{6} - \frac{1}{3}$

6 Addiere und subtrahiere.
a) $\frac{5}{6} + \frac{3}{8}$
b) $\frac{3}{4} + \frac{4}{5}$
c) $\frac{3}{4} - \frac{5}{9}$
d) $\frac{7}{8} + \frac{4}{5}$
e) $\frac{3}{5} - \frac{2}{7}$
f) $\frac{2}{3} - \frac{2}{5}$
g) $\frac{6}{7} - \frac{5}{8}$
h) $\frac{5}{7} + \frac{2}{9}$
i) $\frac{3}{8} - \frac{2}{9}$

7 Rechne in gemischter Schreibweise.
a) $1\frac{3}{4} - \frac{1}{2}$
b) $2\frac{2}{3} + 1\frac{1}{2}$
c) $1\frac{2}{3} + 2\frac{7}{8}$
d) $1\frac{4}{5} - 1\frac{1}{8}$
e) $1\frac{4}{9} - \frac{1}{6}$
f) $\frac{1}{2} + 1\frac{5}{6}$

8 Berechne.
a) $\frac{3}{8} + \frac{4}{3} + \frac{1}{4}$
b) $\frac{1}{6} + \left(\frac{1}{4} + \frac{5}{6}\right)$
c) $\frac{1}{2} + \left(\frac{3}{7} + \frac{1}{4}\right) + \frac{9}{14}$
d) $\left(\frac{2}{7} + \frac{5}{8}\right) + \left(\frac{5}{7} + \frac{3}{4}\right)$
e) $\frac{1}{12} + \left(\frac{3}{7} + \frac{5}{6}\right) + \frac{2}{7} + \frac{1}{3}$
f) $\left(\frac{1}{6} + \frac{2}{3}\right) + \frac{1}{2} + \left(\frac{8}{9} + \frac{3}{4}\right)$

Basiswissen | Rechnen mit Brüchen und Dezimalbrüchen

Zwei Brüche werden **multipliziert**, indem man Zähler mit Zähler und Nenner mit Nenner multipliziert.
Zwei Brüche werden **dividiert**, indem man den ersten Bruch mit dem Kehrbruch des zweiten Bruches multipliziert.
In Produkten dürfen die Faktoren vertauscht und beliebig Klammern gesetzt und weggelassen werden.

$$\frac{2}{3} \cdot \frac{5}{7} = \frac{2 \cdot 5}{3 \cdot 7} = \frac{10}{21}$$

$$\frac{2}{3} : \frac{4}{5} = \frac{2}{3} \cdot \frac{5}{4} = \frac{2 \cdot 5}{3 \cdot 4} = \frac{10}{12} = \frac{5}{6}$$

$$\frac{3}{5} \cdot \frac{4}{7} = \frac{4}{7} \cdot \frac{3}{5}, \text{ denn } \quad \frac{3}{5} \cdot \frac{4}{7} = \frac{3 \cdot 4}{5 \cdot 7} = \frac{12}{35}$$
$$\frac{4}{7} \cdot \frac{3}{5} = \frac{4 \cdot 3}{7 \cdot 5} = \frac{12}{35}$$

$$\left(\frac{2}{3} \cdot \frac{2}{5}\right) \cdot \frac{5}{2} = \frac{2}{3} \cdot \left(\frac{2}{5} \cdot \frac{5}{2}\right) = \frac{2}{3} \cdot 1 = \frac{2}{3}$$

9 Berechne im Kopf.
a) $\frac{3}{5} \cdot \frac{1}{2}$ b) $\frac{1}{2} \cdot \frac{9}{5}$ c) $\frac{2}{3} \cdot \frac{1}{2}$
d) $\frac{3}{8} \cdot 1$ e) $\frac{3}{4} : \frac{7}{3}$ f) $1 \cdot \frac{5}{7}$
g) $1 : \frac{5}{6}$ h) $\frac{2}{3} \cdot \frac{3}{4}$ i) $\frac{8}{9} : 1$

10 Multipliziere und dividiere.
a) $\frac{3}{5} \cdot \frac{7}{6}$ b) $\frac{3}{5} : \frac{8}{5}$ c) $\frac{4}{9} \cdot \frac{4}{5}$
d) $\frac{7}{9} \cdot \frac{1}{4}$ e) $\frac{5}{6} : \frac{6}{7}$ f) $\frac{4}{9} : \frac{7}{4}$
g) $\frac{11}{9} : \frac{6}{5}$ h) $\frac{5}{9} \cdot \frac{7}{8}$ i) $\frac{3}{8} : \frac{8}{7}$

11 Berechne. Kürze wenn möglich.
a) $\frac{5}{4} \cdot \frac{15}{8}$ b) $\frac{8}{25} \cdot \frac{5}{12}$
c) $\frac{5}{9} \cdot \frac{3}{10}$ d) $\frac{3}{5} \cdot \frac{10}{7}$
e) $\frac{9}{8} \cdot \frac{3}{10}$ f) $\frac{25}{12} : \frac{5}{6}$

12 Benutze die Rechengesetze.
a) $\left(\frac{2}{5} \cdot \frac{3}{4}\right) \cdot \frac{5}{3}$ b) $\frac{3}{8} \cdot \left(\frac{5}{7} \cdot \frac{4}{3}\right)$
c) $\left(\frac{8}{9} \cdot \frac{7}{5}\right) \cdot \left(\frac{3}{4} \cdot \frac{15}{14}\right)$ d) $\frac{5}{8} \cdot \left(\frac{14}{3} \cdot \frac{12}{25}\right) \cdot \frac{4}{7}$
e) $\frac{8}{6} \cdot \left(\frac{2}{25} \cdot \frac{4}{7}\right) \cdot \left(\frac{15}{8} \cdot \frac{21}{16}\right)$ f) $\left(\frac{8}{9} \cdot \frac{3}{10}\right) \cdot \frac{7}{20} \cdot \left(\frac{5}{4} \cdot \frac{10}{21}\right)$

Dezimalbrüche sind Brüche mit den Nennern 10; 100; 1000; ... Sie lassen sich direkt in der Dezimalschreibweise (Kommaschreibweise) darstellen.

Die Ziffern hinter dem Komma heißen **Dezimalen** oder Nachkommaziffern. Die Stellenwerttafel erklärt die Bedeutung der Dezimalen.

Zum **Vergleichen** und **Ordnen** von Dezimalbrüchen untersucht man die Ziffern von links nach rechts, bis sie sich erstmals unterscheiden.

Beim **Addieren** und **Subtrahieren** von Dezimalbrüchen stehen die Zahlen so untereinander, dass **Komma unter Komma** steht.

Dezimalbrüche werden zunächst ohne Berücksichtigung des Kommas **multipliziert**. Dann setzt man das Komma. Das Ergebnis hat so viele Nachkommastellen wie beide Faktoren zusammen.

Beim **Dividieren** von zwei Dezimalbrüchen muss man bei Dividend und Divisor das Komma so weit nach rechts verschieben, bis der Divisor eine natürliche Zahl ist. Beim Überschreiten des Kommas schreibt man das Komma im Ergebnis.

$\frac{3}{10} = 0{,}3; \quad \frac{87}{100} = 0{,}87; \quad \frac{156}{1000} = 0{,}156$

Hunderter	Zehner	Einer	Zehntel	Hundertstel	
H	Z	E	z	h	
7	3	0 ,	2	5	730,25

5,27**6**3
5,273**6**   Es gilt also: 5,2763 > 5,2736.

```
  187,35         2,074
+  49,2        - 0,965
  236,55         1,109
```

$\quad\quad 3{,}9 \quad \cdot \quad 2{,}75 \quad = \quad 10{,}725$
1 Dezimale   2 Dezimalen   3 Dezimalen

1,248 : 0,52   124,8 : 52 = 2,4
                 − 104
                   208
                 − 208
                     0

Basiswissen | Rechnen mit Dezimalbrüchen

1 Schreibe als Dezimalbruch.
a) $\frac{9}{10}$ b) $\frac{23}{100}$ c) $\frac{901}{1000}$
d) $\frac{7}{50}$ e) $\frac{49}{200}$ f) $5\frac{9}{20}$

2 Schreibe als Bruch.
a) 0,7 b) 0,45 c) 0,567
d) 1,6 e) 54,3 f) 10,01

3 Ordne nach der Größe.
a) 0,42; 0,95; 0,951; 0,036; 0,36; 4,02
b) 6,52; 2,65; 5,62; 6,25; 2,56; 5,26
c) 0,087; 0,0878; 0,0788; 0,0877; 0,0780

4 Schreibe ohne Komma.
a) 1,36 m b) 3,4 dm c) 8,250 km
d) 19,350 kg e) 1,75 t f) 4,5 g
g) 4,2 m³ h) 0,55 a i) 123,4 cm²

5 Wie heißen die markierten Zahlen?
a)

b)
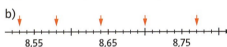

6 Rechne im Kopf.
a) 4,3 + 2,5 b) 7,5 − 3,2
c) 12,8 + 7,6 d) 32,5 − 20,7
e) 0,85 − 0,48 f) 9,72 + 0,81

7 Addiere oder subtrahiere.
a) 4,285 + 7,063
b) 6,248 − 5,724
c) 56,2 + 7,051 + 108,09 + 12
d) 8,508 − 4,07 − 0,9 − 0,099

8 Berechne.
a) 9,98 + 1,384 + 51,98 + 14,3 + 0,5
b) 10,03 + 400,01 + 0,09 + 25,6825
c) 100,5 − 12,698 − 0,056 − 8,54 − 17,026
d) 99,654 − 0,0258 − 30,098 − 5,007
e) 76,807 + 23,092 + 0,97 − 57,906
f) 0,8052 + 11,015 − 9,097 + 0,0413 − 2,6645

9 Nutze Rechenvorteile.
a) 2,8 + 4,9 + 2,2 + 5,1
b) 4,35 + 7,27 + 1,65 − 4,27 + 0,50
c) 3,54 + 11,23 + 4,5 − 9,73 + 2,46

10 Multipliziere.
a) 41,6 · 5 b) 1,49 · 3
c) 36,5 · 2,8 d) 4,6 · 11,3
e) 84,39 · 7,2 f) 8,92 · 0,43
g) 5,02 · 1,035 h) 0,07 · 0,095

11 Dividiere.
a) 3,9 : 13 b) 0,45 : 9
c) 8,46 : 5 d) 35,7 : 42

12 Rechne schriftlich.
a) 5,4 : 0,27 b) 9,6 : 0,48
c) 18,2 : 6,5 d) 24,48 : 7,2
e) 74 : 0,06 f) 17 : 0,004
g) 0,434 : 0,62 h) 0,9315 : 69

13 Setze die richtige Zahl ein.
a) 30,72 : 2,4 = ☐ b) 0,64 : 2,5 = ☐
c) 21,84 : ☐ = 2,73 d) 56,95 : ☐ = 8,5
e) ☐ : 10,2 = 0,75 f) ☐ : 96,8 = 0,042

14 Berechne.
a) 4,5 + 8,4 · 12,5
b) 23,56 : 7,6 − 2,95
c) 10,9 − 45,76 : 5,2 + 0,7
d) 0,28 · 6,8 − 4,8 : 12,5 − 0,52

15 Achte auf die Klammern.
a) 29,5 − (6,2 + 2,5 · 9,2)
b) 5,5 − (49,2 − 8 · 5,7) : 0,9
c) 0,3 − (3,2 · 0,85 − 0,76) : 7
d) 17,5 − ((3,5 + 8,9) · 0,75 − 6,6) : 0,18
e) 0,8 · (2,75 − (2,4 · 0,45 + 0,52) : 0,64) − 0,1

16 Setze die Ziffern 9; 7; 4 und 0 so in die Kästchen ein, dass
a) ein möglichst großer Wert entsteht.
b) das Produkt den Wert 4,23 hat.
☐ , ☐ · ☐ , ☐ = ?

17 Subtrahiere vom Produkt der Zahlen 7,5 und 2,4 den Quotienten der Zahlen 19,6 und 3,5.

1 Rationale Zahlen

Unter null

Ihr habt bestimmt schon oft Angaben mit einem Minuszeichen gesehen.

Etwa bei der Temperaturmessung im Winter oder bei der Angabe von Schulden.

Der Vulkan Mauna Loa gehört zur Inselgruppe von Hawaii und ragt etwa 4170 Meter über den Meeresspiegel. Bis zum Meeresboden sind es dann noch einmal etwa 5000 m, so dass er von dort gemessen sogar höher als der Mount Everest ist.

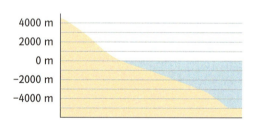

Countdown des Space Shuttle

Wenn der Wind die Kälte macht

Wer hat das nicht schon mal erlebt – das Thermometer zeigt Temperaturen um den Gefrierpunkt an, und man hat das Gefühl, dass hohe Minustemperaturen herrschen.

Schuld daran ist meistens der Wind, der den so genannten Windchill-Effekt erzeugt. Diesen Effekt kann man leicht selbst ausprobieren: bläst man sanft und langsam über seinen Handrücken, fühlt sich der Atem warm an. Bläst man jedoch stärker, fühlt sich der Atem kühler an, obwohl die Temperatur des Atems gleich geblieben ist. Grund dafür sind die winzigen Wassertröpfchen, die immer auf der Hautoberfläche sind und bei genügend starker Luftbewegung verdampfen; dadurch entsteht die Kälte.

Lies mithilfe der rechten Tabelle die gefühlte Temperatur ab.

Gemessene Temperatur	Windgeschwindigkeit
+10 °C	30 km/h
0 °C	70 km/h
−20 °C	80 km/h
−35 °C	50 km/h

Windgeschwindigkeit	Gemessene Temperatur in Grad Celsius								
	10	5	0	−5	−10	−15	−20	−25	−30	−35
	Empfundene Temperatur in Grad Celsius								
10	8	2	−3	−9	−14	−20	−25	−31	−36	−42
20	4	−3	−9	−16	−22	−29	−35	−42	−48	−55
30	1	−6	−13	−20	−27	−34	−41	−48	−55	−62
40	−1	−8	−15	−23	−31	−37	−45	−53	−60	−67
50	−2	−10	−17	−25	−33	−40	−48	−56	−63	−71
60	−3	−11	−18	−26	−34	−42	−50	−58	−65	−73
70	−3	−11	−19	−27	−35	−43	−51	−59	−67	−75
80	−3	−12	−20	−28	−36	−44	−52	−60	−68	−76

Welche Kombination empfindet man am kältesten?

Gemessene Temperatur	Windgeschwindigkeit
0 °C	80 km/h
−10 °C	30 km/h
−20 °C	10 km/h

Bei welchen Windgeschwindigkeiten verändert sich die empfundene Temperatur am stärksten?
Ab welcher Windgeschwindigkeit ist eine Veränderung kaum mehr spürbar?

In diesem Kapitel lernst du,

- negative Zahlen am Zahlenstrahl darzustellen,
- negative Zahlen zu ordnen,
- Zu- und Abnahmen mit negativen Zahlen zu beschreiben,
- das Quadratgitter zum Koordinatensystem zu erweitern.

1 Ganze Zahlen

Auf diesem Ausschnitt einer Landkarte sind Zahlen angegeben. Die Bezeichnung +14 bei der Insel Texel bedeutet, dass sie 14 Meter über dem Meeresspiegel liegt.
→ Kannst du dir vorstellen, was die Zahl bei Groningen bedeutet?
→ Kannst du alle Zahlen auf einer Geraden darstellen?
→ Kennst du andere Situationen, in denen man solche Zahlen verwendet?

Warum heißen die Niederlande so?

Zur Beschreibung von Temperaturen unter dem Gefrierpunkt verwendet man **negative Zahlen**. Man schreibt diese Zahlen mit einem Minuszeichen, z. B. −8; −17; −35.
Zur deutlichen Unterscheidung zwischen 5 und −5 schreibt man manchmal auch +5 und −5. Die Zeichen + und − heißen **Vorzeichen**.

! *+0 oder −0? Die Null ist weder positiv noch negativ. Sie bekommt kein Vorzeichen.*

Zur Veranschaulichung der negativen Zahlen muss man den **Zahlenstrahl** zu einer **Zahlengerade** erweitern.
Die negativen Zahlen werden spiegelbildlich zu den positiven links von der Null eingetragen. Die Zahl −5 ist die **Gegenzahl** von +5 und umgekehrt ist +5 die Gegenzahl von −5.

Die Menge der ganzen Zahlen wird mit ℤ bezeichnet.
ℤ = {… −2; −1; 0; +1; …}

Die Zahlengerade
Negative Zahlen stehen links der Null. Sie haben das Vorzeichen −.

Positive Zahlen stehen rechts der Null. Sie haben das Vorzeichen +.

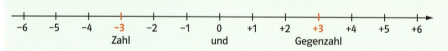

Bemerkung
Wenn man zu den natürlichen Zahlen die negativen ganzen Zahlen hinzufügt, erhält man die **ganzen Zahlen** … −3; −2; −1; 0; +1; +2; +3 …

Beispiele

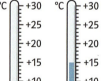

a) Das linke Thermometer zeigt 5 Grad unter null: −5 °C, das rechte 15 Grad über null: +15 °C.

b) Aus der Karte kann man verschiedene Höhenangaben entnehmen.
Las Vegas liegt 620 m über dem Meeresspiegel.
Die tiefste Stelle im Tal des Todes liegt 86 m unter dem Meeresspiegel.
Der Gipfel des Mt. Whitney liegt 4418 m über dem Meeresspiegel.

14 Ganze Zahlen

Aufgaben

1 Benutze die Vorzeichenschreibweise für die Angaben.
a) 17 °C unter dem Gefrierpunkt
31 °C unter dem Gefrierpunkt
b) 258 m über dem Meeresspiegel
59 m unter dem Meeresspiegel
c) 165 € Schulden
485 € Guthaben
d) im 3. Untergeschoss
im Erdgeschoss

2 Welche Zahlen sind rot markiert?
a)
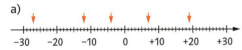
b)
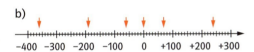
c)

3 Zeichne eine Zahlengerade ins Heft und markiere darauf die folgenden Zahlen.
Achte auf die Einteilung.
a) −3; +4; 0; −7; +7; −1; +3
b) −12; +35; +8; −47; −2; +27; −25
c) +410; −90; −560; +40; +560; −210
d) −1700; +3800; −3300; −500; +7100

4 Übertrage die Zahlengerade ins Heft und zeichne die Gegenzahlen der markierten Zahlen ein.
a)

b)
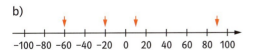

5 Welche Zahl liegt in der Mitte von
a) +3 und +11?   b) +8 und −4?
c) +2 und −10?   d) −4 und −14?

6 Lies die Temperatur ab.
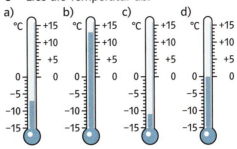

7 Setze die Folge um fünf Zahlen fort.
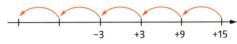
a) +15; +9; +3; −3; …
b) −32; −27; −22; …
c) +40; +32; +23; +13; …
d) +5; +4; +1; −4; …
e) −2; +4; −6; +8; …
f) −1; −2; −4; −7; …

8 Sinje hat im Internet die Höhen von vier sehr hohen Bergen und die Tiefen von vier Tiefseegräben recherchiert.

Aconcagua	6958 m
Mt. Blanc	4807 m
Kilimandscharo	5895 m
Mt. Everest	8872 m
Sundagraben	−7500 m
Kurilengraben	−10 542 m
Marianengraben	−11 034 m
Puerto-Rico-Graben	−9219 m

a) Welche Zahlen und Namen muss sie den Nummern zuordnen?

b) Lege eine Skala an, auf der du die Berge und die Tiefseegräben eintragen kannst.

Ganze Zahlen 15

2 Rationale Zahlen

Sebastian fährt mit seinen Eltern zum Skilaufen. Dabei liest er während der Fahrt die Außentemperaturen an der Temperaturanzeige ab.
→ Was beobachtet er während der Fahrt in Richtung Süden?
→ Trage die Angaben auf einer geeigneten Skala ein.

Bei Kontoständen, Temperaturwerten oder anderen naturwissenschaftlichen Messwerten ist es notwendig und sinnvoll, Dezimalbrüche oder Brüche als Maßzahlen zu verwenden. Es gibt auch negative Bruchzahlen wie $-\frac{2}{3}$ oder $-234{,}56$.

Auch jede Bruchzahl hat eine Gegenzahl. Die Gegenzahl von $\frac{1}{2}$ ist $-\frac{1}{2}$.

*Die Menge der **rationalen Zahlen** wird mit $\mathbb{Q}$ bezeichnet.*

Wenn man alle positiven und negativen Bruchzahlen, einschließlich der Null, zusammen nimmt, erhält man die **rationalen Zahlen**.

negative rationale Zahlen   **positive** rationale Zahlen

Uhrzeit	Temperatur (°C)
4:00	−4,5
8:00	−2,8
12:00	+7,2
16:00	+5,3
20:00	−0,5
24:00	−3,6

Beispiele

a) Bruchzahlen und Dezimalbrüche wie $+\frac{7}{8}$ oder $-4{,}25$ sowie ganze Zahlen wie -123 oder $+78$ gehören zu den rationalen Zahlen.

b) Den gemessenen Temperaturen werden auf der Zahlengerade die Uhrzeiten zugeordnet.

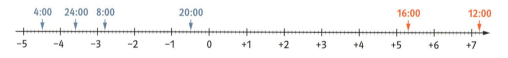

Aufgaben

1 Wie heißen die auf der Zahlengerade rot markierten Zahlen?

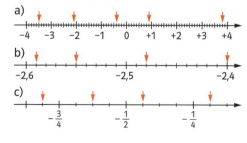

2 Trage die Zahlen auf der Zahlengerade ein. Mit Millimeterpapier kannst du besonders genaue Eintragungen machen.
a) $+1{,}7;\ -2{,}8;\ -5{,}5;\ +0{,}5;\ +3{,}6;\ -0{,}9$
b) $+2{,}9;\ -0{,}1;\ -6{,}3;\ +4{,}7;\ -3{,}0;\ -4{,}6$
c) $-5{,}2;\ -6{,}5;\ -5{,}6;\ -2{,}5;\ -0{,}6;\ -7{,}8$
d) $-39;\ +48;\ 0;\ +11;\ -66;\ -48;\ +25$
e) $+2\frac{4}{5};\ -1\frac{1}{2};\ -4\frac{3}{10};\ +\frac{3}{4};\ -3\frac{3}{5}$
f) $-0{,}2;\ +0{,}45;\ -\frac{2}{5};\ +0{,}07;\ -\frac{1}{100};\ -\frac{11}{20}$

3 Welche Zahlen musst du korrigieren?

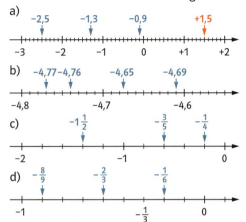

4 Zeichne eine Zahlengerade, bei der zwei aufeinander folgende ganze Zahlen einen Abstand von 1 cm haben.
Miss die Länge der Strecke von
a) +2,0 bis +7,5
b) −0,5 bis −4,0
c) −1,8 bis +2,8
d) −3,2 bis +3,2
e) +1,9 bis −0,1
f) −7,3 bis +4,9

5 Beim Messen ergeben sich manchmal Abweichungen.
Jan hat +0,06 m, Michael −0,13 m und Janina −0,05 m gemessen.
a) Wer hat am besten gemessen?
b) Marlene sagt: „Die durchschnittliche Abweichung beträgt 8 cm."

6 Entnimm der Zeichnung die Höhenangaben eines Feuchtbiotops und übertrage die Tabelle ins Heft.

Messpunkt	M1	M2	M3	M4	M5	M6
Höhe in m						

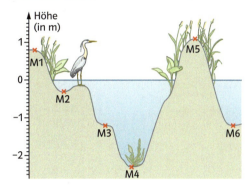

7 Alle Striche haben denselben Abstand. Wie heißen die fehlenden Zahlen?

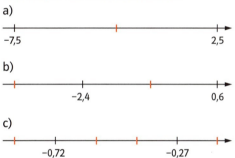

Immer wieder neue Zahlen!

ℕ

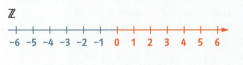

ℤ

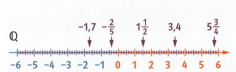

ℚ

Wenn man zu den **natürlichen Zahlen** ℕ die negativen ganzen Zahlen dazu nimmt, erhält man die **ganzen Zahlen** ℤ.
Zusammen mit den Brüchen ergeben sich die **rationalen Zahlen** ℚ.

- Richtig oder falsch?
- Jede Bruchzahl ist eine rationale Zahl.
- Jede negative Zahl ist nicht positiv.
- Null ist keine rationale Zahl.
- Zwischen zwei negativen ganzen Zahlen liegen mindestens zehn rationale Zahlen.
- Von null kann man nichts abziehen.

Begründe deine Entscheidungen.

3 Anordnung

Einige Stellen unserer Kontinente liegen unterhalb des Meeresspiegels.

→ Nenne Punkte auf der Karte, die sich über beziehungsweise unter dem Meeresspiegel befinden.

→ Bestimme den höchsten und den tiefsten Punkt auf dem Kartenausschnitt.

→ Trage die Höhenangaben mit den zugehörigen Ortsbezeichnungen auf einer Zahlengerade ein.

Es ist sinnvoll, für 20 m Höhe eine Länge von 1 mm auf der Zahlengerade zu wählen und die Skala über eine Doppelseite zu zeichnen.

Rationale Zahlen vergleicht man genauso wie beispielsweise Temperaturen.
Die Temperatur von −7 °C ist niedriger als −2 °C. Entsprechend ist −7 kleiner als −2.

−4,2 ist kleiner als −2,8.

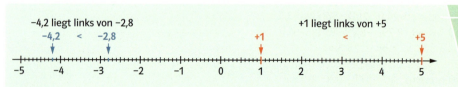

Die kleinere von zwei rationalen Zahlen liegt auf der Zahlengerade weiter links.

Beispiele

a) −3 liegt links von +1
   −3 ist kleiner als +1
   −3 < +1

b) −3,9 liegt rechts von −4,8
   −3,9 ist größer als −4,8
   −3,9 > −4,8

c) $-\frac{1}{5}$ liegt rechts von $-\frac{3}{5}$
   $-\frac{1}{5}$ ist größer als $-\frac{3}{5}$

d) Zum Ordnen kann eine Kette gebildet werden.
   −3 < −2,5 < −2
   −2,5 liegt zwischen −3 und −2.

Aufgaben

1 Vergleiche mit Formulierungen aus dem Alltag. Gib Situationen an, in denen diese Vergleiche vorkommen könnten.
a) −2 °C … +5 °C
b) 3456 m unter NN … 2345 m über NN
c) −2367,45 € … +567,50 €
d) −4 °C … −17 °C
e) 5,32 m … −0,45 m
f) 45,67 € … −45,67 €
Suche selbst Situationen zum Vergleichen.

2 Ordne mit der Beziehung „ist niedriger (weniger) als". Schreibe als Kette.

Beispiel: −4,2 < −0,6 < 1,25

a) −1 °C; +7 °C; −5 °C; −11 °C; +2 °C
b) −7,4 °C; +12,3 °C; −12,5 °C; +6,9 °C
c) 1,50 €; −3,25 €; 0,84 €; −1,05 €
d) −1,23 €; −2,31 €; 3,21 €; −3,21 €
e) −204,8 m; 248 m; −24,8 m; 20,48 m
f) −0,75 m; −7,05 m; 7,50 m; −0,705 m

3 Was ist richtig?
a) 3 < 5 oder 3 > 5
b) 5 < 3 oder 5 > 3
c) −3 < −5 oder −3 > −5
d) −5 < 3 oder −5 > 3
e) −5 < −3 oder −5 > −3

4 Setze das Zeichen < oder > richtig ein.
a) +14 ☐ −5
 −10 ☐ −9
 −1 ☐ +1
b) +84 ☐ +48
 −217 ☐ 172
 −801 ☐ 108
c) −4,9 ☐ −5,3
 +1,7 ☐ −7,1
 −0,6 ☐ −0,3
d) −2,34 ☐ −3,24
 +5,05 ☐ −5,50
 0,07 ☐ 0,70
e) $\frac{3}{4}$ ☐ $-\frac{4}{5}$
 $\frac{6}{7}$ ☐ $-\frac{7}{6}$
 $-\frac{3}{5}$ ☐ $\frac{4}{7}$
f) −1,3 ☐ $-1\frac{1}{4}$
 $+1\frac{1}{2}$ ☐ $-2\frac{1}{2}$
 −3,6 ☐ $-3\frac{5}{8}$

5 Ordne die Zahlen in einer Kette.
a) +1; −8; 0; +11; −18; −12; −2; −10
b) −4,2; +2,4; −24,0; 20,4; −40,2; −2,4
c) 7,89; −7,89; 8,79; −8,79; 9,78; −9,78
d) $\frac{1}{2}$; −0,5; $-\frac{1}{4}$; 0,25; $\frac{1}{3}$; −0,3
e) −2,6; $-2\frac{1}{2}$; $-\frac{27}{10}$; −2,4; $-2\frac{1}{4}$

6 Sortiere die Zahlen nach folgender Regel: die kleinste, die größte, die zweitkleinste, die zweitgrößte, …
a) −898; −998; −899; 899; −989; 889
b) −0,005; −0,505; 0,055; −0,05; −0,55
c) −1,2; $1\frac{1}{4}$; $1\frac{1}{2}$; $-1\frac{1}{3}$; −1,5
d) −0,5; 1,5; $-\frac{1}{5}$; $\frac{1}{2}$; −0,25

7 Gib drei rationale Zahlen an zwischen
a) −5 und 5
 −5 und 0
 −5 und −1
b) −3,5 und −1,5
 −3,5 und 3,5
 −3,5 und 0
c) 0 und −0,1
 −1,0 und −0,1
 −0,1 und −0,01
d) $-\frac{1}{2}$ und $\frac{3}{10}$
 $-1\frac{1}{4}$ und $\frac{1}{4}$
 −3 und $-\frac{1}{3}$

8 Gib drei Zahlen zwischen den vorgegebenen so an, dass der Abstand jeweils gleich groß ist.
a) 0 … +20
b) −40 … 0
c) −15 … −3
d) −3 … +3

9 Bestimme die nächst kleinere und die nächst größere ganze Zahl.
a) ☐ < −2,8 < ☐
 ☐ < −0,28 < ☐
 ☐ < $2\frac{1}{8}$ < ☐
b) ☐ < −28,2 < ☐
 ☐ < −2,08 < ☐
 ☐ < $\frac{8}{21}$ < ☐

10 Prüfe.
a) Liegt −3,4 näher bei −3 oder bei −4?
b) Liegt −8,6 näher bei −8 oder bei −9?
c) Ist −2,4 weiter entfernt von −2 oder von −3?
d) Ist $-\frac{1}{3}$ weiter entfernt von 0 oder von −1?

11 Kennzeichne den Abschnitt auf der Zahlengerade.

Beispiel: Alle Zahlen von −2 bis +3.

a) Alle Zahlen von −4,5 bis 3,5.
b) Alle Zahlen von −1,2 bis −10,2.
c) Alle Zahlen, die größer als −3,5 und negativ sind.
d) Alle Zahlen, die kleiner als −0,5 und größer als −7,5 sind.

12 Wie heißt die Zahl?
a) Sie ist von −5 genauso weit entfernt wie von +3.
b) Sie liegt genau in der Mitte von 2,5 und −3,5.
c) Sie ist doppelt so weit entfernt von −1 wie von −5. Hier kannst du zwei Lösungen finden. Beschreibe, warum dies so ist.

13 Die Tiefsttemperaturen der Städte wurden dem Wetterbericht vom 21. Januar entnommen.
a) Ordne die Temperaturen.
b) Bestimme die tiefste und die höchste Temperatur.
c) Wo war es kälter als in München?
d) Wo war es wärmer als in Leipzig?
e) Wo war es kälter als in Hamburg, jedoch wärmer als in Rostock?
f) Bestimme die beiden Städte mit der geringsten und die mit der größten Temperaturdifferenz.

Monat	unter/über Normal in cm
Januar	−1
Februar	−17
März	+22
April	+68
Mai	+39
Juni	+5
Juli	−23
August	−41
September	−38
Oktober	−12
November	+11
Dezember	+19

14 Die Pegelstände eines Stausees werden regelmäßig gemessen.
a) In welchem Monat war der Pegelstand am höchsten, wann am niedrigsten?
b) In welchen Monaten stand das Wasser höher als im Juli? Wann stand das Wasser tiefer als im November?
c) In welchen Monaten lag der Pegel tiefer als im Mai, jedoch höher als im Februar?
d) Erkläre die Schwankungen der Pegelstände in den verschiedenen Monaten.

15 a) Ordne, beginne mit dem kältesten Ort.

Ort	Land	Tiefsttemp. (°C)
Aklavik	Kanada	−52,2
Eismitte	Grönland	−64,8
Fairbanks	USA	−54,4
Jakutsk	Russland	−64,3
Ulan Bator	Mongolei	−44,4

b) Suche die Orte im Atlas.
c) Trage die Temperaturen auf einem geeigneten Ausschnitt der Zahlengerade ein.
d) Der heißeste Ort ist Arouane in Mali mit 54,4 °C. Zeichne einen neuen Ausschnitt, und trage diese Temperatur zusätzlich ein.

16 a) Ordne die Stoffe nach der Temperatur der Schmelzpunkte und der Siedepunkte in zwei Tabellen.

Stoff	Schmelzpunkt	Siedepunkt
Benzin	−57	108
Campinggas	−190	−42
Frostschutzmittel	−68	197
Luft	−213	−191
Ozon	−251	−113
Quecksilber	−39	357
Sauerstoff	−219	−183
Wasser	0	100

b) Zeichne zwei Ausschnitte der Zahlengerade.
c) Sind die Stoffe in Aklavik oder in Arouane fest, flüssig oder gasförmig?

Angaben zu Aklavik und Arouane findest du in Aufgabe 15.

Golfspiel

Für jeden Golfplatz wird eine bestimmte Anzahl von Schlägen für eine Runde als Platzstandard vorgegeben.
Man kann Abweichungen davon mit positiven oder negativen Zahlen angeben. Negative Zahlen bedeuten, dass der Spieler weniger Schläge benötigt hat, als der Platzstandard vorgibt.

■ Erstelle eine Rangfolge der Spieler.

Garcia +11   Norman −3
Singh −11   Westwood −4
Faldo −1   Johnson −9
Langer −7   Woods −12

Auch die Anzahl der Schläge pro Loch hat eigene Bezeichnungen.
Die am Loch angegebene Anzahl nennt man **par**. **Bogey** bedeutet 1 Schlag mehr, +2 ist ein **Doppel-Bogey**. 1 Schlag weniger nennt man **Birdie**, −2 **Eagle** und −3 **Albatros**.
Vor dem letzten Loch haben drei Spieler folgenden Punktestand:

Siem +1   Els −2
Jimenez −1

■ Wie lautet die Rangfolge?

Siem spielt sensationell einen Albatros, Els einen Birdie und Jimenez einen Bogey.
■ Wie lautet die neue Reihenfolge?
■ Was hätte Jimenez spielen müssen, um zu gewinnen?

4 Zunahme und Abnahme

Die Blautopfhöhle in der Schwäbischen Alb ist die längste deutsche Unterwasserhöhle. Ihr Entdecker, Jochen Hasenmayer, hatte bei seinen Tauchgängen einige Höhenunterschiede zu überwinden.
→ Beschreibe den Tauchweg von Punkt zu Punkt.

Änderungen lassen sich durch positive oder negative Zahlen beschreiben. Nimmt die Temperatur beispielsweise um 6 °C ab, so spricht man von einer Temperaturänderung um −6 °C. Die Flüssigkeit im Thermometer bewegt sich dabei nach unten. Bei steigender Temperatur bewegt sich die Flüssigkeit im Thermometer nach oben.

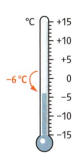

Die Veränderungen lassen sich an der Zahlengerade veranschaulichen.

Eine Zunahme um 4 bedeutet:
Gehe 4 Schritte nach rechts.

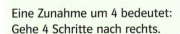

Die Änderung beträgt +4.

Eine Abnahme um 4 bedeutet:
Gehe 4 Schritte nach links.

Die Änderung beträgt −4.

Beispiele

a) $-13\,°C \xrightarrow{+8\,°C} -5\,°C$
$+2,6\,°C \xrightarrow{-4,2\,°C} -1,6\,°C$
$-0,8\,°C \xrightarrow{-3,5\,°C} -4,3\,°C$

b) Der Wasserstand des Sees hat um 25 cm abgenommen. Er fiel von +14 cm auf −11 cm.

$+14\,cm \xrightarrow{-25\,cm} -11\,cm$

Aufgaben

1 Beschreibe die Änderungen mit positiven oder negativen Zahlen.
a) Die Temperatur sinkt um 4 °C.
b) Der Wasserspiegel steigt um 1,25 m.
c) Das Guthaben vermindert sich um 53 €.
d) Die Flughöhe steigt um 4500 Fuß.

2 Ergänze die fehlenden Angaben in deinem Heft.

a)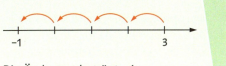

b)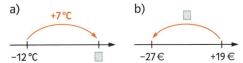

3 Um wie viel Grad Celsius hat sich die Temperatur jeweils verändert?

a) −6 °C → +2 °C   b) +2,2 °C → +7,6 °C
c) +10 °C → −7 °C   d) −3,5 °C → −9,3 °C
e) +29 °C → −4 °C   f) +5,4 °C → −8,7 °C
g) −1 °C → −14 °C   h) −9,7 °C → −6,8 °C

4 Ein Spiel für 2 bis 4 Spieler
Fertigt euch einen Spielstreifen mit den Feldern von +6 bis −6 an und dazu Spielkärtchen mit den Zahlen von +6 bis −6 ohne die Zahl Null.
Jeder Spieler erhält gleich viele Kärtchen. Die Spielfigur steht auf dem Startfeld, der Null.
Der erste Spieler legt ein Kärtchen ab und zieht mit der Spielfigur in die entsprechende Richtung. Gleichzeitig wird das Feld markiert und darf von keinem Spieler mehr besucht werden.
Nun legt der nächste Spieler ein Kärtchen vor sich hin und zieht mit der Spielfigur weiter.
Nach einigen Zügen kann keiner mehr ziehen. Sieger ist, wer dann die wenigsten Kärtchen hat.

5 Die Lufttemperatur nimmt bei 200 m Anstieg durchschnittlich um 1 °C ab.
a) In Gaschurn zeigt das Thermometer 2,5 °C. Mit welcher Temperatur muss man an der Bergstation rechnen?
b) Suche Orte auf der Karte, an denen die Null-Grad-Grenze erreicht wird.
c) Welche Temperaturen herrschen auf den Berggipfeln?

6 Auf dem Flug von Stuttgart nach Palma werden folgende Lufttemperaturen gemessen:

Stuttgart (Bodentemperatur)	−8 °C
Palma (Bodentemperatur)	+17 °C
Außentemperatur (in 9000 m Höhe)	−36 °C
Innentemperatur des Flugzeugs	+20 °C

a) Bestimme die Temperaturzunahme von Stuttgart nach Palma.
b) Welchem Temperaturunterschied muss das Material der Flugzeugaußenhaut bei diesem Flug standhalten?
c) Bestimme den Unterschied der Innen- und Außentemperatur in 9000 m Höhe.

7 Timo fährt gerne mit dem Fahrstuhl. Er steigt im Erdgeschoss eines Hochhauses ein und fährt 14 Stockwerke nach oben, dann 17 Stockwerke nach unten und anschließend nochmals 23 Etagen nach oben. Wie müsste sich der Fahrstuhl danach weiterbewegen, damit Timo im zweiten Untergeschoss ankommt?

8 Die Tabelle zeigt die höchsten und tiefsten Temperaturen auf einigen Himmelskörpern.

Himmelskörper	Erde	Mond	Mars	Merkur
Höchste Temp. °C	+68	+118	+27	+480
Tiefste Temp. °C	−92	−153	−138	−180

Formuliere eigene Aufgaben zu den Temperaturangaben.

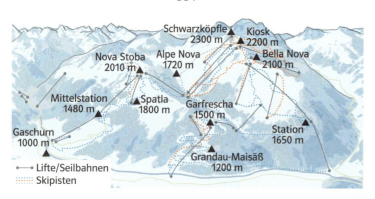

Zunahme und Abnahme

5 Das Koordinatensystem

Übertrage den Plan auf kariertes Papier und markiere den Weg der Schatzsucher vom Brunnen bis zum Turm.
Wähle für 10 Schritte die Länge 1 cm.
→ Beschreibe die Lage des Schatzes in Bezug auf den Brunnen.
→ Auf welchem Weg hättest du vom Turm auch zum Schatz gelangen können?
→ Lege auf schönem Papier eine eigene Schatzkarte an.

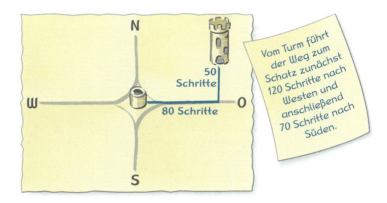

Erweitert man das Quadratgitter nach links und nach rechts unten, dann lassen sich auch Punkte mit negativen Werten eintragen.
Die waagerecht verlaufende Rechtsachse und die darauf senkrecht stehende Hochachse werden somit Geraden, die man **Koordinatenachsen** nennt.
Die zur Gerade erweiterte Rechtsachse heißt **x-Achse**, die zur Gerade verlängerte Hochachse heißt **y-Achse**. Der Punkt O(0|0) heißt auch **Ursprung**.

Die beiden **Koordinaten** eines Punktes P bestimmen die Lage im **Koordinatensystem** eindeutig. Die erste Koordinate des Punktes heißt x-Wert, die zweite Koordinate heißt y-Wert.

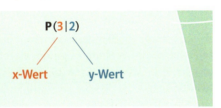

Beispiel
Positive x-Werte trägt man waagerecht nach rechts ab, negative x-Werte vom Ursprung nach links.
Positive y-Werte trägt man senkrecht nach oben ab, negative y-Werte vom Ursprung nach unten.

A(2|3)   2 nach rechts; 3 nach oben
B(−3|2) 3 nach links; 2 nach oben
C(−1|−2) 1 nach links; 2 nach unten
D(3|−1) 3 nach rechts; 1 nach unten

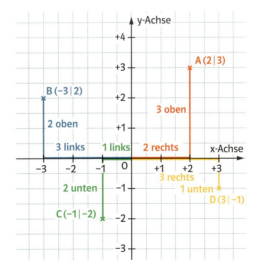

Bemerkung
Die beiden Achsen teilen die Zeichenebene in vier Felder, die man **Quadranten** nennt.

Aufgaben

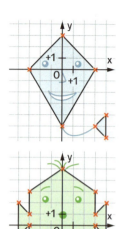

Gib die Eckpunkte der Drachengesichter an.

Zeichne ein eigenes Drachengesicht. Was fällt dir an den Koordinaten auf?

1 Bestimme die Koordinaten der eingetragenen Punkte. Beispiel: P(−3|2)

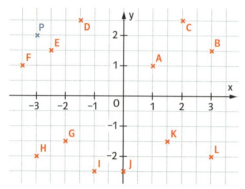

2 In welchem Quadranten liegt der Punkt? Muss man die Punkte einzeichnen?
a) P(−7|3)　　　　　b) Q(−9|−12)
c) R(4,7|−0,5)　　　d) S(−0,1|−0,9)
e) T(0|−8,5)　　　　f) U(−1,6|0)
g) V(8,2|−8,2)　　　h) W(−6,5|−5,6)

3 Übertrage die Punkte in ein Koordinatensystem und verbinde zu einem Viereck.
a) A(−6|−3); B(−1|1); C(−4|0); D(−5|−1)
b) A(2,5|−4,5); B(−1|4,5); C(−7,5|0,5); D(−5,5|−0,5)
c) A(4,5|3,5); B(−5,5|−0,5); C(−1|−5,5); D(6|−2,5)

4 Übertrage die Tabelle ins Heft und fülle sie aus.

Quadrant	Vorzeichen des	
	x-Werts	y-Werts
I		
II		
III		
IV		

5 Die Punkte A, B und C sind Eckpunkte eines Vierecks. Bestimme den fehlenden Eckpunkt D.
a) Quadrat: A(2|1); B(−1|1); C(−1|−2)
b) Rechteck: A(4|3); B(−2|6); C(−4|3)
c) Raute: A(−1|1); B(−4|−1); C(−1|−3)

6 Zeichne das Viereck ABCD samt der Diagonalen in ein Koordinatensystem. In welchem Punkt schneiden sich die Diagonalen?
a) A(−1|−4); B(4|1); C(−5|4); D(−6|−4)
b) A(5|−7); B(7|0); C(0|3); D(−2|−4)

7 Zeichne das Parallelogramm ABCD mit A(1|3); B(3|−1,5); C(7|−1,5) und D(5|3) in ein Koordinatensystem. Verschiebe jeden der Eckpunkte um vier Einheiten nach oben. Du erhältst die Bildpunkte A', B', C' und D'. Verbinde A mit A', B mit B' usw. Welche Figur entsteht?

8 Setze die Spirale um einige Runden fort. Wo liegt der 10. Eckpunkt? Welche Koordinaten hat der 20. Punkt? Mit Überlegen findest du auch die Koordinaten des 100. Punkts der Spirale.

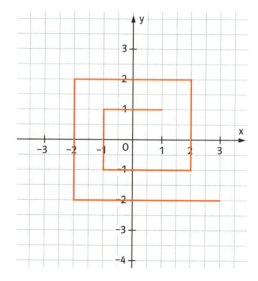

9 Verbinde die Punkte in einem Zug ohne abzusetzen. Welche Figur entsteht dadurch?
a) A(−2|−4); C(2|0); D(0|3); E(−2|0); B(2|−4); A(−2|−4); E(−2|0); C(2|0); B(2|−4)
b) A(−3|−1); B(−3|3); C(−1|6); D(1|3); E(1|−1); F(6|0); G(6|4); H(4|7); C(−1|6)
Verbinde anschließend die Punktepaare D und G sowie A und E.

Zusammenfassung

Ganze Zahlen

Die Zahlen ... −3; −2; −1; 0, 1; 2; 3 ... heißen **ganze Zahlen**.
Die Menge der ganzen Zahlen wird mit $\mathbb{Z}$ bezeichnet.

$\mathbb{Z} = \{... -3; -2; -1; 0, 1; 2; 3 ...\}$

Rationale Zahlen

Die positiven und negativen Bruchzahlen einschließlich der Null heißen **rationale Zahlen**.
Die Menge der rationalen Zahlen wird mit $\mathbb{Q}$ bezeichnet.

$-3{,}786$; $2\frac{1}{7}$ oder $-\frac{34}{123}$ sind Beispiele für rationale Zahlen.

Zahlengerade

Zur Darstellung der rationalen Zahlen wird der Zahlenstrahl zur Zahlengerade erweitert. Negative Zahlen stehen links der Null.

Gegenzahl

Jede Zahl, außer Null, hat eine **Gegenzahl**. Zahl und Gegenzahl haben auf der Zahlengerade denselben Abstand von null.

−5 ist die Gegenzahl von +5 und
+5 ist die Gegenzahl von −5.

Vergleichen und Ordnen

An der Zahlengerade kann man rationale Zahlen miteinander vergleichen.
Die kleinere von zwei rationalen Zahlen liegt auf der Zahlengerade weiter links.

−3,4 < −1,2
−3,4 ist kleiner als −1,2

Zunahme und Abnahme

Durch positive und negative Zahlen kann man Änderungen beschreiben.
An der Zahlengerade lassen sich diese Veränderungen veranschaulichen.

3 Schritte nach links bedeuten eine Abnahme um 3, die Änderung beträgt −3.

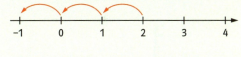

Koordinatensystem

Das **Koordinatensystem** ist eine Erweiterung des Quadratgitters nach links und nach unten.
Die waagerechte Achse heißt x-Achse, die senkrechte y-Achse.

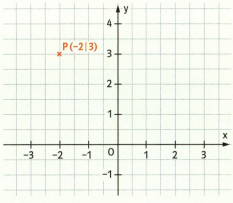

Punkte im Koordinatensystem werden mit Koordinaten beschrieben. Sie bestimmen die Lage der Punkte eindeutig.

P(−2|3)
x-Wert   y-Wert

Üben • Anwenden • Nachdenken

1 Welche Zahlen sind gekennzeichnet?

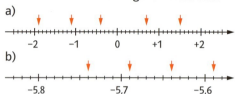

2 Trage auf der Zahlengerade ein.
a) −35; 77; 26; −82; −6; 59; −71
b) 62 000; −51 000; −34 000; 43 000
c) 0,45; −0,07; 0,21; −0,84; −0,48

3 Ordne die Zahlen in einer Kette. Beginne mit der kleinsten.
a) −609; −69; 906; −960; −690; 96
b) 3,2; −2,03; −3,02; −2,3; 2,3; −3,2
c) −0,7105; −0,1075; −0,0175; −0,5701

4 Welche der Zahlen wurden falsch eingetragen?

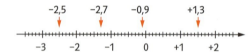

5 Wie heißen die nächsten 5 Stationen?

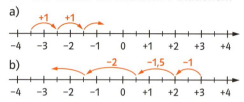

6 Bestimme das Lösungswort.

a) −89 > B / < A / = L −76
b) −0,7 > U / < E / = N −0,9
c) −9,07 > L / < S / = E 7,09
d) −2,062 > D / < L / = C −2,206
e) −1,54 > H / < A / = E −1,45
f) $\frac{84}{25}$ > R / < F / = U 3,36
g) −0,06 > T / < E / = O $\frac{3}{50}$
h) −7,4 > M / < R / = S $-7\frac{5}{13}$

7 „Bei Ausgrabungsarbeiten einer alten römischen Siedlung wurde eine Münze mit dem Aufdruck 432 v. Chr. gefunden." An welchem Tag ist die Zeitungsmeldung erschienen?

Zeitonen

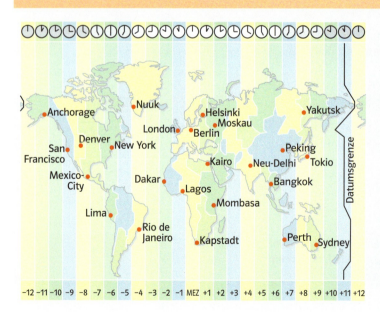

Auf der Karte kann man die Zeitzonen der Erde erkennen. Alle Orte, die innerhalb einer Zeitzone liegen, haben dieselbe Uhrzeit.

■ Suche nach Städten, die in der gleichen Zeitzone liegen.

■ Suche nach Städten, die gegenüber Berlin den gleichen Zeitunterschied aufweisen.

■ Wann kannst du bei Freunden in San Francisco anrufen, ohne sie aus dem Schlaf reißen zu müssen?

■ Frederic erhält am Montagmorgen einen Anruf von Sara. Sie sagt, bei ihr sei noch Sonntag. Wo könnte Sara zu Hause sein? Wenige Minuten später telefoniert Frederic mit Tim, der behauptet, bei ihm sei bereits Dienstag. Was meinst du?

8 Frau Schmid hat ein Guthaben von 235 € auf dem Konto. Nach der Bezahlung einer Handwerkerrechnung hat sie ihr Konto um 487 € überzogen.
a) Welcher Betrag stand auf der Rechnung des Handwerkers?
b) Wie viel Euro kann Frau Schmid noch abheben, wenn sie ihr Konto bis zu einem Höchstbetrag von 2400 € überziehen darf?

9 Aus dem Schaubild lässt sich der Kontostand von Pias Girokonto ablesen.
a) Beschreibe den Verlauf von Tag zu Tag.
b) Wann hat sie am meisten einbezahlt, wann am meisten abgehoben?
c) Wie viel Geld hat sie in diesen Tagen insgesamt abgehoben?
d) Wie viel Geld muss sie am folgenden Dienstag einzahlen, um wieder den ursprünglichen Kontostand zu haben?

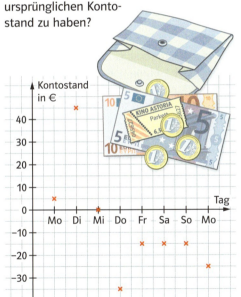

10 Die niedrigste Temperatur, die eine Pflanze überstehen kann, nennt man Frosthärte.
a) Die Frosthärte der Alpenrose beträgt im Januar −29 °C. Bis zum Juni steigt sie um 25 °C an.
Welche Temperaturen übersteht die Alpenrose im Juni ohne Schädigung?
b) Die Latschenkiefer verträgt im Januar −43 °C; im Juli −7 °C. Um wie viel Grad Celsius steigt ihre Frosthärte an?

11 Die Abbildung zeigt die Temperaturen der einzelnen Schichten der Atmosphäre.

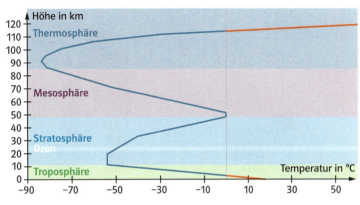

a) Vervollständige die Tabelle im Heft.

Höhe in km	0	10	20	30	40	50	60	70	80	90	100	110	120
Temp. in °C													

b) Welche Temperaturunterschiede muss ein Wetterballon, der bis maximal 50 km Höhe aufsteigen kann, aushalten?
c) In welchen Höhen liegt die so genannte „Nullgradgrenze"?

12 Temperaturen (in °C) eines Januartages.

	6 Uhr	12 Uhr	18 Uhr	24 Uhr
Berlin	−2	1	2	0
Frankfurt	−1	3	3	0
Garmisch	−7	−3	−6	−10
Großer Arber	−10	−10	−9	−12
Helgoland	2	5	4	3
Leipzig	−2	0	1	−1
München	−5	−1	−3	−8
Stuttgart	−3	0	−2	−6
Ulm	−6	−3	−5	−9
Zugspitze	−19	−16	−15	−21

a) Erstelle eine geordnete Tabelle für die Mittags- und die Nachttemperaturen.
b) Wo gab es im Laufe des Tages die größten Schwankungen, wo die geringsten?
c) Erstelle für die Mittagstemperaturen ein Säulendiagramm.
d) Welche Messstation bildet die „Mitte"?

Temperaturrekorde

Auf der Erde herrschen zum Teil extreme Temperaturen. Hier siehst du einige solcher Temperaturrekorde.

Deutschland
40,3 ° in Perl-Nennig (Saarland)
−44,8 °C Berchtesgaden (Funtener See)
Weltweit
57,3 °C El Assisja, Libysche Wüste
−89,2 °C Antarktisstation Wostok

■ Vergleiche die Temperaturrekorde.

Das Diagramm zeigt die mittleren Temperaturen im sibirischen Werchojansk.
■ Lies die Temperaturen der einzelnen Monate ab.
■ Bestimme die größte Temperaturdifferenz innerhalb des ganzen Jahres.

Im Verlauf eines Jahres gab es in Werchojansk eine Tiefsttemperatur von −70 °C und eine Höchsttemperatur von 36,6 °C.
■ Vergleiche.

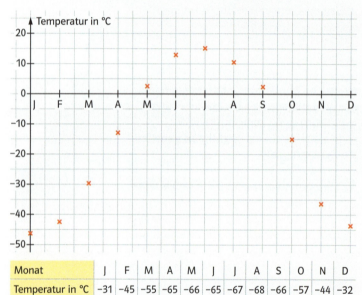

Monat	J	F	M	A	M	J	J	A	S	O	N	D
Temperatur in °C	−31	−45	−55	−65	−66	−65	−67	−68	−66	−57	−44	−32

In der Tabelle findest du die Werte für die Antarktisstation Wostok.
■ Übertrage die Werte in ein Diagramm. Vergleiche den Verlauf der Temperaturkurve mit dem von Werchojansk.
Was stellst du fest?

Die Karte zeigt die mittleren Januar- und Julitemperaturen einiger Städte in Europa und Russland.
■ In welcher Stadt wurde der größte, in welcher der geringste Temperaturunterschied gemessen?
■ Ordne die aufgeführten Städte nach der Höhe der Temperaturunterschiede. Kannst du einen Zusammenhang zwischen den Temperaturdifferenzen und der Entfernung zum Meer erkennen?

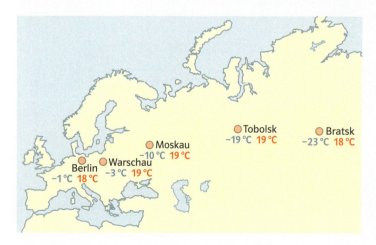

Rückspiegel

1 Welche Zahlen sind markiert?

a)

b)

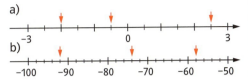

2 Trage auf einem Ausschnitt der Zahlengerade ein.
a) −4; 8; −1; 0; 3; −5
b) −0,3; 0,15; −$\frac{1}{4}$; −0,2; −0,05

3 Setze < oder > ein.
a) 23 ☐ −27   b) 0,17 ☐ −0,71
   −108 ☐ −96   −0,908 ☐ −0,809
   −4312 ☐ −1234   −0,056 ☐ −$\frac{1}{2}$

4 Ordne nach der Größe.
a) 45; −54; −405; 540; −450; −45
b) 0,025; −0,502; −0,052; 0,52; −0,205

5 Welche Zahl liegt in der Mitte von
a) −1,5 und −3,0?   b) −$\frac{1}{2}$ und 3?

6 Die drei Zahlen haben denselben Abstand. Wie heißt die fehlende Zahl?

a)

b)

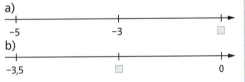

7 Ordne die Städte nach ihren Temperaturen. Beginne mit der kältesten.

Athen	11 °C	Helsinki	−18 °C
Brüssel	0 °C	Las Palmas	20 °C
Moskau	−27 °C	Wien	−7 °C

8 Die Tabelle zeigt die Kontostände vom letzten Tag des jeweiligen Monats. Bestimme die Kontobewegungen zwischen den Monaten.

Jan	Feb	März	Apr	Mai	Juni
5400	1700	−800	2350	−2150	740

Rückspiegel

1 Welche Zahlen sind markiert?

a)

b)

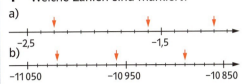

2 Trage auf der Zahlengerade ein.
a) −32; −17; −48; −9; −66; −76
b) −$\frac{1}{5}$; −1,3; $\frac{3}{4}$; −2$\frac{1}{2}$; −0,7

3 Setze <, > oder = ein.
a) −6,3 ☐ 2,9   b) −$\frac{21}{5}$ ☐ −4,19
   −3,3 ☐ −4,4   −$\frac{1}{9}$ ☐ −0,1
   −0,8 ☐ −$\frac{4}{5}$ −$\frac{1}{4}$ ☐ −0,25

4 Schreibe als Kette.
a) −3,87; −7,83; 3,78; −8,73; 7,83
b) −1$\frac{1}{2}$; 1,55; −1$\frac{1}{4}$; 1,25; −1$\frac{1}{10}$

5 Welche Zahl liegt in der Mitte von
a) −7,5 und 6,0?   b) −$\frac{1}{3}$ und −$\frac{1}{2}$?

6 Die drei Zahlen haben denselben Abstand. Wie heißt die fehlende Zahl?

a)

b)

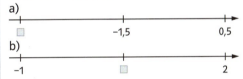

7 Ordne die Kontostände.

−234,56 €   1025,00 €
   5,09 €   −75,80 €
  −1,00 €   −100,00 €

8 Aus der Tabelle kann man die Tageshöchsttemperaturen (in °C) und die Tagestiefsttemperaturen entnehmen. Bestimme die täglichen Änderungen und die größte Temperaturdifferenz.

Mo	Di	Mi	Do	Fr	Sa	So
12,2	9,1	5,6	7,5	8,2	10,1	4,5
3,9	0,4	−1,3	−2,9	−5,3	2,6	−3,7

2 Rechnen mit rationalen Zahlen

Zahlen nachgehen

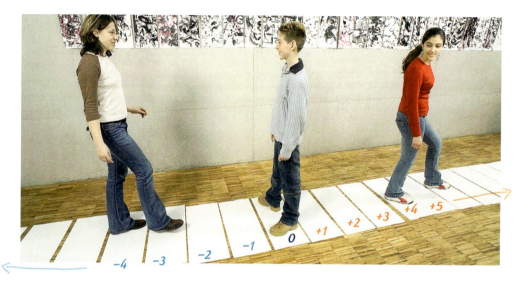

Klebt im Klassenzimmer oder im Flur einen großen Papierstreifen auf den Boden. Zeichnet einen Ausschnitt der Zahlengeraden und markiert die Zahlen von −10 bis +10. Wenn ihr den Schulhof nutzen wollt, nehmt ihr am besten ein Stück Kreide.

Hatice steht auf der Null und geht fünf Schritte in positive Richtung. Anschließend geht sie acht Schritte in negative Richtung, danach drei Schritte in negative Richtung.
- Wo steht Hatice jetzt?
- Wie muss sie sich von dort aus bewegen, um auf das Feld +10 zu kommen?
- Legt eigene Wege zurück.

Sina und Pierre üben an der großen Zahlengeraden auf dem Schulhof. Sina geht mit einem Schritt immer zwei Zahlen weit, Pierre legt mit einem Schritt drei Zahlen zurück. Sina startet bei −23 und geht in positive Richtung, Pierre beginnt bei +17 und geht in negative Richtung.
- Wo treffen die beiden sich, wenn sie gemeinsam losgehen?
- Wo stehen beide nach je 10 Schritten?
- Probiert mit eigenen Zahlen.

Thorben legt mit jedem Schritt drei Zahlen zurück.
- Wie viele Schritte macht er von −7 bis +8? Wie viele von −4 bis +5?

Vanessa macht sieben Zweier-Schritte und landet bei der Zahl −9.
- Wo ist sie gestartet?

Ein Kartenspiel für Drei

Stellt euch 18 Karten mit den ganzen Zahlen von +1 bis +9 und von −1 bis −9 her.

Ihr spielt zu zweit gegen einen Mitschüler. Die Karten werden gleichmäßig verteilt. Jeder legt seine Karten offen auf den Tisch. Der Einzelspieler, der jede Runde beginnt, legt ein Kärtchen in die Mitte des Tischs. Die beiden anderen versuchen nun zusammen mit ihren beiden Kärtchen die Zahl Null zu bilden.

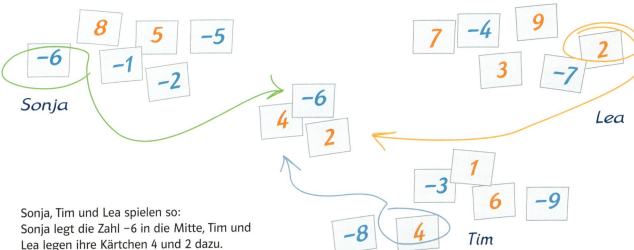

Sonja, Tim und Lea spielen so:
Sonja legt die Zahl −6 in die Mitte, Tim und Lea legen ihre Kärtchen 4 und 2 dazu.
−6 + 4 + 2 = 0

Tim und Lea bekommen die drei Kärtchen als Gewinn und nehmen sie aus dem Spiel. In der zweiten Runde legt Sonja die Zahl +8 in die Mitte. Lea und Tim finden keine passenden Kärtchen, müssen aber dennoch legen. Die Kärtchen gehen jetzt an Sonja.

Gewonnen hat, wer am Ende die meisten Kärtchen hat.

Nun spielt ein anderer gegen zwei.

In diesem Kapitel lernst du,

- wie man rationale Zahlen addiert, subtrahiert, multipliziert und dividiert;
- wie man Rechengesetze zum vorteilhaften Rechnen nutzt,
- welche Reihenfolge beim Berechnen von Rechenausdrücken zu beachten ist.

Zahlen nachgehen 31

1 Addieren

In der Tabelle siehst du die monatlichen Veränderungen der Mitgliederzahlen eines großen Sportvereins.

Monat	Jan.	Feb.	März	April	Mai	Juni
Veränderungen der Personenzahl	−9	+14	−15	−7	+28	−18

→ Waren es Ende Juni mehr oder weniger Mitglieder als am Jahresanfang?
→ Im Juli erreicht die Mitgliederzahl wieder den Stand des Jahresanfangs.
→ Wie groß ist die Änderung? Wie viele Personen sind eingetreten oder ausgetreten?

Es muss weitergehen ...
Setze die begonnene Reihe fort.
(+3) + (+3) = +6
(+3) + (+2) = +5
(+3) + (+1) = +4
(+3) + 0 = +3
(+3) + (−1) = ☐
(+3) + (−2) = ☐
(+3) + (−3) = ☐
(+3) + (−4) = ☐
...

Addiert man zu einer rationalen Zahl eine positive Zahl, geht man auf der Zahlengeraden nach rechts. Der Wert der Summe ist dann größer als der erste Summand.

 + =

Addiert man zu einer rationalen Zahl eine negative Zahl, geht man auf der Zahlengeraden nach links. Der Wert der Summe ist dann kleiner als der erste Summand.

 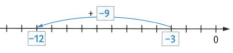

Bei der Addition zweier rationaler Zahlen können positive aber auch negative Ergebnisse oder null entstehen.

Vorzeichen

(+8) + (−15)

Rechenzeichen

Regeln für das Addieren rationaler Zahlen
Bei **gleichen Vorzeichen** addiert man die Zahlen ohne ihr Vorzeichen zu berücksichtigen. Das Ergebnis erhält das gemeinsame Vorzeichen beider Zahlen.

Bei **verschiedenen Vorzeichen** subtrahiert man die Zahlen ohne Berücksichtigung ihres Vorzeichens. Das Ergebnis erhält das Vorzeichen derjenigen Zahl, die von Null weiter entfernt liegt.

Beispiele
a) Rationale Zahlen schreibt man in Rechenausdrücken streng genommen in Klammern.

 (−36) + (−28)   (+36) + (−15)   (+12) + (−44)
= − (36 + 28)   = + (36 − 15)   = − (44 − 12)
= −64   = +21   = −32

b) Um die Schreibweise zu vereinfachen, verwendet man Klammern nur, wenn eine negative Zahl addiert wird.

 (+25) + (−17) = 25 + (−17)   (−9) + (−14) = −9 + (−14)

Aufgaben

1 Addiere im Kopf.
Entscheide zuerst, ob das Ergebnis positiv oder negativ ist.
a) (+24) + (−10) b) (−7) + (−12)
c) (−40) + (+18) d) (+15) + (−45)
e) (+32) + (−15) f) (−42) + (−28)
g) (−75) + (+40) h) (−125) + (−85)

2 Addiere.
a) 35 + (−18) b) −38 + 23
c) −29 + 43 d) 23 + (−37)
e) −40 + (−68) f) 102 + (−89)
g) 150 + (−105) h) −225 + (−245)

3 Berechne.
a) −3,5 + 8,5 b) 1,5 + (−4,2)
c) −6,3 + (−2,8) d) 15,2 + (−7,8)
e) 31,4 + (−36,2) f) −22,4 + (−36,5)
g) 0,45 + (−1,65) h) −6,28 + (−5,94)

4 Addiere.
a) $-\frac{3}{4} + \frac{1}{4}$ b) $\frac{3}{5} + \left(-\frac{4}{5}\right)$
c) $\frac{5}{8} + \left(-\frac{3}{4}\right)$ d) $-\frac{4}{5} + \left(-\frac{3}{4}\right)$
e) $-\frac{7}{12} + \frac{1}{3}$ f) $-\frac{7}{8} + \frac{5}{6}$

5 Aus den Zahlen der linken und rechten Reihe lassen sich Summen bilden.

Beispiel: −12 + (−8)

a) Welcher Rechenausdruck hat den größten Wert?
b) Welcher Rechenausdruck hat den kleinsten Wert?
c) Welche Summe liegt am nächsten bei Null?

6 Setze passende Vorzeichen.
a) (−16) + (−7) = ☐23
b) (+28) + (☐41) = −13
c) 8,1 + (☐10,7) = ☐2,6
d) ☐1,6 + 0,9 = ☐0,7

7 Wähle Ziffern und Vorzeichen so,
a) dass der Wert der Summe möglichst groß wird.
b) dass der Wert der Summe möglichst klein wird.
c) dass der Wert der Summe möglichst nahe bei Null liegt.

8 Fülle die Steine der Zahlenmauer. Zahlen auf nebeneinander liegenden Steinen werden addiert.

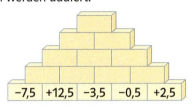

9 Würfle sechsmal hintereinander. Setze die Zahlen so ein, dass du als Ergebnis ganze Zahlen erhältst.
Für jede ganze Zahl gibt es einen Punkt. Schaffst du 1 oder −1 als Ergebnis bekommst du zwei Punkte.
Vergleicht nach sechs Durchgängen die Punkte.

Beispiel:

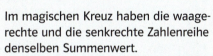

Wege und Summen

Im magischen Kreuz haben die waagerechte und die senkrechte Zahlenreihe denselben Summenwert.
■ Bilde ein magisches Kreuz mit den Zahlen −4; −3; −2; −1; 0; 1; 2; 3 und 4. Gibt es verschiedene Lösungen? Welche Gesetzmäßigkeiten kannst du erkennen?

Das Haus des Nikolaus kannst du in einem Zug durchlaufen.
■ Addiere die Zahlen auf deinem Weg durch das Haus des Nikolaus. Berücksichtige auch die Anfangs- und die Endzahl. Was fällt dir auf, wenn du verschiedene Wege wählst? Begründe.

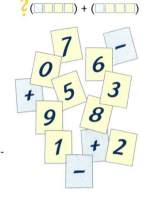

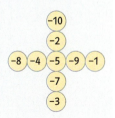

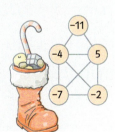

2 Subtrahieren

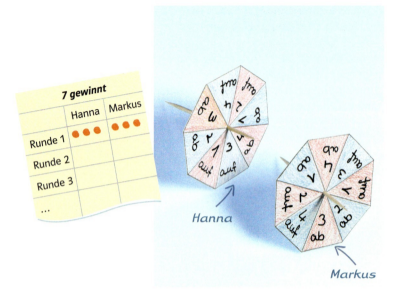

Hanna und Markus spielen mit dem Kreisel. Das Feld, auf dem der Kreisel liegen bleibt, gibt an, wie viele blaue Gewinnmarken oder rote Verlustmarken aufgenommen oder abgegeben werden müssen. Zusätzlich dürfen blaue Gewinnmarken und rote Verlustmarken immer in gleicher Anzahl aufgenommen oder abgegeben werden. Gewonnen hat, wer zuerst sieben Gewinnmarken und keine Verlustmarken besitzt.

→ Hat Hanna oder Markus nach der zweiten Runde den besseren Punktestand?
→ Markus soll in der dritten Runde zwei blaue Marken abgeben, obwohl er keine besitzt. Deshalb nimmt er zwei rote und zwei blaue Marken auf. Bestimme seinen Punktestand.

Es muss weitergehen ...
Setze die begonnene Reihe fort.
$(+4) - (+3) = +1$
$(+4) - (+2) = +2$
$(+4) - (+1) = +3$
$(+4) - 0 = +4$
$(+4) - (-1) = \square$
$(+4) - (-2) = \square$
$(+4) - (-3) = \square$
$(+4) - (-4) = \square$
...

Zur Additionsaufgabe $(+5) + (+8) = +13$ gehört die Subtraktionsaufgabe $(+13) - (+8) = +5$.
Die Addition der Gegenzahl liefert dasselbe Ergebnis: $(+13) + (-8) = +5$.
Die Subtraktionsaufgabe zu $(+3) + (-7) = -4$ ist $(-4) - (-7) = +3$.
Auch in diesem Fall lässt sich die Subtraktion einer Zahl durch die Addition ihrer Gegenzahl darstellen: $(-4) + (+7) = +3$.
Jede Subtraktion lässt sich damit als Addition darstellen.

Regel für das Subtrahieren rationaler Zahlen
Eine rationale Zahl wird **subtrahiert**, indem man ihre Gegenzahl addiert.

Beispiele
a) $(+17) - (+13) = (+17) + (-13) = +4$
   $(-10) - (+15) = (-10) + (-15) = -25$

b) $(+3) - (-13) = (+3) + (+13) = +16$
   $(-14) - (-11) = (-14) + (+11) = -3$

Bemerkung
Auch bei der Subtraktion kann die Schreibweise vereinfacht werden.
$(+7) - (+3) = 7 - 3 = 4$ $\qquad (-15) - (+5) = -15 - 5 = -20$

Aufgaben

1 Bilde Aufgaben und rechne im Kopf.
Beispiel: $(-15) - (+9) = (-15) + (-9) = -24$

 −

2 Setze „+" oder „−" ein.
a) $(+7) - (+10) = (+7) + (\square 10)$
b) $(-12) - (+4) = (-12) + (\square 4)$
c) $(+22) - (-19) = (+22) + (\square 19)$
d) $(-18) - (-11) = (-18) + (\square 11)$
e) $(+45) - (-27) = (+45) + (\square 27)$

3 Entscheide zunächst, ob das Ergebnis positiv oder negativ ist.
Rechne dann.
a) (+15) − (+42) b) (+45) − (+34)
c) (−33) − (−12) d) (+62) − (−23)
e) (−78) − (+69) f) (−107) − (−174)
g) (+235) − (−185) h) (−125) − (+175)

4 Die Ergebnisse wurden abgerissen. Füge die Aufgaben im Heft wieder zusammen.

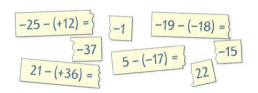

5 Vereinfache die Schreibweise und rechne.

Beispiel: (−14) − (−20) = −14 + 20 = +6

a) 18 − (+23) b) (−28) − (+16)
c) −44 − (−19) d) 67 − (−78)
e) 899 − (+998) f) −989 − (+898)
g) −9889 − (+8989) h) −8998 − (−9898)

6 Setze richtige Vorzeichen ein.
a) (☐45) − (☐28) = −17
b) (☐45) − (☐28) = +73
c) (☐45) − (☐28) = −73
d) (☐45) − (☐28) = +17

7 Ergänze die fehlenden Vorzeichen.
a) (−7) − (−18) = ☐11
b) (☐17) − (+19) = ☐36
c) (☐26) − (☐15) = +41
d) (☐29) − (☐38) = ☐9

8 Berechne der Reihe nach. Auf dem Rand findest du das Lösungswort.
a) 3,5 − (+8,5) b) −16,5 − (+14,8)
c) 12,4 − (−0,5) d) −2,8 − (−6,8)
e) −0,7 − (+1,9) f) 22,5 − (+17,2)
g) 45,3 − (−46,7) h) −87,7 − (−89,1)

9 Addiere oder subtrahiere.
a) $\frac{1}{2} - \left(+\frac{1}{4}\right)$ b) $-\frac{3}{5} + (-0,8)$
c) $-0,08 + \left(-\frac{3}{20}\right)$ d) $-\frac{7}{8} - \left(-\frac{5}{6}\right)$

10 Lange Zahlen, einfache Ergebnisse.
a) −438 515 027 − (+672 596 084)
b) −380 754 291 − (−302 976 514)
c) 4 631 735 988 − (+9 076 180 432)

11 Zahlen auf nebeneinander liegenden Steinen werden addiert.

a) 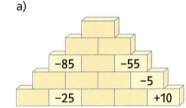   b)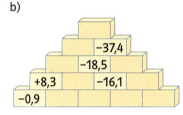

N	−2,6
L	−5
B	−5,3
C	−1,4
U	4,0
E	92
F	−4,0
M	2,5
N	1,4
S	12,9
Ö	−31,3
G	5,3
W	−0,5

Mit Koordinaten rechnen

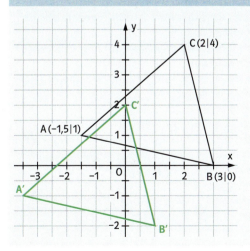

Mit den Koordinaten von geometrischen Figuren im Koordinatensystem kann man auch rechnen.
Das grün gefärbte Dreieck A'B'C' erhält man, wenn man sowohl von der 1. Koordinate als auch von der 2. Koordinate der Eckpunkte des Dreiecks ABC jeweils die Zahl 2 subtrahiert.

■ Wie lauten die Koordinaten der Eckpunkte des grün gefärbten Dreiecks?
■ Addiere zur 1. Koordinate die Zahl 3 und subtrahiere von der 2. Koordinate die Zahl 4. Zeichne.
■ Welche Zahlen muss man sowohl von der 1. Koordinate als auch von der 2. Koordinate mindestens subtrahieren, damit alle Eckpunkte negative Koordinaten haben?

Kontoführung

Sina besitzt ein Jugendgirokonto. Mit diesem Girokonto kann sie am Bankautomaten Geld abheben und Beträge überweisen, solange das Guthaben ausreicht. Das monatliche Taschengeld von den Eltern wird auch auf das Konto überwiesen.

Sparkasse Waldhausen	Auszug Nr.	14	
Buchungstag	Vorgang	Betrag	
12.10.	Geldautomat	–35,00	
15.10.	Bareinzahlung	+60,00	
23.10.	Geldautomat	–45,00	
28.10.	Handy-Abrechnung	–33,87	
2.11.	Taschengeld	+40,00	
	Kontostand	11.10. alt	EUR 55,11
		5.11. neu	EUR 41,24
Sina Müller		SB-Kontoauszug	

■ Wie hoch war die Summe der Einzahlungen, wie hoch der Gesamtbetrag aller Abhebungen?

■ Sina wollte am 12.10. zunächst 60 € abheben. Weshalb war dies nicht möglich? Wie viel Euro hätte sie maximal am Bankautomat erhalten können?

■ Anfang Dezember bekommt sie wieder Taschengeld überwiesen. Für November plant sie keine Ausgaben. Kann sie dann eine neue Jeans für 79 € kaufen?

Frau Möller besitzt zurzeit auf ihrem Konto ein Guthaben in Höhe von 2024,18 €. Davon sollen verschiedene Ausgaben, die Frau Möller auf einem Zettel notiert hat, abgebucht werden.

■ Wie ist der Kontostand nach den Abbuchungen?

■ Frau Möller kann ihr Konto um 3000 € überziehen. Über wie viel Geld kann sie dann insgesamt verfügen?

■ Nach einer dringenden Reparatur am Dach ihres Hauses ist eine Handwerkerrechnung über 1483,50 € fällig. Wie viel Euro muss Frau Möller von ihrem Sparbuch mindestens abheben, wenn sie ihr Konto nicht überziehen will?

12 Vervollständige die Rechennetze.
a) Berechne die fehlenden Zahlen.

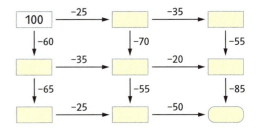

b) Hier musst du addieren oder subtrahieren, damit das Ergebnis stimmt.

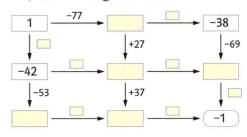

13 Vervollständige das magische Quadrat. Alle Zeilen, Spalten und Diagonalen haben die magische Zahl –10 als Summe.

5		–9	
	–1		
	–5	–4	1
–7		3	

14 Wähle Ziffern und Vorzeichen so,
a) dass der Wert der Differenz möglichst groß wird.
b) dass der Wert der Differenz möglichst klein wird.
c) der Wert der Differenz möglichst nahe bei Null liegt.

(☐☐☐☐) – (☐☐☐☐)

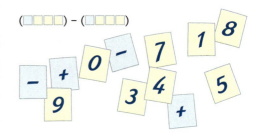

3 Addition und Subtraktion. Klammern

Tim, Stefanie und Linda spielen Karten. Für gewonnene Spiele gibt es Pluspunkte, für verlorene Minuspunkte.
→ Vergleiche die Punktestände von Tim und Linda nach dem siebten Spiel.
→ Wie lässt sich Stefanies Punktezwischenstand geschickt bestimmen?

Spiel-Nr.	Tim	Stefanie	Linda
1	27	–	–
2	–	–	–48
3	–	36	–
4	–	–	27
5	–	–40	–
6	–	44	–
7	–48	–	–
Zwischenstand			

In Summen natürlicher Zahlen darf man die Summanden vertauschen. Dies gilt ebenso für Summen rationaler Zahlen. Summanden können auch beliebig zusammengefasst werden.

$(-8) + (+13) = +5$ $((+13) + (-8)) + (-22)$ $(+13) + ((-8) + (-22))$
$(+13) + (-8) = +5$ $\quad = \quad (+5) \quad + (-22)$ $= (+13) + \quad (-30)$
$\quad\quad\quad\quad\quad\quad\quad = -17$ $= -17$

Das Vertauschungsgesetz und das Verbindungsgesetz gelten auch für rationale Zahlen.

Vertauschungsgesetz (Kommutativgesetz)
In einer Summe rationaler Zahlen dürfen die Summanden vertauscht werden.
$(+25) + (-45) = (-45) + (+25)$

Verbindungsgesetz (Assoziativgesetz)
In einer Summe rationaler Zahlen dürfen beliebig Klammern gesetzt oder weggelassen werden.
$((-12) + (-18)) + (+24) = (-12) + ((-18) + (+24))$

Beispiel
Bei geschickter Anwendung beider Gesetze entstehen oftmals Rechenvorteile.
$(+67) + ((-119) + (+33)) = (+67) + ((+33) + (-119))$ Vertauschungsgesetz
$\quad\quad\quad\quad\quad\quad\quad\quad = ((+67) + (+33)) + (-119)$ Verbindungsgesetz
$\quad\quad\quad\quad\quad\quad\quad\quad = (+100) + (-119)$
$\quad\quad\quad\quad\quad\quad\quad\quad = -19$

Bemerkungen
Steht vor der Klammer ein Pluszeichen (Plusklammer), darf man die Klammer weglassen.
Rechenzeichen und Vorzeichen ändern sich dabei nicht.

Auch wenn vor einer Klammer ein Minuszeichen steht (Minusklammer), darf man die Klammer weglassen.
Aus allen Pluszeichen in der Klammer werden Minuszeichen und umgekehrt.

$\quad 48 + (-25 + 17)$ $\quad 48 + (-25 + 17)$ $\quad 48 - (-25 + 17)$ $\quad 48 - (-25 + 17)$
$= 48 + (-8)$ $= 48 - 25 + 17$ $= 48 - (-8)$ $= 48 + 25 - 17$
$= 40$ $= 23 + 17$ $= 48 + 8$ $= 73 - 17$
$\quad\quad\quad\quad\quad\quad = 40$ $= 56$ $= 56$

Aufgaben

1 Berechne vorteilhaft.
a) (+16) + (54) + (−29)
b) (+47) + (−38) + (−22)
c) (−15) + (−35) + (+63)
d) −21 + (−39) + 33
e) 65 + (−57) + 35
f) 237 + 49 + (−187)
g) 5,5 + (−6,7) + 4,5
h) −8,1 + 6,8 + (−1,9)

2 Setze „+" und „−" richtig ein.
a) (−21) + (+18) − (+33) + (−19)
 = ☐ 21 ☐ 18 ☐ 33 ☐ 19
b) (+77) − (+36) + (+68) − (−41)
 = ☐ 77 ☐ 36 ☐ 68 ☐ 41
c) (−1,8) + (+7,2) + (−4,5) + (−0,6)
 = ☐ 1,8 ☐ 7,2 ☐ 4,5 ☐ 0,6

3 Vereinfache zuerst die Schreibweise. Rechne dann von links nach rechts.

Beispiel: 21 + (−18) − (+34)
 = 21 − 18 − 34
 = 3 − 34 = −31

a) −13 + 42 + (−19)
b) 73 + (−49) − (−37)
c) 97 − (+56) + (−84) − (−41)
d) −42 − (−78) − (+36) + 66
e) 97 − (−56) + (+84) − (+41)
f) −3,4 + (−6,5) − (−10,2)
g) −63,7 + 49,8 − (−28,0) + (−32,5)
h) −4,57 + (−7,54) − (−5,74) − (+4,75)

4 Vertausche und fasse geschickt zusammen.

Beispiel: (−17) + (+36) + (−83) + (+24)
 = (−17) + (−83) + (+36) + (+24)
 = −100 + 60
 = −40

a) 44 + (−37) + 26 + (−63)
b) −79 + 65 + 15 + (−41)
c) −91 + 46 + (−77) + 64 + (−19)
d) −77 + 68 + (−39) + (−43) + 82
e) −234 + 123 + 77 + (−466)
f) 157 + (−127) + 243 + (−151) + (−122)
g) 43,9 + (−24,4) + 36,1 + (−45,6)
h) −52,3 + 63,6 + (−32,7) + 26,4 + (−15,0)

5 Fasse zuerst zusammen.

Beispiel: 54 + 39 + 68 − 73 − 87 − 45
 = (54 + 39 + 68) − (73 + 87 + 45)
 = 161 − 205 = −44

a) 23 + 71 + 59 − 92 − 47 − 54
b) 62 + 35 + 43 − 87 − 26 − 53
c) 89 + 98 − 61 − 16 − 85 − 58
d) 444 − 98 − 87 − 76 − 65 − 54 − 43 − 32
e) 38,4 + 62,6 + 159,8 − 82,7 − 79,5 − 99,9
f) 280 − 55,5 − 66,6 − 77,7 − 88,8

6 Sortiere zuerst nach Vorzeichen.

Beispiel: −38 + 57 + 31 − 24 + 43 − 62
 = 57 + 43 + 31 − 38 − 62 − 24
 = 131 − 124 = 7

a) 25 − 53 − 39 + 64 − 47 + 36
b) −81 + 67 + 48 + 72 − 65 − 44
c) −55 + 94 − 71 − 22 + 86 − 37
d) −57 + 68 + 31 − 76 − 63 + 93 − 4
e) −15,3 + 43 + 72,4 − 89,7 − 39 + 21,8
f) 24,25 − 36,6 − 105 + 90,9 + 21,95

7 Im Zahlenbaukasten befinden sich vier Zahlen, vier Rechenzeichen sowie ein Klammerpaar.

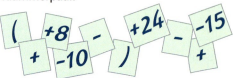

a) Erstelle zehn verschiedene Aufgaben und berechne sie.

Beispiel: (−10) + (+8) − ((−15) − (+24))
 = −10 + 8 − (−15 − 24)
 = −2 + 39 = 37

b) Wie heißt der Rechenausdruck mit dem größten Wert?
c) Welche Aufgabe hat ein Ergebnis möglichst nahe bei Null?

8 Achte auf die Minusklammer. Vergleiche die Ergebnisse.
a) −25 − (−55 − 35) − 15 − 45
b) −25 − (55 − 35 − 15) − 45
c) −25 − (−55 − 35 − 15 − 45)

Verbinde die Ziffernkärtchen mit + oder − und Klammern, so dass du verschiedene Zahlen ausdrücken kannst.
Beispiel:
(−1) − ((−2) + (−3))
= (−1) − (−5)
= −1 + 5 = 4

? *Wer findet die meisten Möglichkeiten?*

38 Addition und Subtraktion. Klammern

9 Die Aufgabe −77 − (34 − 89) lautet in Worten: „Subtrahiere von der Zahl minus 77 die Differenz der Zahlen 34 und 89." Schreibe in Worten.
a) 28 + (45 − 62)
b) −69 − (25 + 48)
c) (35 − 54) − (27 + 46)
d) −50 − (87 − 68 − 26)

10 Schreibe zuerst einen Rechenausdruck.
a) Addiere zur Differenz der Zahlen 45 und 99 die Zahl minus 33.
b) Subtrahiere von der Summe der Zahlen −49 und 32 die Summe von 41 und 17.
c) Addiere zur Differenz der Zahlen 39 und 83 die Summe der Zahlen −26 und −73.

11 Löse die Klammern auf und nutze Rechenvorteile.

Beispiel: −83 − (−56 + 17) + 44
 = −83 + 56 − 17 + 44
 = 56 + 44 − 83 − 17
 = 100 − 100 = 0

a) 65 + (−78 + 35) − 42 + 18
b) −24 + (−61 + 52) − (−88 + 73)
c) 57 + (14 − 37) − (−75 + 34) − 49
d) −62 − (−17 + 94 − 83) + (−28 + 64)
e) (−53 + 47) − 35 − (−133 + 61) − 76

12 Ein Würfelspiel mit negativen Zahlen. Gespielt wird mit drei Würfeln, die gleichzeitig geworfen werden. Ungerade Augenzahlen werden addiert, gerade Augenzahlen werden subtrahiert.

Beispiel: −4 + 3 − 6 = −7

Gewonnen hat, wessen Ergebnis nach drei Durchgängen am weitesten von der Zahl 0 entfernt liegt.

13 Setze in den vorgegebenen Rechenausdruck ein weiteres, zusätzliches Klammerpaar. Schaffst du es, fünf verschiedene Ergebnisse zu erhalten?

20 − (+24) − (−15) + (−18)

14 Löse die Klammern von innen nach außen auf. Rechne dann.

Beispiel: 22 − (41 − (−19 + 38))
 = 22 − (41 + 19 − 38)
 = 22 − 41 − 19 + 38
 = 22 + 38 − 41 − 19 = 0

a) 47 − (85 + (29 − 53))
b) −66 − (−35 − (74 + 49))
c) ((−38 + 17) − (−81 + 43)) − (62 − 79)
d) −((55 − 71) − (−96 + 38) + 53) + 53
e) −67 − (−89 − (−42 − 17) − 77)

1. Wurf: 5 − 2 − 6 = −3
2. Wurf: 5 − 6 + 5 = +4
3. Wurf: 1 − 2 − 6 = −7
Ergebnis: −3 + 4 − 7 = −6

Innere Klammer vor äußerer Klammer

Plus und Minus

■ Berechne und setze fort.
 1 − 2
 1 − 2 + 3
 1 − 2 + 3 − 4
■ Wie lautet das Ergebnis für die 10. Zeile, wie für die 11. Zeile, wie für die 37. Zeile und wie für die 100. Zeile?
 1 + 2
 1 + 2 − 3
 1 + 2 − 3 − 4
 1 + 2 − 3 − 4 + 5
 1 + 2 − 3 − 4 + 5 + 6
 1 + 2 − 3 − 4 + 5 + 6 − 7
■ Erkläre, wie die Zahlenreihen gebildet werden. Berechne das Ergebnis für die 1000. Zeile.

Solche Aufgaben kann man auf zwei Arten lösen:

Sprünge auf der Zahlengeraden

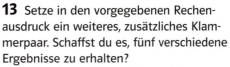

An der Zahlengeraden erkennst du:
1 − 2 = −1; 1 − 2 + 3 = 2; 1 − 2 + 3 − 4 = −2 usw.

Eine andere Methode ist das geschickte **Bündeln von Zahlenpaaren.**

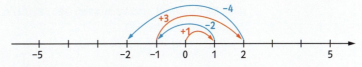

Hier musst du die Zahl −1 entsprechend oft vervielfachen.

4 Multiplizieren

```
4 · 8      = 32
4 · 4      = 16
4 · 2      = 8
4 · 0      = 0
4 · (−2)   = ☐
4 · (−4)   = ☐
4 · (−8)   = ☐
```

```
4 · (−8)     = ☐
2 · (−8)     = ☐
0 · (−8)     = ☐
(−2) · (−8)  = ☐
(−4) · (−8)  = ☐
...
```

An der Tafel stehen zwei Aufgabenreihen.
→ Ergänze zunächst die linke Reihe. Rechne dabei in Pfeilrichtung.
→ Nimm dein Ergebnis der letzten Zeile in der linken Reihe und setze es in die erste Zeile der rechten Reihe ein. Ergänze nun auch die rechte Reihe.
→ Was stellst du fest?

Wie bei den natürlichen Zahlen und bei den Brüchen verwendet man die Multiplikation als verkürzte Schreibweise der Addition.
$3 \cdot (-7) = (-7) + (-7) + (-7) = -21$

Produkt

(−3) · (+4)
1. Faktor   2. Faktor

Das Produkt $3 \cdot (-7)$ hat als Ergebnis die Zahl −21. Dies ist die Gegenzahl des Produkts $3 \cdot (+7) = +21$.
Das Produkt $(-3) \cdot (-7)$ muss somit die Gegenzahl von $(-3) \cdot (+7)$, also von −21, ergeben.
Damit gilt: $(-3) \cdot (-7) = +21$.

Das Vorzeichen des Produktwerts hängt von den Vorzeichen der einzelnen Faktoren ab. Die Faktoren werden ohne Berücksichtigung des jeweiligen Vorzeichens miteinander multipliziert. Dann wird das Vorzeichen festgelegt.

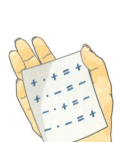

Regeln für das Multiplizieren rationaler Zahlen
Haben beide Faktoren das **gleiche Vorzeichen**, dann ist der Wert des Produkts **positiv**.
Haben die Faktoren **verschiedene Vorzeichen**, dann ist der Wert des Produkts **negativ**.

Beispiele
a) $(+8) \cdot (-12) = -(8 \cdot 12) = -96$
b) $(-15) \cdot (+9) = -(15 \cdot 9) = -135$
c) $(-1{,}6) \cdot (-5) = +(1{,}6 \cdot 5) = 8{,}0$
d) $\left(-\frac{5}{6}\right) \cdot \frac{9}{10} = -\frac{5 \cdot 9}{6 \cdot 10} = -\frac{3}{4}$

Bemerkungen
Das **Vertauschen** und **Verbinden** der Faktoren ist auch weiterhin möglich.
$3 \cdot (-7) = (-7) \cdot 3 = -21$ **Vertauschungsgesetz (Kommutativgesetz)**
$(-4) \cdot (5 \cdot (-6)) = ((-4) \cdot 5) \cdot (-6)$ **Verbindungsgesetz (Assoziativgesetz)**

Multipliziert man eine Zahl mit dem Faktor (−1), dann erhält man die Gegenzahl.
$(+5) \cdot (-1) = -5 \qquad (-1) \cdot (+5) = -5 \qquad (-5) \cdot (-1) = +5 \qquad (-1) \cdot (-5) = +5$

Aufgaben

1 Rechne im Kopf.
a) $(+5) \cdot (-7)$
b) $(-4) \cdot (+9)$
c) $(-4) \cdot (-5)$
d) $(+8) \cdot (-7)$
e) $(+12) \cdot (-6)$
f) $(-4) \cdot (-15)$

2 Rechne ebenfalls im Kopf.
a) $(-50) \cdot (-0{,}5)$
b) $20 \cdot (-1{,}2)$
c) $(-2{,}5) \cdot 12$
d) $(-7) \cdot (-0{,}4)$
e) $200 \cdot (-0{,}1)$
f) $(-40) \cdot (-1{,}8)$

3 Multipliziere. Ermittle zunächst das Vorzeichen des Ergebnisses.
a) $(+15) \cdot (-20)$ b) $(-12) \cdot (+30)$
c) $(-36) \cdot (-8)$ d) $(+24) \cdot (-28)$
e) $(-41) \cdot (+49)$ f) $(-53) \cdot (-17)$
g) $(+63) \cdot (-19)$ h) $(-55) \cdot (-82)$

4 Berechne.
a) $88 \cdot (-12)$ b) $(-44) \cdot 77$
c) $(-55) \cdot (-33)$ d) $67 \cdot (-83)$
e) $(-72) \cdot 23$ f) $(-125) \cdot (-59)$

5 Überschlage zunächst das Ergebnis.
a) $(-789) \cdot 19$ b) $(-47) \cdot (-211)$
c) $106 \cdot (-69)$ d) $(-68) \cdot (-97)$
e) $42{,}8 \cdot (-12{,}5)$ f) $(-9{,}6) \cdot 18{,}4$
g) $(-0{,}7) \cdot (-4{,}8)$ h) $2{,}25 \cdot (-0{,}45)$

6 Multipliziere.
a) $\left(-\frac{1}{2}\right) \cdot \frac{2}{3}$ b) $\frac{2}{5} \cdot \left(-\frac{3}{4}\right)$
c) $\frac{1}{4} \cdot \left(-\frac{1}{3}\right)$ d) $\left(-\frac{3}{8}\right) \cdot \left(-\frac{4}{3}\right)$
e) $\left(-\frac{7}{9}\right) \cdot \frac{9}{14}$ f) $\left(-\frac{12}{25}\right) \cdot \left(-\frac{15}{16}\right)$

7 Wähle den ersten Faktor aus der linken Wolke, den zweiten aus der rechten.
Beispiel: $(-0{,}8) \cdot 3{,}5$

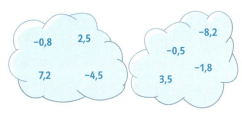

a) Welches Produkt hat den größten Wert, welches hat den kleinsten Wert?
b) Wie viele Produkte haben ein positives, wie viele ein negatives Ergebnis?

8 Berechne. Die Summe aller Ergebnisse ergibt den Wert 500.
a) $(-8) \cdot (-3) \cdot 2$ b) $12 \cdot 8 \cdot (-3)$
c) $25 \cdot (-4) \cdot (-2)$ d) $(-4) \cdot (-5) \cdot 48$
e) $12{,}5 \cdot (-6) \cdot 8$ f) $2{,}5 \cdot (-4) \cdot (-18)$

9 Lena hat innerhalb von zwei Sekunden das Ergebnis bestimmt. Schaffst du das auch?
$(-42) \cdot 72 \cdot (-7) \cdot 0 \cdot (-89) \cdot 36$

10 Multipliziere vorteilhaft.
Beispiel: $(-4) \cdot 9 \cdot 25 \cdot (-5)$
$= (-4) \cdot 25 \cdot 9 \cdot (-5)$
$= (-100) \cdot (-45) = 4500$

a) $2 \cdot 7 \cdot (-5) \cdot (-12)$
b) $4 \cdot (-9) \cdot 8 \cdot (-25) \cdot (-5)$
c) $(-8) \cdot 50 \cdot (-125) \cdot (-6)$
d) $(-4) \cdot (-4) \cdot (-25) \cdot (-8) \cdot (-5)$

11 Wähle Ziffern und Vorzeichen aus und setze sie ein.
a) Der Wert des Produkts soll möglichst groß werden.
b) Der Wert des Produkts soll positiv sein und möglichst klein werden.
c) Der Wert des Produkts soll negativ sein und möglichst nahe bei Null liegen.

12 Hier wird immer derselbe Faktor mit sich selbst multipliziert.
$(-2) \cdot (-2)$
$(-2) \cdot (-2) \cdot (-2)$
$(-2) \cdot (-2) \cdot (-2) \cdot (-2)$

a) Setze die Produktreihe bis zum Produkt aus 10 Faktoren fort und berechne den Wert der einzelnen Glieder.
b) Welches Vorzeichen besitzt das Produkt, bei dem 97-mal der Faktor (-2) vorkommt?

13 a) Der erste Faktor eines Produkts ist -35, der zweite 24. Wie groß ist der Produktwert?
b) Welche Zahl erhält man, wenn man vom Produkt aus -18 und -45 die Zahl 888 subtrahiert?
c) Multipliziere das Produkt aus -60 und 42 mit dem Faktor -5.

14 Ein Würfelspiel mit zwei verschiedenfarbigen Würfeln
Der blaue Würfel ist der Vorzeichenwürfel. Aus ihm gelten gerade Augenzahlen als Pluszeichen, ungerade Augenzahlen als Minuszeichen.
Würfle mit beiden Würfeln gleichzeitig. Die so entstehenden Zahlen sind Faktoren eines Produkts.
Sieger ist, wer nach dem fünften Wurf das Produkt mit dem größten Wert erzielt hat.

1. Wurf		-2
2. Wurf		$+3$
3. Wurf		-6
4. Wurf		-1
5. Wurf		$+4$

$(-2) \cdot (+3) \cdot (-6) \cdot (-1) \cdot (+4) = -144$

5 Dividieren

Der heftigste innerhalb von 24 Stunden je gemessene Temperatursturz ereignete sich 1916 im Bundesstaat Montana in den USA. Dabei sank das Thermometer von +6 °C auf −42 °C.
→ Wie groß war die durchschnittliche Temperaturänderung in einer Stunde?

Die Division ist die Umkehrung der Multiplikation.
Dies gilt auch für rationale Zahlen.

$56 : 7 = 8$, da $8 \cdot 7 = 56$
$6{,}5 : 0{,}5 = 13$, da $13 \cdot 0{,}5 = 6{,}5$
$(-12) : (+4) = -3$, da $(-3) \cdot (+4) = -12$
$(+12) : (-4) = -3$, da $(-3) \cdot (-4) = +12$
$(-12) : (-4) = +3$, da $(+3) \cdot (-4) = -12$

$$\underbrace{(-24)}_{\text{Dividend}} : \underbrace{(+8)}_{\text{Divisor}} \quad \overbrace{}^{\text{Quotient}}$$

Zunächst dividiert man die beiden rationalen Zahlen, ohne deren Vorzeichen zu berücksichtigen. Das Vorzeichen des Quotienten hängt von den Vorzeichen des Dividenden und des Divisors ab. Dabei gelten dieselben Vorzeichenregeln wie bei der Multiplikation.

! Durch Null kann man nicht dividieren.

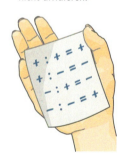

Regeln für das Dividieren rationaler Zahlen
Haben Dividend und Divisor **gleiche Vorzeichen**, dann ist der Wert des Quotienten **positiv**.
Haben Dividend und Divisor **verschiedene Vorzeichen**, dann ist der Wert des Quotienten **negativ**.

Beispiele
a) $(+45) : (-15) = -(45 : 15) = -3$ b) $(-45) : (-15) = +(45 : 15) = 3$
c) Durch einen Bruch wird dividiert, indem man mit seinem Kehrbruch multipliziert.
$\left(-\frac{3}{5}\right) : \left(+\frac{3}{4}\right) = \left(-\frac{3}{5}\right) \cdot \left(+\frac{4}{3}\right) = -\frac{3 \cdot 4}{5 \cdot 3} = -\frac{4}{5}$

Bemerkung
Dividiert man eine Zahl durch (−1), erhält man die Gegenzahl.
$(+5) : (-1) = -5$ $\qquad\qquad\qquad$ $(-5) : (-1) = +5$

Aufgaben

1 Rechne im Kopf.
a) $(+56) : (-7)$ $\qquad$ b) $(-64) : (+8)$
c) $(-49) : (-7)$ $\qquad$ d) $(+48) : (-12)$
e) $(-72) : (+8)$ $\qquad$ f) $(-84) : (-14)$

2 Rechne im Kopf.
a) $(-96) : 12$ $\qquad$ b) $108 : (-9)$
c) $(-75) : (-15)$ $\qquad$ d) $(-225) : 25$
e) $(-144) : (-16)$ $\qquad$ f) $600 : (-75)$

3 Dividiere. Überlege zuerst, ob das Ergebnis positiv oder negativ ist.
a) (−121) : 11   b) 144 : (−18)
c) (−96) : (−16) d) (−270) : 15
e) (−102) : 17   f) 156 : (−12)
g) (−675) : (−25) h) 726 : (−33)

4 Fülle die Tabellen aus.

a)
:	−2	+5	−8	−12
+24	−12			
−64				
+72				
−108				

b)
·	9	−12	
		72	
15			−270
44			−1848
	−702		

5 Ergänze Vorzeichen und Zahlen.
a) (−128) : (☐16) = (−☐)
b) 72 : (+☐) = (☐18)
c) (☐105) : (−☐) = −15
d) (−☐) : 25 = ☐12

6 Setze im Heft die richtige Zahl ein.
a) 72 : ☐ = −9   b) ☐ : 12 = −7
   (−72) : ☐ = −9   ☐ : (−12) = 7
   (−72) : ☐ = 9   ☐ : 12 = 7
   72 : ☐ = 9   ☐ : (−12) = −7

7 Ergänze im Heft.
a) 48 : ☐ = −4   b) ☐ : 9 = −8
c) −57 : ☐ = 3   d) ☐ : (−14) = 13
e) 207 : ☐ = −9   f) ☐ : (−21) = 36

8 Dividiere.
a) 9,1 : (−7)   b) (−20,4) : 12
c) (−13,2) : (−2,4)   d) (−0,72) : 0,6
e) (−110,4) : (−23)   f) 81 : (−5,4)
g) (−80,75) : 19   h) (−85,8) : (−3,75)

9 Multipliziere mit dem Kehrbruch.
a) $\left(+\frac{2}{3}\right) : \left(-\frac{4}{9}\right)$ b) $\left(-\frac{4}{7}\right) : \left(\frac{6}{7}\right)$
c) $\left(-\frac{3}{4}\right) : \left(-\frac{7}{8}\right)$ d) $\left(-\frac{35}{36}\right) : \frac{25}{48}$

10 Wähle aus den Ziffern und Vorzeichen aus und setze ein.
a) Der Wert des Quotienten soll möglichst groß werden.
b) Der Wert des Quotienten soll möglichst klein werden.
c) Der Wert des Quotienten soll so nah wie möglich bei der Zahl Null liegen.

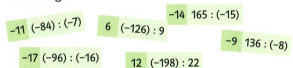

11 Welche Aufgabe gehört zu welchem Ergebnis? Überschlage bevor du rechnest.

(−11,2) : 3,2	−7,5
9,12 : (−22,8)	2,8
(−5,1) : (−8,5)	−0,4
81 : (−10,8)	−3,5
(−9,8) : (−3,5)	0,6

12 Lege die Dominosteine in die richtige Reihenfolge.

−11 (−84) : (−7)   6 (−126) : 9   −14 165 : (−15)
−17 (−96) : (−16)   12 (−198) : 22   −9 136 : (−8)

Zahlenzauber

Bei diesen magischen Quadraten hat jede Zeile und jede Spalte und sogar jede Diagonale denselben Produktwert.

- Vervollständige das Quadrat.

−4		
	8	
		−36

- Hier heißt die magische Zahl −27.

−6		
−9	−1,5	

- Bei dem 4 × 4-Quadrat brauchst du bestimmt einen Taschenrechner. Berechne auch die unterschiedlich gefärbten Gruppen.

- Welches Produkt erhältst du im rot umrandeten Zentrum?
- Wie viele Pluszeichen und wie viele Minuszeichen kommen im magischen 4 × 4-Quadrat vor?

13 Setze zusätzlich Klammern.
Bilde Aufgaben mit unterschiedlichem Ergebnis.

Beispiel: $(-5) : (((-5) : (-5)) : (-5))$
= $(-5) : (1 : (-5))$
= $(-5) : (-0{,}2)$
= 25

a) $(-2) : (-2) : (-2) : (-2)$
b) $(-4) : (-4) : (-4) : (-4)$
c) $(-2) : (-2) \cdot (-2) : (-2)$
d) $(-4) : (-3) : (-2) : (-1)$

14 Zahlen auf nebeneinander liegenden Steinen werden miteinander multipliziert. Das Produkt steht darüber.

a)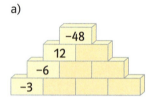
b)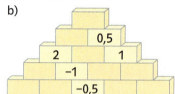

15 Stelle zuerst einen Rechenausdruck auf. Rechne dann.
a) Multipliziere den Quotienten aus −48 und 6 mit der Zahl −13.
b) Subtrahiere vom Quotienten der Zahlen 72 und −8 die Zahl −10.
c) Dividiere den Quotienten aus −35 und +5 durch den Quotienten aus +49 und −7.
d) Dividiere das Produkt der Zahlen 12,5 und −4 durch den Quotienten von −6,0 und −1,2.

16 Löse durch Probieren.
a) $8 \cdot x = -24$
b) $(-12) \cdot x = 60$
c) $x \cdot (-12) = 108$
d) $3 \cdot x - 14 = 5 \cdot x$

17 Richtig oder falsch?
Ist bei einem Produkt mehr als die Hälfte der Faktoren positiv, dann ist der Wert des Produkts positiv. Begründe.

Rechennetze

In diesen Rechennetzen werden alle Grundrechenarten verwendet.

- Berechne die im Rechennetz fehlenden Zahlen.

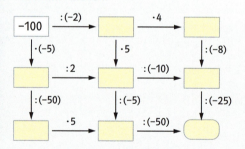

- Hier kannst du dein Ergebnis kontrollieren.

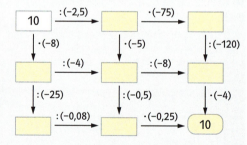

- Verwende alle Rechenarten.

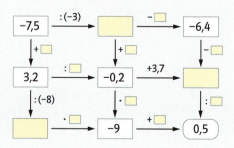

- Ergänze die fehlenden Werte.

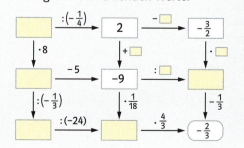

6 Verbindung der Rechenarten

Setze die Zahlen in die Kreise, Dreiecke und Vierecke ein.
→ Berechne jeweils den Wert des Rechenausdrucks.
→ Was fällt dir auf?
→ Wähle noch andere Zahlen als die angegebenen und prüfe nach.

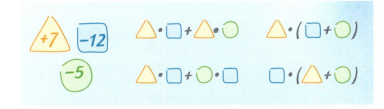

Rechenausdrücke wie $(-8) \cdot 33 + (-8) \cdot 17$ oder $\left(-\frac{2}{5}\right) \cdot \left(15 + \frac{1}{2}\right)$ lassen sich auf verschiedene Arten berechnen. Dabei können Rechenvorteile entstehen.

Ausklammern
$(-8) \cdot 33 + (-8) \cdot 17$
$= (-8) \cdot (33 + 17)$
$= (-8) \cdot 50$
$= -400$

Ausmultiplizieren
$\left(-\frac{2}{5}\right) \cdot \left(15 + \frac{1}{2}\right)$
$= \left(-\frac{2}{5}\right) \cdot 15 + \left(-\frac{2}{5}\right) \cdot \frac{1}{2}$
$= -6 + \left(-\frac{1}{5}\right) = -6\frac{1}{5}$

Das Verteilungsgesetz (Distributivgesetz) gilt auch für rationale Zahlen.

> **Verteilungsgesetz (Distributivgesetz)**
> Beim **Ausklammern** wird zuerst der gemeinsame Faktor ausgeklammert. Anschließend wird die Summe in der Klammer bestimmt und mit dem ausgeklammerten Faktor multipliziert.
> Beim **Ausmultiplizieren** wird der Faktor vor der Klammer mit jedem Summanden der Klammer multipliziert, anschließend wird addiert.

! *Dieses Gesetz gilt auch beim Subtrahieren und Dividieren.*

Beispiele

a) Hier hat das Ausmultiplizieren Vorteile.
$(-7) \cdot \left(\left(+\frac{1}{7}\right) + \left(-\frac{3}{4}\right)\right)$
$= (-7) \cdot \left(+\frac{1}{7}\right) + (-7) \cdot \left(-\frac{3}{4}\right)$
$= \quad (-1) \quad + \left(+\frac{21}{4}\right)$
$= \quad (-1) \quad + 5{,}25$
$= 4{,}25$

b) Hier bringt das Ausklammern Vorteile.
$(-7{,}5) \cdot (-39) + (-7{,}5) \cdot (-61)$
$= (-7{,}5) \cdot ((-39) + (-61))$
$= (-7{,}5) \cdot (-100)$
$= 750$

c) Auch bei rationalen Zahlen gilt das **Vertauschungsgesetz (Kommutativgesetz)** und das **Verbindungsgesetz (Assoziativgesetz)** der Multiplikation.
Bei mehrfacher Anwendung können sich Rechenvorteile ergeben.
$(-2{,}5) \cdot (+38{,}7) \cdot (-4)$
$= (-2{,}5) \cdot (-4) \cdot (+38{,}7)$ —— Vertauschungsgesetz
$= ((-2{,}5) \cdot (-4)) \cdot (+38{,}7)$ —— Verbindungsgesetz
$= (+10) \cdot (+38{,}7) = +387$

d) Auch für die rationalen Zahlen gilt die bekannte Rechenreihenfolge:
Innere Klammer vor äußerer Klammer
Punktrechnung vor Strichrechnung

$((6{,}5 - 21{,}5) : (-5)) - 1{,}5 \cdot 8$ —— Innere Klammer
$= \quad ((-15) : (-5)) - 1{,}5 \cdot 8 \quad$ vor äußerer
$= \qquad\qquad 3 \quad - 1{,}5 \cdot 8$ —— Punkt vor Strich
$= \qquad\qquad 3 \quad - 12$
$= -9$

kurz:
Klammer vor Punkt
Punkt vor Strich

Aufgaben

1 Rechne im Kopf.
a) 5 · (−8) + 20
b) 12 − 4 · 5
c) (−8) · 7 + 6 · 5
d) 5 − 48 : 4 + 6
e) (−49) : (−7) − 49
f) 24 − 42 − 5 · 9
g) 2 · (−5) + 4 − 9 : 3
h) 25 : (−5) − 36 : (−6)

2 Achte auf Punktrechnung vor Strichrechnung.
a) (−5) · (−10) + 40
b) (−42) : 7 − 65 : (−13)
c) (−2,5) − 3,2 · (−4) + (10,2)
d) 32,2 : (−3,5) − 7,8 · 1,5 + 4,8
e) 22,5 − (−1,5) · 24 : (−9) − 3,6 · 7,5

3 Rechne vorteilhaft.
a) 13 · (−5) · 20
(−8) · (−25) · 17
(−50) · 2 · (−30)
(−7) · (−25) · (−8)
b) (−2,5) · 4 · (−19)
(−4,7) · (−0,5) · 20
−400 · 0,25 · (−1,5)
0,3 · (−0,2) · 750

4 Verbinde die Faktoren geschickt.
Beispiel: (−16) · 5 · (−9) · (−4) · 25
= (−80) · (−9) · (−100)
= 720 · (−100) = −72 000

a) (−25) · 4 · 20 · (−5) · (−7)
b) (−8) · 125 · (−9) · (−40) · 5
c) (−6) · (−25) · (−4) · (−125) · 4
d) 8 · (−25) · (−18) · 5 · (−3)
e) (−50) · (−4) · 30 · 250 · (−4) · (−3)

5 Multipliziere aus und berechne.
a) 4 · (−25 + 12)
b) 8 · (40 − 75)
c) (−20) · (−5 + 24)
d) (−35 + 16) · (−10)
e) (−4) · (12,5 − 19)
f) (2,4 − 8,4) · (−5)
g) $\left(-\frac{3}{4} + 1{,}2\right) \cdot 8$
h) $(-7) \cdot \left(-\frac{2}{7} - 0{,}4\right)$

6 Ein Würfelspiel mit 5 Würfeln:
Würfelt mit drei 20-flächigen Würfeln und zwei normalen Würfeln.
Auf den normalen Würfeln bedeuten die Zahlen 1 und 2 das Zeichen „+", die Zeichen 3 und 4 das Zeichen „−", und die Zahlen 5 und 6 das Zeichen „·".
Links siehst du mögliche Aufgaben.
a) Welcher Spieler hat das größte Ergebnis?
b) Wer hat das kleinste Ergebnis?

15 − 7 · 12 = −69
oder:
7 − 15 · 12 = −173
oder:
…

7 Ausklammern ist vorteilhaft.
Beispiel: 12 · (−17) + 12 · (−33)
= 12 · ((−17) + (−33))
= 12 · (−50) = −600

a) 14 · (−9) + 6 · (−9)
b) 42 · (−14) + 42 · (−16)
c) (−19) · (−73) + (−27) · (−19)
d) (−16) · 33 − (−16) · 23

8 Klammere zunächst gemeinsame Faktoren aus.
Beispiel: 16 · (−17) + 62 · (−17) + 22 · (−17)
= (−17) · (16 + 62 + 22) = (−17) · 100
= −1700

a) (−9) · 16 + (−9) · 23 + (−9) · 11
b) 59 · (−18) + (−32) · (−18) + 73 · (−18)
c) 12 · (−2,3) + 12 · (−4,9) + 12 · (−2,8)
d) (−12,4) · 4,75 + 4 · (−12,4) + 1,25 · (−12,4)

9 Ausklammern oder Ausmultiplizieren?
a) 32 · (−5) + 18 · (−5)
b) 5 · (−40 + 7)
c) (−20 −3) · 13
d) 9 · (−43) + 9 · 33
e) $(-12) \cdot \left(\frac{1}{3} - \frac{1}{4}\right)$
f) $\frac{3}{4} \cdot (-9) - \frac{5}{8} \cdot (-9)$
g) $\left(-72 + \frac{3}{11}\right) \cdot \left(-\frac{11}{12}\right)$
h) $\left(-\frac{2}{9}\right) \cdot \left(\frac{9}{10} - 18\right)$

10 Berechne.
a) −120 : (−57 + 33) + 1
b) (−13 + 21) · (−19 − 16)
c) (−96) : 12 − 7 · 16
d) (−21 + 6 · (−7)) : (−9)
e) (−43 + 25) · (−6) − 112 : 16
f) ((−12) · 13 − 144 : 18) : (−4)

11 Gleiche Zahlen − gleiches Ergebnis?
a) (1 − 2 · (3 − 4)) · (5 − 6 · 7 − 8 · (9 − 10))
b) ((1 − 2) · 3 − 4) · ((5 − 6) · 7 − 8 · 9 − 10)
c) (1 − 2 · 3 − 4) · ((5 − 6) · (7 − 8) · 9 − 10)
d) (1 − (2 · 3 − 4)) · ((5 − 6 · 7) − (8 · 9 − 10))
e) ((1 − 2 · 3) − 4) · (5 − (6 · 7 − 8 · 9) − 10)

12 Hier musst du noch Klammern setzen.
a) (−5) · 3 − 9 = 30
b) −28 − 21 : 7 = −7
c) 3 · 5 + 9 · (−2) = −48
d) (−2) · 8 − 4 · 5 = −100

46 Verbindung der Rechenarten

Die Temperaturmessung

Die noch heute in den USA verwendete Fahrenheitskala wurde bereits um 1714 von **Daniel Fahrenheit** aus Danzig entwickelt. Als Nullpunkt seiner Skala wählte er die tiefste Temperatur des strengen Winters von 1709, die er später durch eine Mischung aus Eis, festem Salmiak und Wasser wieder herstellen konnte. Mit der Wahl dieses Nullpunktes hoffte Fahrenheit negative Temperaturen vermeiden zu können. Als zweiten „Fixpunkt" seiner Skala soll Fahrenheit seine eigene Körpertemperatur (37,8 °C) gewählt haben, der er willkürlich die Zahl 100 zuordnete.

Anders Celsius (1701–1744)

Die bei uns gebräuchliche Celsius-Temperaturskala wurde im Jahre 1742 vom schwedischen Astronomen und Physiker Anders Celsius (1701–1744) eingeführt. Auf der Celsiusskala ist der Gefrierpunkt des Wassers mit 0 °C festgelegt, der Siedepunkt mit 100 °C.

Die Rechenbäume zeigen dir, wie die Temperaturwerte umgerechnet werden können.

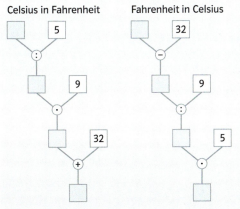

Beispiel:
20 °C $\xrightarrow{:5}$ 4° $\xrightarrow{\cdot 9}$ 36° $\xrightarrow{+32}$ 68 °F

■ Rechne die Celsiuswerte in Fahrenheit um.
100 °C; 0 °C; 50 °C; 10 °C und −10 °C

■ Bestimme die zugehörigen Celsiuswerte.
68 °F; 140 °F; 100 °F; 0 °F; −148 °F

■ Bei welcher Temperatur sind die Gradzahlen von Fahrenheit und Celsius gleich?

■ Tim ruft aus Miami (USA) zu Hause an: „Stell' dir vor, wir haben über 100° Lufttemperatur im Schatten." Kann das sein?

Die Tabelle zeigt Temperaturwerte der ganzen Erde.
■ Wo war es am wärmsten, wo am kältesten?
■ Herrschte auf der Nordhalbkugel Winter oder Sommer?

	Fahrenheit		Celsius
New York	81	Kapstadt	16
Los Angeles	84	Melbourne	10
Phoenix	107	Peking	32
Fairbanks	62	Kairo	35
Denver	73	Stuttgart	31

Zusammenfassung

Addieren	Bei **gleichen Vorzeichen** addiert man die Zahlen, ohne ihr Vorzeichen zu berücksichtigen. Das Ergebnis erhält das gemeinsame Vorzeichen beider Zahlen.	−28 + (−14) = −42
	Bei **verschiedenen Vorzeichen** subtrahiert man die Zahlen ohne Berücksichtigung ihres Vorzeichens. Das Ergebnis erhält das Vorzeichen derjenigen Zahl, die von Null weiter entfernt liegt.	10 + (−18) = −8 −25 + 37 = 12
Subtrahieren	Eine rationale Zahl wird subtrahiert, indem man ihre Gegenzahl addiert.	(−7) − (+11) = (−7) + (−11) = −18 (−17) − (−9) = (−17) + (+9) = −8
Multiplizieren	Haben beide Faktoren das **gleiche Vorzeichen**, dann ist der Wert des Produkts **positiv**. Haben die Faktoren **verschiedene Vorzeichen**, dann ist der Wert des Produkts **negativ**.	(−25) · (−8) = +(25 · 8) = 200 (+16) · (−5) = −(16 · 5) = −80
Dividieren	Haben Dividend und Divisor **gleiche Vorzeichen**, dann ist der Wert des Quotienten **positiv**. Haben Dividend und Divisor **verschiedene Vorzeichen**, dann ist der Wert des Quotienten **negativ**.	(−28) : (−4) = +(28 : 4) = 7 (−56) : 7 = −(56 : 7) = −8
Verteilungsgesetz	Das Verteilungsgesetz wird zum **Ausklammern** und **Ausmultiplizieren** verwendet.	Ausklammern: (−6) · 13 + (−6) · 87 = (−6) · (13 + 87) = (−6) · 100 = −600 Ausmultiplizieren: (−7) · (40 + 9) = (−7) · 40 + (−7) · 9 = −280 + (−63) = −343
Berechnen von Rechenausdrücken	Rechenausdrücke mit rationalen Zahlen werden nach denselben Regeln berechnet wie Ausdrücke mit natürlichen Zahlen.	
	Punktrechnung geht **vor Strich**rechnung.	−87 − 88 : 11 = −87 − 8 = −95
	Was in **Klammern** steht, wird **zuerst** berechnet.	−45 − (144 − 27 : 3) = −45 − (144 − 9) = −45 − 135 = −180
	Innere Klammer vor **äußerer Klammer**.	26 − (89 − (114 − 11 · 5)) = 26 − (89 − (114 − 55)) = 26 − (89 − 59) = 26 − 30 = −4

Üben • Anwenden • Nachdenken

1 Rechne im Kopf.
a) −42 + 65
b) −23 − 77
c) (−7) · 13
d) 144 : (−12)
e) 76 − 93
f) (−16) · (−2,5)
g) −46 − 135
h) −162 : (−18)

2 Welche Zahl musst du einsetzen?
a) −85 + ☐ = −47
b) −29 − ☐ = −17
c) 63 : ☐ = −7
d) −13 · ☐ = 104
e) ☐ · (−3,25) = −58,5
f) ☐ : (−0,8) = 6

3 Runde das Ergebnis auf eine Stelle nach dem Komma.
a) (−37) : 7
b) (−2,46) · (−9,8)
c) 25,8 : (−5,2)
d) (−0,76) · 0,67
e) $11,3 \cdot \left(-\frac{3}{4}\right)$
f) $\left(-\frac{7}{8}\right) : (-4,9)$

4 Rechne wie im Beispiel:
    −93 + 38 + 68 − 41 + 72 − 56
= 68 + 38 + 72 − (93 + 56 + 41)
= 178 − 190 = −12

a) 74 − 143 + 26 − 57
b) 17 − 29 − 44 + 83 − 71
c) −63 + 12 + 58 − 47 − 39
d) −107 + 95 + 59 − 45 − 43 + 21
e) 71 − 48 + 133 − 29 + 109 − 42 + 57

5 Rechne möglichst vorteilhaft.
a) (−25) · 7,5 · (−4) · (−9)
b) 0,4 · (−50) · 0,8 · (−5)
c) (−1,25) · (−2,5) · (−3,8) · (−800) · (−40)
d) $\left(-\frac{2}{3}\right) \cdot \left(-\frac{2}{5}\right) \cdot \frac{3}{4}$

6 Welche Aufgabe gehört zu welchem Ergebnis? Überschlage bevor du rechnest.

3,8 + (−4,2) + 0,8	−4,9
0,9 − 7,1 + 2,7	−6,5
−7,2 − 3,5 + 5,8	0,4
−1,6 + 4,4 − 9,3	−0,4
−9,8 + 4,3 + 5,1	−3,5

7 Löse die Klammern auf und berechne.
a) −23 + (−27 + 18) − (31 − 44)
b) 82 − (37 − (−56 + 24) + 35)
c) 67 − (−29 − (−48 + 87 − 58)) − 13
d) 7,8 − (4,1 − (−2,7 − 8,3 + 0,6) − 5,9)

8 Ordne die Dominosteine.

−3,4   (−56) : (−14)
−120   −77 − 83
−160   −43 + (−26)
4   (−7,5) · 16
−69   −42 : (−2,4)
17,5   (−0,4) · 8,5

9 Achte auf die Klammern.
a) 75 − (22 − 36 − 47 − 68)
b) 75 − (22 − 36) − (47 − 68)
c) (75 − 22 − 36) − 47 − 68
d) 75 − 22 − (36 − 47 − 68)
e) 75 − (22 − (36 − 47)) − 68
f) 75 − (22 − (36 − (47 −68)))
g) (((75 − 22) − 36) − 47) − 68

10 In der rechten Spalte stehen die Ergebnisse in falscher Reihenfolge. Ordne richtig zu.

a) −1 + 2 − 3 + 4 − 5 + 6	−7
b) −(1 + 2 − 3 + 4 − 5 + 6)	15
c) −(1 + 2) − (3 + 4) − (5 + 6)	7
d) −(1 + 2 − 3 + 4 − (5 + 6))	3
e) −1 + (2 − (3 + 4 − 5) + 6)	−5
f) −((1 + 2) − (3 + 4) − (5 + 6))	−21
g) −(1 + 2 − (3 + 4 − (5 + 6)))	5

11 Die Zahlenmauer hat fünf Schichten.

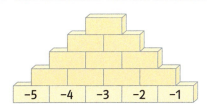

a) Nebeneinander liegende Steine werden addiert. Was beobachtest du in den einzelnen Reihen der Zahlenmauer? Erkläre.
b) In derselben Zahlenmauer werden nebeneinander liegende Steine multipliziert. Welches Vorzeichen hat die Zahl in der Spitze? Beantworte die Frage zunächst ohne zu rechnen.
c) Lissy sagt: „Wenn in der unteren Reihe der Mauer eine ungerade Anzahl von negativen Faktoren steht, dann ist der Wert in der Spitze negativ, sonst ist er positiv."

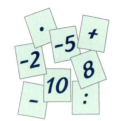

12 Bilde Aufgaben mit ganzzahligem Ergebnis.

Beispiel: 10 : (−5) + 8 · (−2) = −2 − 16 = −18

Schaffst du fünf verschiedene Aufgaben? Welche Aufgabe hat den kleinsten, welche den größten ganzzahligen Wert?

13 Jede Menge Klammern.
a) 32 · (−5) − (−39) : 13
b) −44 + 26 − 14 · (−4)
c) 25 · (−63 + 48) − (−24)
d) (−74) : (21 − (17 − 33))
e) −(−12 − (72 · (−3) + 99))
f) 77 − (−(83 − 98) : (−5))
g) −(−(22 − 31) · (−7)) − (−37)
h) −(−88 : (−24 + 35) − 49)

14 Welche Zahl musst du einsetzen?
a) −8 · ☐ + 5 = −43
b) 20 − 36 : ☐ = 23
c) −5 + ☐ · (−2) = −19
d) 2 · ☐ − 7 = −25 − ☐
e) (3 · ☐ − 1) : (−4) = 2 · ☐ + 3

15 In den Zahlenspiralen kannst du das Ergebnis kontrollieren.

a) b)

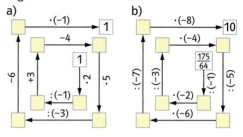

16 Übertrage ins Heft und ergänze.

a) b)

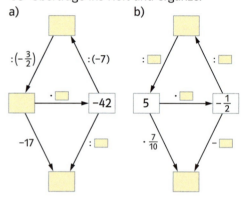

Zahlenreihen

Mit etwas Geschick und Ausdauer kannst du die nachfolgenden Aufgaben bestimmt lösen.

■ Setze die Folge um fünf Zahlen fort.
a) 3; −6; 12; −24; …
b) 256; −128; 64; −32; 16; …
c) −2; −4; −5; −10; −11; −22; −23; …
d) 1; −2; 6; −24; 120; …
e) 3; −2; 10; 5; −25; −30; 150; …
■ Finde selbst weitere Folgen.

Wenn du die abgebildeten Zahlen in der richtigen Reihenfolge addierst oder subtrahierst, erreichst du, dass alle Zwischenergebnisse zwischen 10 und −10 liegen.

39 − 30 = 9
9 − 18 = −9
−9 + 17 = 8
8 − 15 = −7
−7 + 12 = 5

■ Versuche es in gleicher Weise mit den Zahlen 55; 18; 63; 13; 15 und 11.

Ergänze mit Rechenzeichen und Klammern zu einem Rechenausdruck.

Beispiel: −1 + 2 · (3 + 4) = 13

1 2 = −1
1 2 3 = −2
1 2 3 4 = −3
1 2 3 4 5 = −4

■ Setze die Reihe bis −10 fort und suche weitere Lösungen.

■ Addiere oder subtrahiere, beginnend mit der Zahl 1, die natürlichen Zahlen so, dass die Zwischenergebnisse immer negativ sind, aber möglichst nahe bei 0 liegen. Das erste Ergebnis, das kleiner als −20 ist, ist das Endergebnis.

1 − 2 = −1
−1 − 3 = −4
−4 − 4 = −8
−8 + 5 = −3

17 Sarah und Max addieren und subtrahieren die natürlichen Zahlen in der vorgegebenen Weise.

0 + 1 − 2 + 3 − 4 + 5 − …

Sarah behauptet: „Wenn du mir das Ergebnis deiner Rechnung sagst, kann ich dir sagen, aus wie vielen Summanden deine Summe besteht."

18 Gib Beispiele oder Gegenbeispiele an.
a) Die Summe zweier rationaler Zahlen ist stets größer als jeder einzelne Summand.
b) Die Differenz zweier rationaler Zahlen ist größer als Minuend und Subtrahend.
c) Kann der Wert eines Produkts aus rationalen Zahlen kleiner sein als die Faktoren?
d) Kann der Wert eines Quotienten aus zwei rationalen Zahlen größer sein als der Dividend?

19 Dieses Würfelspiel spielt man am besten zu dritt oder viert.
Drei Würfel werden gleichzeitig geworfen. Versucht nun mit den Rechenzeichen und wenn nötig auch Klammern eine Aufgabe zu bilden. Nach fünf Durchgängen addiert ihr eure Ergebnisse. Wer am nächsten bei der Zahl Null liegt, hat gewonnen.
Variante: in eurer Aufgabe muss sowohl eine Punktrechnung als auch eine Strichrechnung vorkommen.

1. Wurf: 5 + 2 − 6 = 1
2. Wurf: 4 − 2 · 3 = −2
3. Wurf: 6 : 2 − 3 = −1
…

20 Übertrage die Tabelle in dein Heft und berechne die fehlenden Angaben (in Euro).

Alter Kontostand	64,25	−408,52	−19,29	−273,16	
Buchung	−103,50	396,83			−47,37
Neuer Kontostand			−91,92	−88,30	−71,73

Rechnen im Koordinatensystem

Addiert man beim Viereck ABCD zu jeder x-Koordinate die Zahl 3 und subtrahiert von jeder y-Koordinate die Zahl 2, erhält man folgendes Bild. Das Viereck ABCD wird also verschoben.

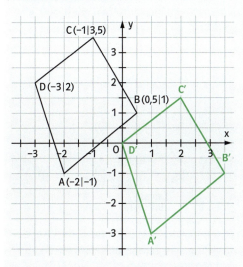

- Das Viereck ABCD hat die Eckpunkte A(−4|−2); B(8|−4); C(5|0) und D(−5|2). Subtrahiere von den 1. Koordinaten die Zahl 3, von den 2. Koordinaten die Zahl 5.

Das Viereck ABCD hat die Eckpunkte A(7|4); B(1|6); C(−5|−2) und D(8|−4). Zeichne und beschreibe, was mit dem Viereck passiert.
- Multipliziere die 1. Koordinaten jeweils mit −1.
- Multipliziere die 2. Koordinaten jeweils mit −1.
- Multipliziere sowohl die 1. Koordinaten als auch die 2. Koordinaten mit −1.
- Wie sind die Koordinaten der Bildpunkte A'; B'; C' und D' berechnet worden?

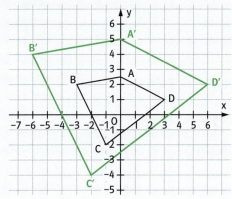

Rund um die Temperaturmessung

	A	B	C
1	**Mittlere Monatstemperaturen**		
2			
3		Werchojansk	Reykjavík
4	Januar	-47,0	-0,5
5	Februar	-42,7	0,4
6	März	-29,8	0,5
7	April	-12,9	2,9
8	Mai	2,8	6,3
9	Juni	13,0	9,0
10	Juli	15,2	10,6
11	August	10,8	10,3
12	September	2,3	7,7
13	Oktober	-14,9	4,4
14	November	-36,7	1,1
15	Dezember	-43,6	-0,2
16			

Die Grafik zeigt Durchschnittstemperaturen des Monats Januar entlang dem 60. Breitenkreis.
- Welcher Unterschied besteht zwischen der höchsten und der tiefsten Temperatur? Wo werden sie gemessen?
- Berechne die Durchschnittstemperatur aller 18 Messstationen.
- Um wie viel °C unterscheidet sich diese Durchschnittstemperatur von der in Stuttgart, die bei 10,2 °C liegt?

Werchojansk (Ostsibirien) und Reykjavík (Island) liegen beide etwa auf dem 65. nördlichen Breitengrad.
- Berechne mit einer Tabellenkalkulation die jährliche Durchschnittstemperatur.
- Erstelle unterschiedliche Diagramme. Welche eignen sich gut, welche weniger?
- Die Temperaturen unterscheiden sich trotz derselben geografischen Breite enorm. Kannst du das erklären?

Die **mittlere Tagestemperatur** wird folgendermaßen bestimmt. Die Temperaturwerte eines Ortes werden zu drei fest vorgegebenen Uhrzeiten (7:30 Uhr; 14:30 Uhr und 21:30 Uhr) gemessen. Dann wird so gerechnet:

$T_{\text{Mittel}} = \frac{1}{4}(T_{7:30} + T_{14:30} + 2 \cdot T_{21:30})$

	7:30	14:30	21:30
Berlin	-1 °C	5 °C	2 °C
New York	-14 °C	-5 °C	-17 °C
Sydney	18 °C	33 °C	27 °C
Jakutsk	-33 °C	-19 °C	-40 °C

- Berechne die mittlere Tagestemperatur der angegebenen Städte.

In der Wüste Gobi in Zentralasien gibt es täglich große Temperaturschwankungen. Am Morgen wurden -12 °C, am Mittag 44 °C gemessen. Die mittlere Tagestemperatur wurde mit 7 °C angegeben.
- Welche Temperatur herrschte am Abend gegen 21:30 Uhr?

Rückspiegel

1 Addiere und subtrahiere.
a) −42 + 25   b) 19 − 32
c) 53 − (−49)   d) −39 + (−44)

2 Berechne.
a) (−12) · 8   b) 15 · (−7)
c) 72 : (−8)   d) (−84) : (−14)
e) (−24) · (−11)   f) (−144) : 36

3 Nutze Rechenvorteile.
a) −24 + 17 + 13
b) −63 + 29 + 51 − 37
c) 112 − 49 + 64 + 78 − 44 − 51
d) 84 − 57 + 38 − 34 + 7 + 52

4 Berechne.
a) 26 − 14 · 6
b) 4 · 9 − 96 : (−12)
c) 35 − 112 : (−14) + 22
d) −19 − 9 · (−11) + 87 : (−3)

5 Addiere die Zahlen in nebeneinander liegenden Steinen.

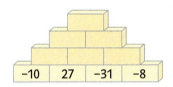

6 Achte auf die Klammern.
a) −36 − (16 − 29) − (−52 + 33)
b) 94 − (67 − (−49 + 37)) − 71
c) −12 − (28 + 5 · (−7))
d) (41 − 56) · (−7) − 76 : 4
e) −144 : (−91 + 67) − (105 − 119) · 6

7 Subtrahiere von der Zahl −17 die Summe der Zahlen 23 und 36.

8 Der Förderkorb einer Kohlenzeche fährt in einer Höhe von 208 m über dem Meeresspiegel los und erreicht nach 737 m Seilfahrt das Kohleflöz.
Wie viele Meter unter dem Meersspiegel liegt das Abbaugebiet?

1 Addiere und subtrahiere.
a) 163 − 214   b) −74 − 97
c) −12,5 + (−23,6)   d) −1,79 − (−4,83)

2 Berechne.
a) 2,5 · (−6)   b) (−2,8) · (−3,2)
c) (−45,6) : 3,8   d) 127,5 : (−34)
e) $\frac{3}{4} \cdot \left(-\frac{8}{9}\right)$ f) $\left(-\frac{4}{5}\right) : \frac{2}{15}$

3 Nutze Rechenvorteile.
a) −8,2 + 6,9 − 14,8 − 5,5 + 3,1
b) −29,74 − 17,83 − 11,12 − 32,17 − 15,26
c) $\frac{3}{7} \cdot \left(\frac{7}{12} - 7\right)$
d) $23 \cdot \left(-\frac{4}{13}\right) + \left(-\frac{9}{13}\right) \cdot 23$

4 Berechne.
a) −25 + (−12) · 6 − 18 : (−0,5)
b) −12,5 + 16,2 : (−2,7) − (−44,9)
c) $\left(-\frac{1}{2}\right) - 0{,}2 - \frac{3}{4} \cdot (-8)$

5 Die Zahlen in nebeneinander liegenden Steinen werden addiert. Vervollständige.

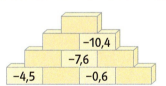

6 Achte auf die Klammern.
a) (−8) · (11 + (−24) − (−27))
b) −8,1 − (−(2,3 − 4,7) − 12,8) − 5,5
c) −3 + ((−35 − 61) + (−59 + 83)) : (−36)
d) −((5,8 − 9,4) : 1,8 − 6,5) − (0,7 − 4,2 · 0,5)

7 Multipliziere die Differenz der Zahlen −88 und −76 mit dem Quotienten der Zahlen 84 und −28.

8 Beim Start eines Airbus in München (500 m über Meereshöhe) werden 9 °C gemessen. In der Reiseflughöhe (11 900 m über Meereshöhe) herrschen −48 °C.
Wie hoch ist der durchschnittliche Temperaturrückgang pro 100 m?

3 Dreiecke

Dreiecks-Experimente

Dreiecke in der Schule

Mit der abgebildeten Knotenschur könnt ihr Dreiecke bilden.

Entdeckt ihr an ihnen Besonderheiten?

Es geht auch ohne Schnur, wenn ihr euch einfach an den Händen fasst.

Welche Dreiecke lassen sich bilden, wenn man die Anzahl der Knoten oder der Schülerinnen und Schüler verändert?

Im Team experimentieren

Jeder benötigt 5 Pappstreifen und einige Papiernieten. Die Löcher der Streifen sollen 2 cm; 4 cm; 6 cm; 8 cm und 10 cm voneinander entfernt sein.

Stellt nun in Gruppen zu je drei Schülern möglichst viele verschiedene Dreiecke her.

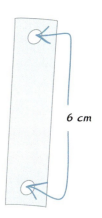

6 cm

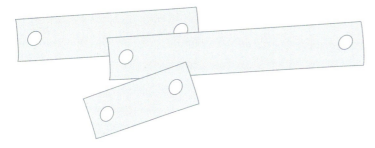

Lassen sich Streifen mit beliebigen Längen zu Dreiecken verbinden?
Versucht eine Regel zu finden.

In diesem Kapitel lernst du,

- welche Regeln für die Winkel von Dreiecken wichtig sind,
- verschiedene Arten von Dreiecken zu unterscheiden,
- wie man Dreiecke konstruiert,
- dass es in Dreiecken Linien mit besonderen Eigenschaften gibt.

1 Winkelsumme im Dreieck

Zeichne ein beliebiges Dreieck.
→ Kennzeichne die im Dreieck liegenden Winkel mit verschiedenen Farben.
→ Schneide das Dreieck aus und reiße die drei Ecken ab.
→ Wie groß ist der Winkel, der sich durch das Zusammenlegen der Dreieckswinkel ergibt? Wie heißt er?

Um die Winkelsumme im Dreieck zu bestimmen, zeichnet man zur Seite $\overline{AB}$ die Parallele durch den Punkt C.
α', γ und β' bilden einen gestreckten Winkel. Es gilt: $\alpha' + \beta' + \gamma = 180°$.
α und α' sowie β und β' sind Wechselwinkel. Damit gilt: $\alpha = \alpha'$ und $\beta = \beta'$.
Somit erhält man $\alpha + \beta + \gamma = 180°$.

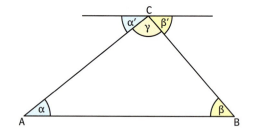

Winkelsumme im Dreieck
Die Summe der Winkel eines Dreiecks beträgt 180°: $\alpha + \beta + \gamma = 180°$.

Beispiel
Im Dreieck ABC werden zwei Winkel gemessen: $\alpha = 32°$ und $\beta = 110°$.
Damit lässt sich γ berechnen:
$$32° + 110° + \gamma = 180°$$
$$142° + \gamma = 180°$$
$$\gamma = 38°$$

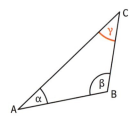

Aufgaben

1 Die neun Schnipsel waren die Ecken von drei Dreiecken.

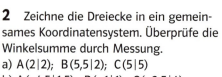

2 Zeichne die Dreiecke in ein gemeinsames Koordinatensystem. Überprüfe die Winkelsumme durch Messung.
a) A(2|2); B(5,5|2); C(5|5)
b) A(-4,5|1,5); B(-1|1); C(-2,5|4)
c) A(-3|-3,5); B(-2|-1); C(-6|-4)
d) A(0|-2); B(3,5|-5); C(2|-2)

3 Wie viele spitze, rechte bzw. stumpfe Winkel kann ein Dreieck besitzen?

4 Ein Winkel fehlt.

	α	β	γ
a)	40°	60°	
b)	33°		87°
c)	105°	25°	

5 Berechne die fehlenden Winkel.
a) $\alpha = 25°$
   $\beta = 53°$
b) $\alpha = 111°$
   $\delta = 146°$

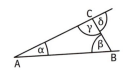

6 Berechne die Winkel.

a)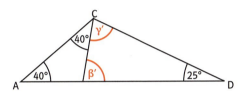
b)
c)
d)

7 Berechne die Winkel β' und γ'.

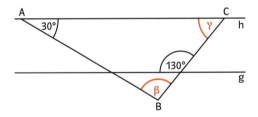

8 Die Geraden g und h sind parallel. Berechne β und γ.

9 Im Dreieck ABC halbiert w den Winkel am Punkt A. Wie groß sind die Winkel γ und δ?

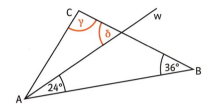

10 a) Gib alle Winkel eines Dreieckes an, wenn diese Vielfache von 15° sind. Es gibt mehrere Möglichkeiten.
b) Formuliere weitere Aufgaben.

11 Vom Dreieck wurden zwei Ecken abgeschnitten, eine sogar abgerissen. Wie groß waren die Winkel des ursprünglichen Dreiecks?

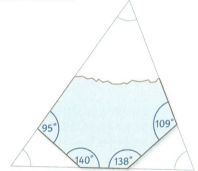

Dynamische Geometriesoftware (DGS)

Dynamische Geometriesoftware kann dir helfen, schnell viele Dreiecke zu untersuchen.

Du kannst folgendermaßen vorgehen:
- das Dreieck ABC zeichnen,
- die Winkel α, β und γ des Dreiecks markieren und ihre Größe messen,
- einen der Punkte A, B oder C auf der Zeichenfläche bewegen.

■ Was beobachtest du, wenn du beim Bewegen eines Eckpunkts die Summe der Winkel betrachtest?

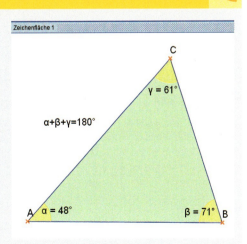

Winkelsumme im Dreieck 57

2 Dreiecksformen

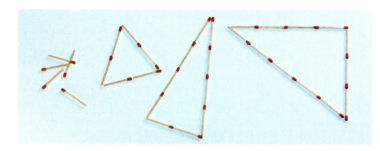

Mit Streichhölzern lassen sich viele verschiedene Dreiecke legen.
→ Wenn du Seitenlängen und Winkelgrößen vergleichst, kannst du „Dreiecksfamilien" bilden.

Dreiecke können nach der Größe ihrer Winkel eingeteilt werden.

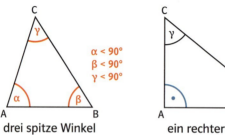 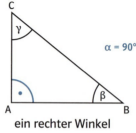 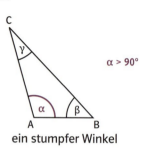

drei spitze Winkel ein rechter Winkel ein stumpfer Winkel

Die Art des Dreiecks wird von der Größe des größten Winkels bestimmt.

Ein Dreieck, dessen Winkel alle kleiner als 90° sind, heißt **spitzwinklig**.
Ein Dreieck mit einem 90°-Winkel heißt **rechtwinklig**.
Ein Dreieck mit einem Winkel, der größer als 90° ist, heißt **stumpfwinklig**.

Dreiecke können auch nach der Länge ihrer Seiten eingeteilt werden.

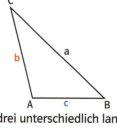 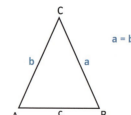 

drei unterschiedlich lange Seiten zwei gleich lange Seiten drei gleich lange Seiten

Ein Dreieck, dessen Seiten alle unterschiedlich lang sind, heißt **allgemein**.
Ein Dreieck mit zwei gleich langen Seiten heißt **gleichschenklig**.
Ein Dreieck mit drei gleich langen Seiten heißt **gleichseitig**.

! *Im gleichschenkligen Dreieck gibt es besondere Bezeichnungen.*

Bemerkung
Für das gleichseitige Dreieck gilt $a = b = c$, es ist ein besonderes gleichschenkliges Dreieck.

Beispiele

a) Das gleichschenklige Dreieck hat eine Symmetrieachse.
Es gilt a = b und somit auch α = β = 40°.
Mithilfe der Winkelsumme erhält man:
40° + 40° + γ = 180°; also γ = 100°.

b) Das gleichseitige Dreieck mit a = b = c besitzt drei Symmetrieachsen.
Deswegen gilt α = β und α = γ.
α + β + γ = α + α + α = 3 · α = 180°.
Im gleichseitigen Dreieck beträgt jeder Winkel 60°.

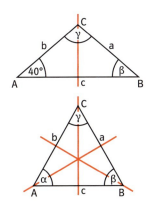

Aufgaben

1 Gehe auf Entdeckungsreise. Suche Dreiecke in deiner Umwelt. Um welche Arten von Dreiecken handelt es sich?

2 Schreibe alle gleichschenkligen Dreiecke auf, die du in den Figuren a), b) und c) findest.
Welche Dreiecke sind gleichseitig?

a)
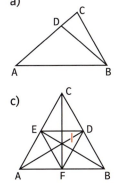

b)
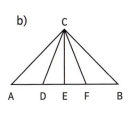

c)

3 Vervollständige die Tabelle.
Benenne die Dreiecksart nach Winkeln. Lassen sich auch Aussagen über die Seiten machen?

	Winkel		
	α	β	γ
a)	30°	60°	
b)	40°		80°
c)	40°	40°	
d)		60°	60°

4 Wo liegt in einem rechtwinkligen Dreieck die längste Seite?

5 Ordne die Nummern der Dreiecke dem richtigen Feld der Tabelle zu.

	spitzwinklig	rechtwinklig	stumpfwinklig
gleichseitig			
gleichschenklig, nicht gleichseitig			
allgemein			

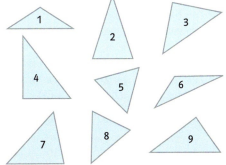

6 Zeichne das Dreieck in ein Koordinatensystem. Bestimme die Dreiecksform nach Seiten und Winkeln.
a) A(1|1); B(2|1); C(2|7)
b) A(1|9); B(4|8); C(7|9)
c) A(0|0); B(2|4); C(−3|2,5)
d) A(−6|−4); B(−5|−0,5); C(−4|1)
e) A(0|−3); B(4|−3); C(4|1)
f) A(−1|4); B(−3|7,5); C(−5|4)

Du findest überall Dreiecke.

! **Seiten-Winkel-Beziehung:**
In jedem Dreieck liegt der größeren von zwei Seiten auch der größere Winkel gegenüber und umgekehrt. Prüfe selbst.

7 a) Zeichne die Brückenkonstruktionen ins Heft. Welche Dreiecksformen wurden hier verwendet?

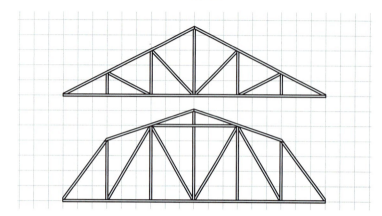

b) Suche Bilder weiterer Bauwerke (Dachkonstruktionen, Fachwerke, …), die aus Dreiecken aufgebaut sind.

8 Ist folgende Aussage wahr oder falsch?
a) Ein stumpfwinkliges Dreieck hat zwei spitze Winkel.
b) Wenn ein Dreieck allgemein ist, so ist es spitzwinklig.
c) Wenn ein Dreieck gleichschenklig ist, so ist es stumpfwinklig.
d) Wenn ein Dreieck gleichschenklig ist, so ist es auch gleichseitig.
e) Wenn ein Dreieck rechtwinklig ist, so ist es nicht stumpfwinklig.

9 Ergänze das rechtwinklige Dreieck zu einem achsensymmetrischen Dreieck. Es gibt jeweils zwei Möglichkeiten. Welche Dreiecksart ergibt sich?

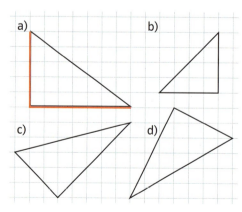

? Die drei Dreiecke sind gleichschenklig. Welche Winkelsumme ergibt sich am gemeinsamen Eckpunkt?

10 Ergänze ein gleichseitiges Dreieck über jede seiner Seiten zu einer größeren achsensymmetrischen Figur. Welche Form hat das große Dreieck, das dabei entsteht?

11 Ein gleichschenkliges Dreieck hat an der Basis die Winkel α und β sowie an der Spitze den Winkel γ.
a) Berechne γ aus α = 20°; 70°; 81°; 89°.
b) Berechne α aus γ = 30°; 50°; 120°; 178°.

12 An eine Hauswand wurde eine 3 m lange Leiter angestellt. Aus Sicherheitsgründen muss der Anstellwinkel α zwischen 50° und 70° liegen.
Welche Werte kann dann der Winkel β an der Hauswand annehmen?

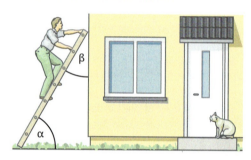

Mit einer maßstäblichen Zeichnung lässt sich sogar ermitteln, wie hoch eine 4 m lange Leiter reicht.

13 In einem stumpfwinkligen Dreieck, dessen Winkelmaße alle ganzzahlig sind, ist α = 88°. Wie groß sind die beiden anderen Winkel?

14 Das Dreieck ABC ist gleichseitig. Berechne alle farbig markierten Winkel.

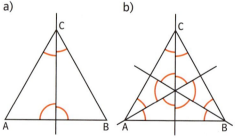

15 Wie sieht ein Dreieck aus, an dem nichts Besonderes ist?

3 Konstruktion von Dreiecken

Durch dreimaliges Würfeln erhältst du drei gegebene Stücke eines Dreiecks.
→ Wer kann aus seinen Stücken ein Dreieck konstruieren?
Vergleicht eure Ergebnisse.
→ Reicht es aus, zweimal zu würfeln?
→ Was passiert, wenn du viermal würfelst?

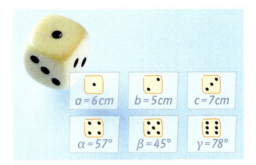

Jedes Dreieck besitzt drei Seiten und drei Winkel. Man spricht auch von sechs Stücken, die gegeben sein können. Um ein Dreieck eindeutig zu konstruieren, benötigt man mindestens drei bestimmte Stücke.

> Zum **Konstruieren** eines Dreiecks mit Geodreieck und Zirkel benötigt man drei Stücke. Wir unterscheiden folgende Grundkonstruktionen für Dreiecke. Gegeben sind:
> - drei Seiten (SSS)
> - zwei Seiten und der eingeschlossene Winkel (SWS)
> - eine Seite und die beiden anliegenden Winkel (WSW)
> - zwei Seiten und der Gegenwinkel einer Seite (SSW)

Bemerkung
Um sich die Reihenfolge der notwendigen Schritte bei einer Konstruktion zu überlegen, wird immer eine **Planfigur** angefertigt. Eine Skizze mit farbig hervorgehobenen gegebenen Stücken genügt.

Planfigur
Gegeben: a, b, γ

Beispiele

a) Gegeben:
$a = 7\,\text{cm}$
$b = 5\,\text{cm}$
$c = 6\,\text{cm}$
SSS-Konstruktion

Planfigur

Konstruiert werden
1. die Seite c
2. der Kreis um A mit dem Radius b
3. der Kreis um B mit dem Radius a
4. der Schnittpunkt C der Kreise.

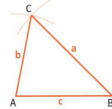

Es gibt nur ein solches Dreieck.

b) Gegeben:
$b = 8\,\text{cm}$
$c = 7\,\text{cm}$
$\alpha = 40°$
SWS-Konstruktion

Planfigur

Konstruiert werden
1. die Seite c
2. der Winkel α
3. der Kreis um A mit Radius b
4. der Schnittpunkt C des Kreises mit dem freien Schenkel von α.

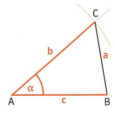

Es gibt nur ein solches Dreieck.

c) Gegeben:
c = 6 cm
α = 30°
β = 105°
WSW-Konstruktion

Planfigur:
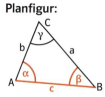

d) Gegeben:
c = 5 cm
b = 8 cm
β = 120°
SSW-Konstruktion

Planfigur:
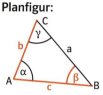

Konstruiert werden
1. die Seite c
2. der Winkel α
3. der Winkel β
4. der Schnittpunkt C der freien Schenkel von α und β.

Konstruiert werden
1. die Seite c
2. der Winkel β
3. der Kreis um A mit dem Radius b
4. der Schnittpunkt C des Kreises mit dem freien Schenkel von β.

Es gibt nur ein solches Dreieck

Weil der Kreis den Schenkel nur einmal schneidet, gibt es nur ein solches Dreieck.

Bemerkung
Zwei Dreiecke, die in Form und Größe übereinstimmen, nennt man deckungsgleich bzw. **kongruent**.

Aufgaben

1 Auf wie viele Arten lässt sich der 2 m lange Zollstock zu einem Dreieck knicken?

2 Konstruiere das Dreieck aus drei gegebenen Seiten.
a) a = 7 cm; b = 8 cm; c = 9 cm
b) a = 11 cm; b = 7 cm; c = 10 cm
c) a = 5,5 cm; b = 9,3 cm; c = 7,8 cm

3 Konstruiere das Dreieck aus zwei Seiten und dem eingeschlossenen Winkel.
a) b = 9 cm; c = 10 cm; α = 40°
b) a = 5 cm; c = 10 cm; β = 124°
c) a = 8,5 cm; b = 11,2 cm; γ = 75°

4 Konstruiere das Dreieck aus einer Seite und den zwei anliegenden Winkeln.
a) c = 7 cm; α = 30°; β = 50°
b) b = 4 cm; α = 75°; γ = 80°
c) a = 8,5 cm; β = 20°; γ = 85°

5 Konstruiere das Dreieck aus zwei Seiten und dem Gegenwinkel einer Seite.
a) b = 8 cm; c = 7 cm; β = 50°
b) a = 12 cm; c = 8 cm; α = 42°
c) a = 5,3 cm; b = 8,9 cm; β = 60°

6 Konstruiere das Dreieck nach SSW.
a) c = 8 cm; α = 30°; a = 6 cm
b) c = 8 cm; α = 30°; a = 4 cm
c) c = 8 cm; α = 30°; a = 2 cm
Es gibt unterschiedlich viele Lösungen.

7 Hier gibt es Probleme. Beschreibe.
a) a = 5 cm; b = 10 cm; c = 3 cm
b) c = 5 cm; α = 90°; β = 100°

! Dreiecksungleichung
In jedem Dreieck ist die Summe der Längen zweier Seiten größer als die Länge der dritten Seite.
a + b > c
b + c > a
a + c > b

8 Beschreibe deine Konstruktionsschritte wie in den Beispielen.
a) $a = 5\,cm$; $b = 7\,cm$; $\gamma = 100°$
b) $a = 9\,cm$; $\alpha = 35°$; $\beta = 55°$
c) $a = 6{,}5\,cm$; $c = 8\,cm$; $\beta = 60°$
d) $a = 8{,}5\,cm$; $b = 3\,cm$; $c = 10\,cm$
e) $b = 6\,cm$; $\beta = 30°$; $\gamma = 90°$

9 Je zwei Dreiecke sind kongruent. Prüfe durch Ausschneiden nach der Konstruktion.
1) $a = 7\,cm$; $b = 8\,cm$; $c = 3\,cm$
2) $a = 8\,cm$; $\beta = 35°$; $\gamma = 65°$
3) $\alpha = 90°$; $a = 13\,cm$; $b = 12\,cm$
4) $b = 8\,cm$; $c = 3\,cm$; $\alpha = 60°$
5) $a = 13\,cm$; $b = 12\,cm$; $c = 5\,cm$
6) $b = 8\,cm$; $\alpha = 65°$; $\beta = 80°$

10 Die Spielkarten liegen verdeckt auf dem Tisch. Zwei Partner ziehen abwechselnd. Nicht benötigte Karten werden wieder abgelegt. Gewinner ist, wer zuerst die Stücke für ein konstruierbares Dreieck zusammen hat.

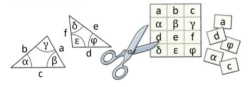

11 Konstruiere im Heft. Besprich zuvor mit einem Partner oder einer Partnerin die Reihenfolge der Konstruktionsschritte.

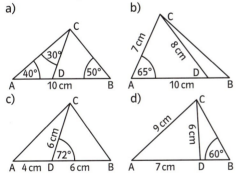

12 Konstruiere das gleichschenklige Dreieck mit Basis c und Schenkeln a und b.
a) $c = 7\,cm$; $a = 6\,cm$
b) $c = 8\,cm$; $\alpha = 52°$
c) $a = 7\,cm$; $\gamma = 110°$
d) $a = 9\,cm$; $\alpha = 35°$

13 Wenn man vom Fuß des Münsterturms in Ulm 85 m entfernt ist, sieht man die Spitze unter einem Winkel von 62°. Ermittle die Höhe des Turms durch eine maßstäbliche Konstruktion.

14 Auf einem Aussichtsturm sind die Entfernungen und Richtungen von Orten in eine Metallplatte eingraviert.
Wie weit sind die einzelnen Orte voneinander entfernt? Zeichne und miss.

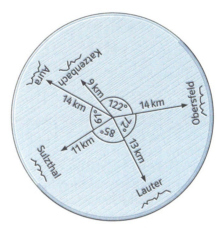

Maßstab
z. B.
1 : 1000 bedeutet:
Eine 100 m lange Strecke wird
100 m : 1000
= 0,1 m = 10 cm
lang gezeichnet.

15 In der Geländevermessung werden häufig Dreiecke verwendet, da viele Orte nur schwer zugänglich sind.
Schätze die Höhe der Bergspitze zunächst. Wie könnte man die Höhe aus den gegebenen Maßen genauer bestimmen?

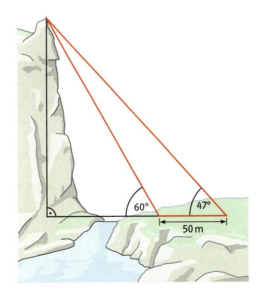

4 Umkreis und Inkreis

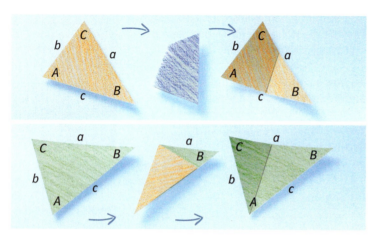

Zeichne auf einem Blatt Papier zwei große spitzwinklige Dreiecke, schneide sie aus und benenne die Eckpunkte und die Seiten wie dargestellt.
→ Falte das erste Dreieck so, dass Punkt A auf Punkt B fällt, und klappe es wieder auf. Falte ebenso B auf C und C auf A.
→ Falte das zweite Dreieck so, dass Seite b auf Seite c fällt, und klappe es wieder auf. Falte ebenso c auf a und a auf b.
→ Was stellst du in beiden Fällen fest?

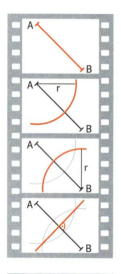

In Dreiecken gibt es Linien und Punkte mit besonderen Eigenschaften.

Die **Mittelsenkrechten** m_a, m_b und m_c eines Dreiecks sind Geraden, die senkrecht durch die Mittelpunkte seiner Seiten verlaufen. Jeder Punkt auf einer Mittelsenkrechten ist vom Anfangs- und Endpunkt der zugehörigen Dreiecksseite gleich weit entfernt. Der Schnittpunkt **M** der Mittelsenkrechten hat deshalb von allen drei Eckpunkten eines Dreiecks die gleiche Entfernung. Er ist der **Mittelpunkt des Umkreises** eines Dreiecks.

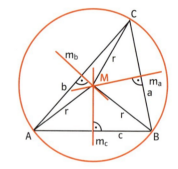

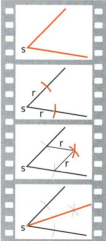

Alle Punkte, die von den Schenkeln eines Winkels den gleichen Abstand haben, liegen auf der **Winkelhalbierenden**. Winkelhalbierende sind Geraden.
In jedem Dreieck schneiden sich die Winkelhalbierenden w_α, w_β und w_γ in einem Punkt **W**, dem **Mittelpunkt des Inkreises**. Der Punkt W hat von allen drei Seiten eines Dreiecks den gleichen Abstand.

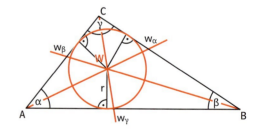

Der Schnittpunkt M der Mittelsenkrechten ist der **Mittelpunkt des Umkreises** eines Dreiecks.
Der Schnittpunkt W der Winkelhalbierenden ist der **Mittelpunkt des Inkreises** eines Dreiecks.

Bemerkung
Auf den Filmstreifen ist die Konstruktion einer Mittelsenkrechten und einer Winkelhalbierenden dargestellt.

Aufgaben

1 Zeichne drei Punkte A, B und C. Konstruiere einen Kreis, der durch alle drei Punkte verläuft.

2 Konstruiere den Umkreis des Dreiecks.
a) A(0|0); B(8|0); C(3|6)
b) A(2|1); B(10|3); C(5|8)
c) A(0|0); B(7|0); C(11|5)

3 Konstruiere Dreieck und Umkreis.
a) a = 8 cm; b = 5 cm; c = 7 cm
b) c = 7 cm; α = 35°; β = 115°
c) a = 7 cm; b = 5 cm; γ = 50°

4 Während einer Antarktisexpedition soll ein Versorgungslager eingerichtet werden, das von drei Forschungsstationen gleich weit entfernt ist.
Suche den passenden Ort.

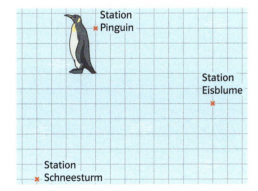

5 Zeichne das Dreieck A(0|0); B(12|0); C(0|9). Setze die Kreiskette fort.
Auch so findest du einen besonderen Kreis.

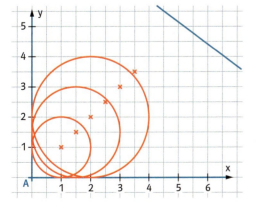

6 Beschreibe die Lage der Rosette im Giebel des Turmdaches.

7 Konstruiere den Inkreis des Dreiecks.
a) a = 6 cm; b = 8 cm; c = 9 cm
b) b = 7,5 cm; α = 120°; γ = 36°
c) a = 5 cm; c = 11 cm; β = 90°

8 Konstruiere zwei Dreiecke mit folgenden Stücken.
Dreieck 1: a = b = 5 cm; c = 9,5 cm
Dreieck 2: a = b = c = 12 cm
Welches Dreieck hat den größeren Umkreis, welches den größeren Inkreis? Schätze zuerst.

Arbeiten mit dem Computer

■ Wo befindet sich der Umkreismittelpunkt bei
- spitzwinkligen,
- stumpfwinkligen und
- rechtwinkligen

Dreiecken?
Beschreibe deine Beobachtungen.

■ Und der Inkreismittelpunkt?
Ist es sinnvoll auch seine Lage zu untersuchen?

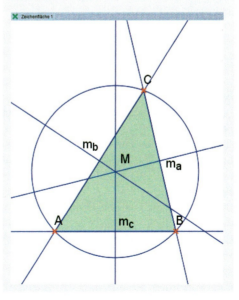

Umkreis und Inkreis

5 Schwerpunkt und Höhenschnittpunkt

Zeichne ein Dreieck auf ein Stück Pappe und schneide es aus.
→ Kannst du das Dreieck auf einem Lineal balancieren?
→ Markiere die verschiedenen Auflagelinien. Was stellst du fest?
→ Versuche nun das Dreieck auf einer Fingerspitze zu balancieren.

Die **Seitenhalbierenden** s_a, s_b und s_c eines Dreiecks sind Strecken, welche die Eckpunkte mit den Seitenmitten des Dreiecks verbinden.
Die Seitenhalbierenden eines Dreiecks schneiden sich im **Schwerpunkt** S.

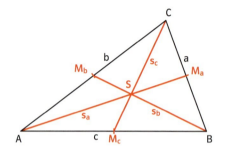

Die Höhen h_a, h_b und h_c eines Dreiecks sind Strecken, die von den Eckpunkten senkrecht zu den gegenüberliegenden Seiten verlaufen. Sie schneiden sich im **Höhenschnittpunkt** H.

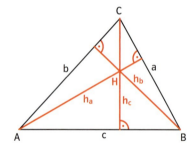

> Der Schnittpunkt der Seitenhalbierenden ist der **Schwerpunkt** eines Dreiecks.
> Die Höhen eines Dreiecks schneiden sich im **Höhenschnittpunkt**.

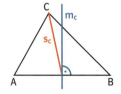

Bemerkungen
Da die Seitenhalbierenden die Gleichgewichtslinien des Dreiecks sind, heißen sie auch **Schwerlinien**.
Auch die Mittelsenkrechten eines Dreiecks halbieren die Seiten.
Sie verlaufen aber im Allgemeinen nicht durch die Eckpunkte.

Beispiel
Die Höhen eines Dreiecks kann man mit dem Geodreieck zeichnen.
Bei stumpfwinkligen Dreiecken liegen zwei Höhen außerhalb des Dreiecks. Die entsprechenden Dreiecksseiten müssen verlängert werden, um die Höhen zu zeichnen.

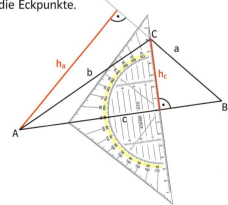

Aufgaben

1 Konstruiere den Schwerpunkt des Dreiecks.
a) A(2|2); B(8|2); C(4|10)
b) A(2|4); B(6|2); C(8|6)
c) A(3|9); B(11|3); C(8|6)

2 Konstruiere die Seitenhalbierenden und Mittelsenkrechten. Was fällt dir auf?
a) gleichschenkliges Dreieck ABC mit c = 5 cm und a = b = 7 cm
b) gleichseitiges Dreieck ABC mit a = 6 cm

3 Kongruente Dreiecke aus Karton werden schichtweise zu Körpern verklebt. Lässt sich vorhersagen, auf welcher Seite der Körper liegen bleibt ohne umzukippen?

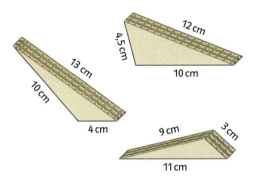

4 Kann ein Schwerpunkt so tief sinken?

5 Zeichne das Dreieck mit den Punkten A(0|0); B(12|1) und C(6|12).
Zeichne die Seitenhalbierenden und den Schwerpunkt ein.
Der Schwerpunkt teilt die Seitenhalbierenden. Miss die einzelnen Abschnitte. Was fällt dir auf?

6 Konstruiere das Dreieck ABC mit den Höhen und dem Höhenschnittpunkt.
a) c = 7 cm; α = 40°; β = 55°
b) a = 10 cm; b = 5 cm; c = 7 cm
c) c = 9 cm; b = 7 cm; α = 48°

7 Konstruiere das Dreieck ABC.
a) c = 6,5 cm; α = 40°; h_c = 5 cm
b) c = 5 cm; β = 111°; h_c = 6 cm
c) a = 7 cm; β = 37°; h_a = 7 cm
d) b = 5 cm; γ = 120°; h_b = 4 cm
Lösungsidee:
Ist die Höhe h_c des Dreiecks gegeben, so liegt der Punkt C auf einer Parallelen im Abstand h_c zur Seite c.

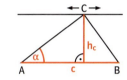

8 In welchem Abstand führt die Hauptverkehrsstraße am Krankenhaus vorbei?

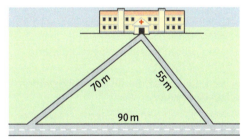

9 Welche Linien oder Punkte in einem Dreieck haben folgende Eigenschaften?
a) Der Punkt ist von A, B und C gleich weit entfernt.
b) Die Strecke teilt das Dreieck in zwei rechtwinklige Teildreiecke.
c) Der Punkt hat den gleichen Abstand von den Seiten a, b und c.
d) Die Strecke geht durch den Schwerpunkt und eine Seitenmitte.
e) Jeder Punkt der Linie ist gleich weit entfernt von A und B.

10 Prüfe mit einer Partnerin oder einem Partner am Computer.
a) Welche Lagebeziehung gibt es zwischen den Punkten M, H und S eines Dreiecks?
b) In welchem Dreieck fallen die Punkte M, H, W und S zusammen?

Zusammenfassung

Winkelsumme im Dreieck

Die Summe der Winkel eines Dreiecks beträgt 180°: $\alpha + \beta + \gamma = 180°$.

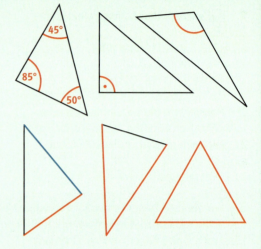

Dreiecksformen Einteilung nach Winkeln:

spitzwinklig	Alle Winkel sind kleiner als 90°.
rechtwinklig	Ein Winkel beträgt 90°.
stumpfwinklig	Ein Winkel ist größer als 90°.

Einteilung nach Seiten:

allgemein	Alle Seiten sind unterschiedlich lang.
gleichschenklig	Zwei Seiten sind gleich lang.
gleichseitig	Alle Seiten sind gleich lang.

Konstruktion von Dreiecken

Zum **Konstruieren** eines Dreiecks mit Geodreieck und Zirkel benötigt man drei Stücke. Wir unterscheiden folgende Grundkonstruktionen für Dreiecke.
Gegeben sind:
- drei Seiten (SSS),
- zwei Seiten und der eingeschlossene Winkel (SWS),
- eine Seite und die beiden anliegenden Winkel (WSW),
- zwei Seiten und der Gegenwinkel einer Seite (SSW).

Umkreis und Inkreis

Der Schnittpunkt M der Mittelsenkrechten ist der **Mittelpunkt des Umkreises** eines Dreiecks.
Der Schnittpunkt W der Winkelhalbierenden ist der **Mittelpunkt des Inkreises** eines Dreiecks.

Schwerpunkt und Höhenschnittpunkt

Der Schnittpunkt S der Seitenhalbierenden ist der **Schwerpunkt** eines Dreiecks.
Die Höhen eines Dreiecks schneiden sich im **Höhenschnittpunkt** H.

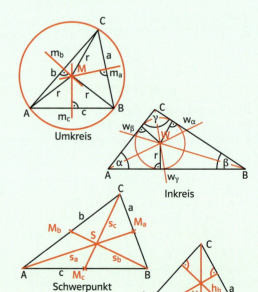

Üben • Anwenden • Nachdenken

1 Ergänze die Winkel des Dreiecks.

	α	β	γ
a)	50°	70°	
b)		120°	15°
c)	45°	90°	

2 Berechne die bezeichneten Winkel.

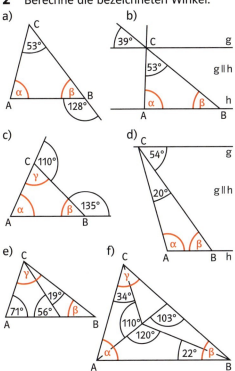

3 Wie viele gleichschenklige Dreiecke entdeckt ihr?
Wie viele sind sogar gleichseitig?
a)   b)

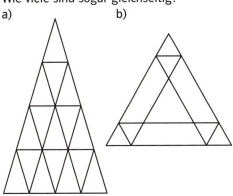

4 Gibt es ein gleichschenkliges Dreieck, bei dem die Basis doppelt so lang wie ein Schenkel ist? Begründe.

5 Zeichne Dreiecke mit verschiedenen Formen. Zerlege die Dreiecke von einem Punkt im Inneren aus in je drei kleinere Dreiecke.

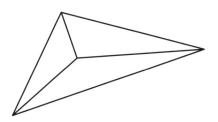

Wie viele Teildreiecke sind spitzwinklig, wie viele stumpfwinklig? Kannst du eine Regel finden?

6 Wie kann eine quadratische Pyramide einen dreieckigen Schatten werfen? Wo muss die Sonne stehen, damit der Schatten ein gleichschenkliges Dreieck ist? Ist es möglich, dass gar kein Schatten entsteht?

? *Wie groß waren die Winkel des zerschnittenen gleichseitigen Dreiecks?*

7 a) Was gehört alles zu einem Dreieck?
b) Welche besonderen Dreiecke gibt es?
c) Kann man die Winkel eines Dreiecks beliebig wählen?
d) Kann man für die drei Seiten eines Dreiecks beliebige Längen vorgeben?

8 Jedes Dreieck kann nach der Größe seiner Seiten und Winkel eingeteilt werden.
Der Eintrag in der Tabelle zeigt, dass es Dreiecke gibt, die spitzwinklig und allgemein sind.
Sind alle Kombinationen möglich?

	allgemein	gleich-schenklig	gleich-seitig
spitzwinklig	ja		
rechtwinklig			
stumpfwinklig			

9 Richtig oder falsch?
Kannst du deine Entscheidung auch begründen?
a) Beim Verbinden von drei Punkten entsteht immer ein Dreieck.
b) Alle gleichseitigen Dreiecke sind gleichschenklig.
c) Rechtwinklige Dreiecke können auch gleichseitig sein.
d) Die Basiswinkel im gleichschenkligen Dreieck sind immer spitze Winkel.
e) In einem rechtwinkligen Dreieck ist die Seite gegenüber dem rechten Winkel stets die längste Seite.
f) Der längsten Seite eines Dreiecks liegt stets ein stumpfer Winkel gegenüber.

10 Konstruiere je ein Dreieck nach einer der vier Grundkonstruktionen.
Gib dir selbst je drei entsprechende Größen so vor, dass die Konstruktion eindeutig ausführbar ist.

11 Konstruiere die Dreieckskette.
Wo musst du beginnen?

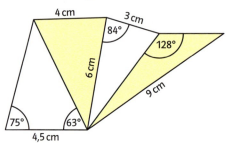

12 Konstruiere die Dreiecke nach folgenden Angaben. Schneide sie anschließend aus und vergleiche sie miteinander.
1) $\alpha = 60°$; $b = 15$ cm; $c = 8$ cm
2) $b = 4$ cm; $\alpha = 70°$; $\gamma = 60°$
3) $\alpha = 60°$; $a = 6$ cm; $b = 5$ cm
4) $a = 8$ cm; $b = 15$ cm; $c = 13$ cm
5) $c = 4$ cm; $\alpha = 60°$; $\gamma = 50°$
6) $b = 6$ cm; $c = 5$ cm; $\beta = 60°$

13 Versuche das Unmögliche.
a) $c = 5$ cm; $\alpha = 68°$; $\beta = 113°$
b) $a = 12$ cm; $b = 5$ cm; $c = 7$ cm
c) $c = 7$ cm; $b = 5$ cm; $h_c = 6$ cm
d) $c = 5$ cm; $\alpha = 40°$; $s_b = 3$ cm

14 Wie hoch liegt die Bergspitze über dem Tal?

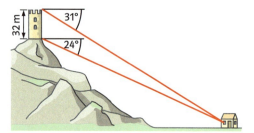

15 Konstruiere
• das Dreieck ABC mit $a = 7$ cm; $b = 4$ cm und $c = 6$ cm;
• über der Seite a nach außen ein gleichseitiges Dreieck;
• ebensolche Dreiecke auch über den Seiten b und c;
• die Umkreise der drei gleichseitigen Dreiecke.
Beschreibe dein Ergebnis.

16 Konstruiere den Höhenschnittpunkt.
a) A(0|0); B(8|0,5); C(6,5|6)
b) A(2|0); B(6,5|1,5); C(0|6)
c) A(4|1); B(10|2,5); C(0,5|7)

17 Aus einer dreieckigen Metallplatte mit den Seitenlängen $a = 140$ cm; $b = 60$ cm und $c = 120$ cm soll ein Kreis ausgeschnitten werden. Wie groß kann er höchstens werden, wenn sein Abstand vom Rand mindestens 10 cm betragen muss?

Dreiecke in der Technik

Starr …

Das Fachwerk von Gebäuden darf sich nicht verziehen. Deshalb werden massive Balken so eingefügt, dass Dreiecke entstehen.

Beim Bücherregal reichen zwei Streben aus, damit sich seine Form nicht verändern kann.

und beweglich …

Aus Baukastenteilen oder Kartonstreifen lassen sich leicht bewegliche Dreiecke herstellen.

- Wie verändert sich der Winkel α, wenn man die Seitenlänge c ändert?

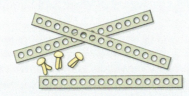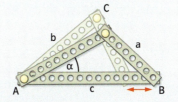

- Nach dem gleichen Prinzip funktionieren der Wagenheber, das Zeichenbrett und der Liegestuhl. Beschreibe ihre Wirkungsweise.

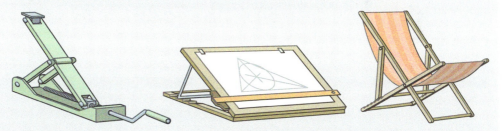

Bei großen Maschinen sind hohe Kräfte erforderlich, um eine Dreiecksseite zu verlängern bzw. zu verkürzen. Dazu werden Hydraulikzylinder verwendet.
- Suche bewegliche Dreiecke und benenne sie. Beschreibe die Funktionsweise.

Dreiecke in der Technik **71**

Wohin mit dem Streetballplatz?

Für die Kinder aus drei Hochhäusern wird ein Streetballplatz geplant.

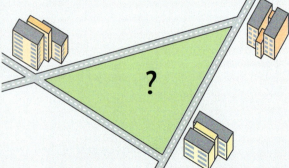

Gespräche mit Anwohnern, Ingenieuren und Vertretern des Stadtrates ergaben verschiedene Anforderungen für die Lage des Streetballplatzes:
- gleiche Entfernung zu allen Hochhäusern;
- maximaler Sicherheitsabstand zu allen Verbindungsstraßen;
- geringe Summen der Längen der anzulegenden Wege zum Streetballplatz;
- ...

Wohin soll der Streetballplatz gebaut werden? Begründet unterschiedliche Standorte mit den oben angeführten Bedingungen. Verwendet zum Zeichnen den Computer. Lassen sich alle Anforderungen erfüllen oder ist ein guter Kompromiss gefragt?

Was ist, wenn
- die Straßen unterschiedlich stark befahren sind?
- die Hochhäuser unterschiedlich viele Bewohner haben?
- ...

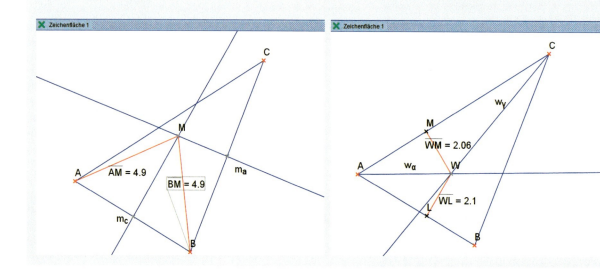

Rückspiegel

1 Berechne die bezeichneten Winkel.
a) b)

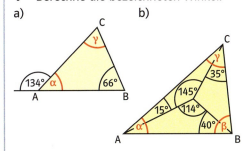

2 Berechne die fehlenden Winkel.
a) Dreieck ABC mit β = 44° und γ = 68°.
b) gleichschenkliges Dreieck ABC mit der Basis c und γ = 72°.
c) gleichschenkliges Dreieck ABC mit der Basis a und β = 28°.

3 Warum gibt es kein Dreieck
a) mit zwei rechten Winkeln?
b) bei dem eine Seite länger als die Summe der beiden anderen ist?

4 Konstruiere die Dreieckskette. Benenne jeweils die Grundkonstruktion.

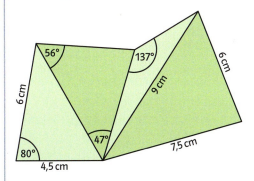

5 Wie hoch schwebt der Ballon über dem Boden?

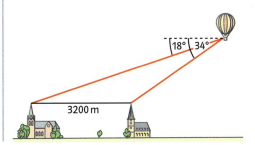

Rückspiegel

1 Berechne die fehlenden Winkel im Dreieck.

α	27°		107°	18°	62°
β	52°	79°		108°	117°
γ		62°	16°		

2 Berechne den Winkel γ.

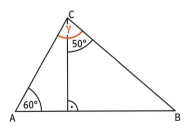

3 Welche Dreiecke sind spitzwinklig, welche stumpfwinklig?

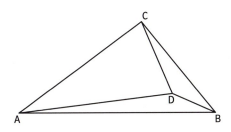

4 Konstruiere das Dreieck ABC.
a) a = 8,5 cm; b = 6 cm; c = 4,5 cm
b) b = 7,5 cm; c = 6 cm; α = 27°
c) c = 5 cm; α = 78°; β = 59°
d) b = 8 cm; c = 5 cm; β = 67°

5 Wie weit sind die Orte voneinander entfernt?
Zeichne in einem geeigneten Maßstab.

4 Rechnen mit Termen

Viele Wege führen …

Ist der Grundriss einer Stadt schachbrettartig angelegt, kann man sich besonders leicht orientieren.

Dies lässt sich gut auf ein Quadratgitter übertragen.
Dazu werden Abkürzungen festgelegt:
2 r bedeutet: 2 Einerschritte nach rechts
– 3 r bedeutet: 3 Einerschritte nach links
1 h bedeutet: einen Einerschritt nach oben
– 4 h bedeutet: 4 Einerschritte nach unten

Mannheim

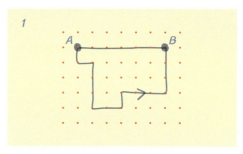

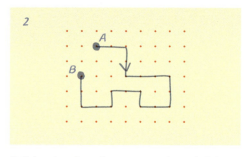

Für den Streckenzug von A nach B gilt:
– h + r – 3 h + 2 r + h + 3 r + 3 h
oder kurz: 6 r.

Drücke den Streckenzug von A nach B in einem Term aus.
Kannst du den Weg von A nach B auch kürzer ausdrücken?

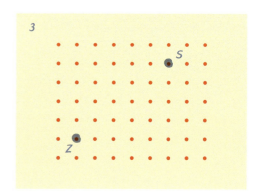

Drücke den Weg vom Start S zum Ziel Z durch zwei verschiedene Terme aus.
Gibt es einen kürzesten Term?

Eine programmierbare Zeichenmaschine zeichnet Figuren von vorgegebener Form. Dabei werden folgende Abkürzungen verwendet:
a x bedeutet: a Einheiten x nach rechts
– a x bedeutet: a Einheiten x nach links
a y bedeutet: a Einheiten y nach oben
– a y bedeutet: a Einheiten y nach unten.

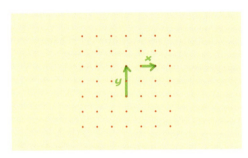

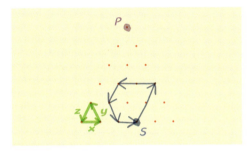

Zeichne die Figur zu dem Term
$4y + 3x - 5y - 2x + y - x$.
Gib weitere Terme für dieselbe Figur an.

Finde ohne Zeichnung heraus, wo die Streckenzüge enden:
$x + y + x + y + x + y + x + y - 4x - 4y$
$2x + 3y - 4x - 5y + 6x - 7y - 4x + 9y$

Eine Zeichenmaschine zeichnet Figuren ins Dreiecksgitter.
Die Zeichenschritte sind mit x, y und z festgelegt. Zeichenschritte in entgegengesetzter Richtung werden mit einem Minuszeichen versehen.
Wie lautet der Streckenzug, der in S beginnt und dort endet?
Finde Terme für Streckenzüge von P nach S und vergleiche sie.

In diesem Kapitel lernst du,

- wie man Terme mit Variablen addiert und subtrahiert,
- wie man Terme multipliziert und dividiert,
- wie man mit Klammern in Termen rechnet,
- wie man Summen in Produkte umwandelt.

Viele Wege führen …

1 Terme und Variablen

Familie Schneider plant ihren 15-tägigen Urlaub mit einem gemieteten Wohnmobil. Sie holt verschiedene Angebote ein.

	Tagesmiete	Kilometerpauschale
Firma A	69,– €	0,60 €
Firma B	89,– €	0,30 €

→ Erstelle zum Vergleich eine Kostenübersicht aus Mietpreis und zurückgelegten Kilometern.
→ Was würdest du empfehlen?

Rechenvorgänge lassen sich oft mit einem Term beschreiben. Dabei können für Zahlen oder Größen Variablen verwendet werden.

Handy-Nutzung	Grundgebühr	SMS-Preis	SMS-Anzahl
Januar	9,95 €	0,19 €	85
Februar	9,95 €	0,19 €	62

Bezeichnet man die Anzahl der SMS mit der Variablen x, lautet der Term für die monatlichen SMS-Kosten in €: 9,95 € + 0,19 € · x.
Setzt man für jeden Monat die Anzahl der versandten SMS ein, so lassen sich die Kosten für jeden Monat berechnen:
Januar: 9,95 € + 0,19 € · 85 = 26,10 €   Februar: 9,95 € + 0,19 € · 62 = 21,73 €

> **Terme** sind Rechenausdrücke, in denen Zahlen, Variablen und Rechenzeichen vorkommen können.
> Ersetzt man die **Variablen** durch Zahlen, lässt sich der **Wert eines Terms** berechnen.

Beispiele

a) Für x = 7 und y = 3 kann man den Wert des Terms 5 · x + 4 · y berechnen:
5 · 7 + 4 · 3 = 35 + 12 = 47

c) Aufstellen eines Terms:
Die Summe aller Kantenlängen des Prismas lässt sich beschreiben mit
Länge der Grundkante: a
Länge der Seitenkante: b
Gesamtkantenlänge: 6 · a + 3 · b

b) Für x = –4 und y = –5 kann man den Wert des Terms 3 · x – 2 · y – 4 berechnen:
3 · (–4) – 2 · (–5) – 4 = –12 + 10 – 4 = –6

d) Zwei gleichwertige Terme:

	T_1: 6x + 3x – 2x	T_2: –3x + 10x
für x = 2	12 + 6 – 4 = **14**	–6 + 20 = **14**
für x = –3	–18 – 9 + 6 = **–21**	+9 – 30 = **–21**
für x = 0,5	3 + 1,5 – 1 = **3,5**	–1,5 + 5 = **3,5**

Bemerkungen

• Zwei Terme heißen **äquivalent** (gleichwertig), wenn ihre Werte nach jeder Ersetzung der Variablen durch Zahlen übereinstimmen.
• Der Malpunkt zwischen einer Zahl und einer Variablen wird oft weggelassen. Ist ein Faktor die Zahl 1, wird dieser meist nicht notiert.

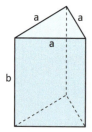

! 2 · x = 2x
1 · a = 1a = a
(–1) · a = –1a = –a

Aufgaben

1 Ordne jedem Term einen Satz zu.

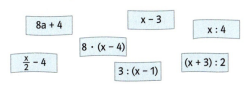

a) das Achtfache der Differenz aus x und 4
b) die Differenz aus der Hälfte von x und 4
c) die Hälfte der Summe von x und 3
d) der Quotient aus x und 4
e) die Summe aus dem 8-fachen von a und 4
f) der Quotient aus der Zahl 3 und der Differenz von x und 1
g) die Differenz von x und 3

2 Übersetze den Term in Worte.
a) $4 \cdot x + 1$ b) $10 - 3 \cdot x$
c) $z \cdot (5 - x)$ d) $(b + 5) \cdot \frac{1}{2}$
e) $\frac{x}{3} - 10$ f) $5 \cdot x + b \cdot \frac{1}{2}$

3 Setze für die Variable x die Zahlen −3 bis 3 ein und berechne den Wert des Terms.
Beispiel:

x	−3	−2	−1	0	1	2	3
$2 \cdot x + 2$	−4	−2	0	2	4	6	8

a) $2x - 4$ b) $10 - x$ c) $-2x + 1$
d) $-2 - 3x$ e) $x^2 - x$ f) $-4x - 3x$

4 Setze die Zahl 2 für x und die Zahl −3 für y ein und berechne den Wert des Terms.
a) $2x + y$ b) $3x \cdot 2y$ c) $y - 2x$
d) $x \cdot x \cdot y$ e) $x - 5y$ f) $y^2 + 4x$

5 Welche Terme sind äquivalent?

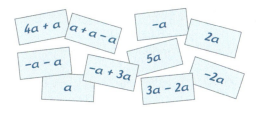

6 Wie kann der Term heißen?

a)
x	2	3	4	8
?	5	6	7	11

b)
x	2	3	4	7
?	5	7	9	15

c)
x	2	3	4	9
?	4	7	10	25

7 Welcher Term gehört zu welchem Kantenmodell?

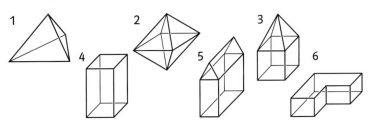

a) $8x + 4y$ b) $12x$ c) $6x + 4y + 4z$
d) $6x$ e) $8x + 8y$ f) $8x + 5y + 4z$
g) $8x$ h) $12x + 4y$ i) $4x + 8y + 6z$

8 Du planst den Getränkeeinkauf für deine Geburtstagsfeier. Du kaufst x Flaschen Apfelsaft zu je 1,45 €, y Flaschen Limonade zu je 0,75 € und z Flaschen Orangensaft zu je 1,98 € ein und gibst w leere Flaschen (Pfand 0,30 €) zurück.
a) Stelle für die Gesamtkosten deines Einkaufs einen Term auf.
b) Berechne die Gesamtkosten für 12 Flaschen Apfelsaft, 15 Flaschen Limonade und 6 Flaschen Orangensaft.
c) Du hast 30 € zur Verfügung und gibst 8 leere Flaschen zurück. Welche Einkaufsmöglichkeiten bieten sich dir?

9 Gib zu dem Term eine mögliche Sachsituation an.
a) $x \cdot 3{,}50 + x \cdot 2{,}75$
b) $0{,}89 \cdot a + 1{,}19 \cdot b + 1{,}39 \cdot c$
c) $x \cdot 1{,}12 + y \cdot 0{,}75 - z \cdot 0{,}25$
d) $15 - 0{,}55 \cdot x - 0{,}45 \cdot y$
e) $2{,}85 \cdot x + 2{,}20 \cdot x + 12 \cdot 7{,}50$

Terme und Variablen

2 Addition und Subtraktion von Termen

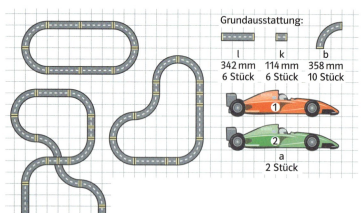

Grundausstattung:
l — 342 mm, 6 Stück
k — 114 mm, 6 Stück
b — 358 mm, 10 Stück
a — 2 Stück

Für den Bausatz der Modellrennbahn gibt es eine Grundausstattung an Fahrbahnstücken.
→ Drücke die Länge jeder Rennstrecke mithilfe eines Terms aus, der die Variablen l, k und b enthält. Vergleicht eure Terme.
→ Entwirf eigene Rennstrecken und beschreibe ihren Aufbau mit einem Term.

Terme lassen sich oft vereinfachen. Dabei gelten die bisher bekannten Rechengesetze. Wie bei den rationalen Zahlen kann eine Summe mit gleichen Summanden als Produkt geschrieben werden:
$x + x + x + x$
$= 4x$

In machen Termen lassen sich die Summanden vor dem Zusammenfassen ordnen. Dazu wendet man das Vertauschungsgesetz an:
$x + y + x + y + x$
$= x + x + x + y + y = 3x + 2y$

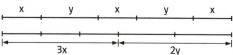

In einem Term wie $5x$ oder $7a$ nennt man 5 bzw. 7 den **Koeffizienten**. Unterscheiden sich Terme wie $3x$, $6x$ oder $-2x$ nur in ihren Koeffizienten, nennt man sie **gleichartig**. Sie lassen sich dann mithilfe des Verteilungsgesetzes zusammenfassen:
$5x - 3x = (5 - 3) \cdot x = 2x$

! $3x$ und $5x$ sind gleichartig, $3x$ und $5x^2$ nicht.

> Gleichartige Terme lassen sich durch Addieren und Subtrahieren zusammenfassen, verschiedenartige dagegen nicht.

Bemerkung
Beim Zusammenfassen entstehen äquivalente Terme.

Beispiele
a) Der Term wird vereinfacht.
$a - b + 2a - b$
$= a + 2a - b - b$
$= 3a - 2b$

b) $-x - 2y + 3x - 4y + 5z$
$= -x + 3x - 2y - 4y + 5z$
$= (-1 + 3) \cdot x + (-2 - 4) \cdot y + 5z$
$= 2x - 6y + 5z$

c) Die Terme sind äquivalent.

	$T_1: 4x + x - 8x$	$T_2: -3x$
$x = 4$	$16 + 4 - 32 = -12$	$-3 \cdot 4 = -12$
$x = -1$	$-4 - 1 + 8 = 3$	$-3 \cdot (-1) = 3$

d) Die Terme sind äquivalent.

	$T_1: 3x - 5y - 4x$	$T_2: -x - 5y$
$x = 3{,}5$ und $y = -2$	$10{,}5 + 10 - 14 = 6{,}5$	$-3{,}5 + 10 = 6{,}5$

Aufgaben

1 Schreibe als Produkt.
a) a + a + a + a
b) x + x
c) y + y + y
d) z + z + z + z + z
e) b + b + b + b + b
f) c + c + c + c

2 Addiere.
a) 3a + 4a + 2a
b) 5f + 3f + 2f
c) 7m + 3m + 4m
d) 10d + 2d + 6d
e) 11n + 12n + 20n
f) 8x + 16x + 9x
g) 12r + r + 13r
h) 25p + 17p + p

3 Addiere und subtrahiere.
a) 4x − x
b) y + 5y
c) −s + 3s
d) 9t − t
e) 25r − r − r
f) 7g − g
g) −13h + h
h) −z − z + y

4 Fasse zusammen.
a) 3p + 5p + 11q
b) 12a − 6a + 5b
c) 17r + 10s − 3r
d) 19z − 3y − 14z
e) −9p + 8t + 16p
f) 26y − 13z + 42z
g) 18x − 12 − 11x
h) 29b + 13b − 13

5 Achte auf gleichartige Summanden.
a) 46m + 2m + 46
b) 46m + 2 + 46
c) 46m + m − 46
d) 46m − 46 − m
e) −46m + m + 46
f) −46m + 46m − 2
g) 46 − 2m + 46m
h) 46m − 46m − 2m

6 Fülle durch Addieren und Subtrahieren.

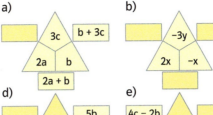
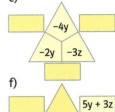

7 Ergänze.
a) 36a + 10a − □ = 20a
b) 41c + □ − 17c = 30c
c) □ + 28g − 17g = 55g
d) 44e − □ + 12e = 19e
e) 46f − 18f − □ = 19f
f) 12b − □ − 15b = −10b

8 Ergänze. Gib zwei Möglichkeiten an.
a) □ + □ − □ = 8a
b) −□ + □ − □ = −5x
c) □ − □ + □ = 2z − y
d) −□ + □ + □ = −6x + 2y
e) −□ − □ + □ = 2a − 3b
f) □ − □ + □ = 12m − 15n

Term-Bausteine

- Nachbarsteine werden addiert.

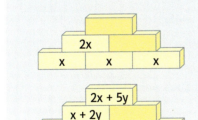

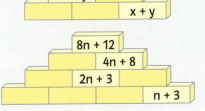

- Erkennst du eine Regel für die Summe im oberen Stein?

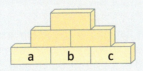
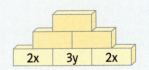

- Erkennst du eine Regel auch für vierstufige Steinmauern?

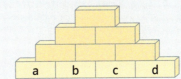
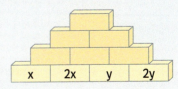

Addition und Subtraktion von Termen

3 Multiplikation und Division von Termen

Das Flurbild in vielen Regionen Südwestdeutschlands zeigt, dass es Jahrhunderte lang üblich war, die Ackerflächen in gleichen Teilen zu vererben.
Auf dem Bild siehst du eine aufgeteilte Ackerfläche. Die schmalen Flächenstücke haben die Länge a = 100 m und die Breite b = 40 m.

→ Gib die verschiedenen Teilflächen in m² und Ar an.

→ Drücke die einzelnen Flächen mit den Variablen a und b aus.

Ein Term aus einer Variablen und einem Koeffizienten wird mit einer Zahl mulipliziert, indem der Koeffizient mit der Zahl multipliziert wird.

$2x \cdot 5$
$= 5 \cdot 2 \cdot x$ Vertauschungsgesetz

$= (5 \cdot 2) \cdot x = 10x$ Verbindungsgesetz

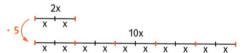

Produkte aus Termen mit Variablen und Koeffizienten werden vereinfacht, indem die Koeffizienten und Variablen jeweils miteinander multipliziert werden.

$2x \cdot 5y$
$= 2 \cdot 5 \cdot x \cdot y$ Vertauschungsgesetz

$= 10 \cdot x \cdot y$ Verbindungsgesetz

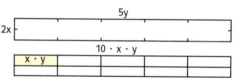

Wird eine Variable mit sich selbst multipliziert, schreibt man sie als Potenz.

$x \cdot x$
$= x^2$

$x \cdot x \cdot x$
$= x^3$

$3x \cdot 5x$
$= 3 \cdot x \cdot 5 \cdot x$
$= (3 \cdot 5) \cdot x \cdot x$
$= 15x^2$

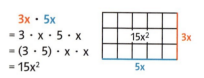

> Ein Produkt aus Zahlen und Variablen lässt sich vereinfachen, indem man die Koeffizienten und die Variablen getrennt multipliziert.
> Beim Dividieren eines Terms durch eine Zahl wird der Koeffizient dividiert.

Beispiele

a) $3x \cdot 5y$
$= (3 \cdot 5)x \cdot y$
$= 15xy$

b) $7 \cdot x \cdot x \cdot y$
$= 7 \cdot (x \cdot x) \cdot y$
$= 7x^2y$

c) $3m \cdot 6n + 5m \cdot n$
$= (3 \cdot 6) \cdot m \cdot n + 5m \cdot n$
$= 23mn$

d) $2x \cdot y \cdot 5y \cdot w$
$= 2 \cdot 5 \cdot x \cdot y \cdot y \cdot w$
$= 10wxy^2$

e) $15x : 3$
$= (15 : 3) \cdot x$
$= 5x$

! $x \cdot y = xy$
$a \cdot b \cdot c = abc$

Zur besseren Übersicht werden in Produkten mit mehreren Faktoren die Koeffizienten vorangestellt und nachfolgend die Variablen alphabetisch angeordnet.

Aufgaben

1 Multipliziere im Kopf.
a) 3 · 2x
   4 · 3x
   1,5 · 4x
b) 6 · 4a
   3 · 8a
   4 · 2,5a
c) 7 · 2w
   8 · 4t
   10 · 3u
d) 3c · 8
   5f · 9
   4g · 17
e) 11t · 5
   12s · 7
   9r · 13
f) 15y · 4
   16m · 8
   18p · 6

2 Fasse zusammen.
a) a · a
   b · b
   x · x
b) z · z · z
   n · n · n · n
   t · t · t · t · t
c) a · a · b
   m · n · n
   p · p · q
d) t · t · t · z
   a · a · b · b
   x · y · x · y
e) y · a · y · y
   x · b · b · x
   d · s · d · s
f) g · h · h · g
   r · s · s · r · r
   r · t · r · t · r

3 Ordne vor dem Multiplizieren.
a) 2xy · 5a · 3bx
b) 6r · 4uv · 6vw
c) 4x · 8xy · 5yb
d) 16r · 3uv · 2uv
e) 4cd · 5ce · 6de
f) 7ux · 7vx · 7uv
g) 8rms · 8 · 8sn
h) 6ac · 7bc · 8ab

4 Vereinfache und unterscheide.
a) 5 + 5; 5 · 5
b) y + y; y · y
c) a + a + a; a · a · a
d) $x^2 + x^2$; $x^2 · x^2$
e) 2n + 2n; 2n · 2n
f) 2 + 3t; 2 · 3t
g) b + 3b; b · 3b
h) $x + x^2$; $x · x^2$

5 Ergänze die Produktterme.

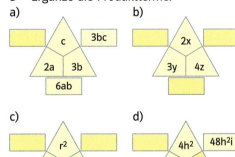

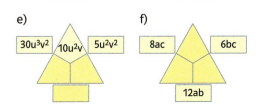

6 Vereinfache so weit wie möglich.
a) 2 · x · 4 · y
b) y · 3y · 5
c) x^2 · 5x · 3x
d) 3n · 4p · $5n^2$p
e) y^2 · 4y · (–3)
f) t^2 · 5s · t · 2s
g) $3a^2 · 2b^3$ · ab
h) c^2 · d · $3c^2$ · (–4)

7 Ergänze.
a) □ · 7x = 28xy
b) 3r · □ = 33rs
c) 5b · □ = 45bc
d) □ · –6g = –54gp
e) □ · $16x^2$ = $80x^2$z
f) –8z · □ = $–96z^2$x
g) –13v · □ = $91v^2$w
h) □ · $(–15t^2s)$ = $75s^2t^2$

8 Es gibt mehrere Möglichkeiten. Gib mindestens drei davon an.
a) □ · □ = 18ab
b) □ · □ = –22cd
c) □ · □ = $32a^2c^2$
d) □ · □ = $60xy^2$z
e) □ · □ = $–24t^2s^2$
f) □ · □ = $5,6pqr^2$

! *Unterscheide:*

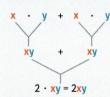

a + a = 2a

a · a = a^2

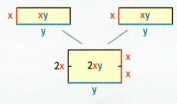

2a · a = $2a^2$

? a + a^2 = ?
  a · a^2 = ?

Summe aus Produkten

Der Term xy ist ein Produkt, x + y dagegen eine Summe.
Wie vereinfacht man nun den Term xy + xy?
Nach der Rechenregel „Punkt vor Strich" musst du so vorgehen:

2 · xy = 2xy

Das Produkt xy wird behandelt wie ein Summand. Achte darauf, dass auch hier nur gleichartige Terme zusammengefasst werden können. Faktoren können auch vertauscht sein:
$2ab^2 + ba^2 + ab^2 = 2ab^2 + ab^2 + a^2b = 3ab^2 + a^2b$

- Schreibe als Produkt.
  cd + cd   nt + nt + nt
  2vw + 2vw   31pc + pc + pc
  $12y^2 + 12y^2$ 10de – 3de + de

- Fasse zusammen.
  5ab + 3mn – ab + 2mn
  4xy + 9gh + 7xy – 5gh
  5ft – 3ft + 12ab + 8ab
  16ab – 4gh – 20ab + 5gh

- Vereinfache.
  xy – yx   abc + bac + cba
  ot + to   otto + toto
  Finde ähnliche Beispiele.

- Hier ist Sorgfalt angesagt!
  xyz + x^2y – xy^2z – xyx
  snr + sn^2r – ns^2 + ss – sn^2r
  r^2st + rs^2t + rst + s^2tr – tsr^2
  $gh^2 – hi^2g + ihg – 2g^2h + i^2gh$

Multiplikation und Division von Termen

9 In der Tabelle sind die Produkte durcheinander geraten.

	2a	3ab	0,5a²	8a²b²
4ab	$\frac{1}{24}a^3$	$\frac{5}{4}a^2bc$	$\frac{1}{4}a^2b$	$\frac{1}{6}a^2$
12a²	$\frac{2}{3}a^3b^2$	24a³	20a²b³c	7,5ab²c
2,5bc	6a⁴	2a³b	32a³b³	8a²b
$\frac{1}{12}a$	12a²b²	96a⁴b²	5abc	36a³b

Wie viele Paare gleichartiger Terme gibt es? Addiere sie.

10 Vereinfache.
a) $7ax \cdot 7ab \cdot (-3b)$
b) $18xy \cdot (-4v) \cdot 3vx$
c) $2c^2 \cdot (-2a) \cdot b^2 \cdot a$
d) $25ab \cdot (-40bc) \cdot (-5c)$
e) $3ab \cdot (-4bc) \cdot 5cd \cdot (-6de) \cdot 7ef$
f) $5xyz \cdot (-12xz) \cdot (-6yz) \cdot 5xy \cdot (-4)$

11 Welche Lösung gehört zu welchem Term?

$-x^2yz$
$48a^2b^2c^2$
$0,56a^2b^2c^2$
$-1,2ab^2c$
$0,5x^2yz^3$
$-8,4a^2b^2c$
$-0,92a^2b^3c^2$

a) $0,5a \cdot 3b \cdot (-2c) \cdot 0,4b$
b) $1,2a^2 \cdot (-4b) \cdot 2c \cdot (-5bc)$
c) $\frac{3}{2}x \cdot \left(-\frac{5}{8}yz\right) \cdot \frac{4}{5}x \cdot \frac{4}{3}$
d) $4,2b^2c \cdot 0,5a \cdot (-4a)$
e) $b \cdot (-0,1a^2) \cdot 0,7c^2 \cdot (-8b)$
f) $11,5ac \cdot 0,4b^2 \cdot (-0,2c) \cdot ab$
g) $\frac{5}{8}yx \cdot \frac{4}{3}z \cdot \left(-\frac{2}{5}z^2\right) \cdot \left(-\frac{3}{2}x\right)$

Zauberquadrat

Prüfe die Produkte der Zeilen, Spalten und Diagonalen!

Suche Gruppen von 4 Feldern, die das magische Produkt ergeben.

ab	c	d	ab
ad	b	bc	a
bc	ad	a	b
1	ab	ab	cd

12 Wo steckt der Fehler? Formuliere Tipps, wie sich der Fehler vermeiden lässt.
a) $a + 2a$
$= 3a^2$
b) $x + x^2$
$= 2x^3$
c) $2b + 3b^2$
$= 5b^3$
d) $n^2 \cdot 2n$
$= 3n^2$
e) $2z^2 + 2z^2$
$= 4z^4$
f) $ef + ef$
$= 2e^2f^2$

13 Dividiere den Term durch die angegebene Zahl.
a) $8de : 2$ b) $12x : 4$ c) $10rs : (-2)$
$10g^2 : 5$ $7s^2 : 2$ $18w : (-6)$
$9mn : 9$ $15pt : 3$ $21xy : (-3)$
d) $6ab : 0,2$ e) $wm : 2$ f) $-2tv : 3$
$13rst : 0,1$ $t^2v : 3$ $3p^2q : 5$
$8p^2q : 0,4$ $hg : 4$ $-6yz^2 : 9$

14 Nachbarsteine werden multipliziert.

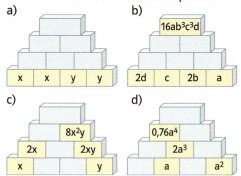

15 Berechne die fehlenden Angaben des Rechtecks.

	Länge	Breite	Umfang	Flächeninhalt
a)	2a	a	☐	☐
b)	3a	b	☐	☐
c)	4a	1,5b	☐	☐
d)	5a	☐	☐	30ab
e)	☐	2b	6a + 4b	☐

16 a) Drücke Oberfläche und Volumen der Türme mithilfe von x aus.

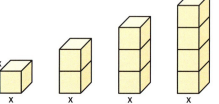

b) Bedeutet doppeltes Volumen auch doppelte Oberfläche? Erkläre.

17 Die Seiten eines Quadrates mit der Länge a werden einmal halbiert und einmal verdoppelt. Gib einen Term an
a) für den Flächeninhalt der veränderten Quadrate.
b) für den Umfang der Quadrate.

18 Die Kanten eines Würfels mit der Länge x werden halbiert/verdoppelt. Gib einen Term an
a) für das Volumen des neuen Würfels.
b) für die Oberfläche des neuen Würfels.

Multiplikation und Division von Termen

4 Terme mit Klammern

Die Randpunkte von Quadraten werden gezählt.
Dabei gibt es verschiedene Möglichkeiten. Drei davon sind mithilfe von Termen angegeben: $4 \cdot (x - 1)$
$2x + 2 \cdot (x - 2)$
$4 \cdot (x - 2) + 4$

→ Zu welcher Abzählung gehört welcher Term?

→ Wie viele Punkte liegen insgesamt auf dem Rand eines Quadrats, auf dessen Seite 100 Randpunkte liegen?

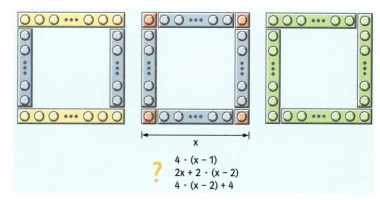

Wird zu einem Term eine Summe oder Differenz addiert, darf die Klammer wegfallen. Rechenzeichen und Vorzeichen ändern sich dabei nicht:
$\quad 4a + (2b - 3a)$
$= 4a + 2b - 3a = a + 2b$

Wird eine Summe oder Differenz subtrahiert, darf die Klammer wegfallen, wenn dabei alle Pluszeichen in der Klammer zu Minuszeichen werden und umgekehrt:
$\quad 3b - (-2a + 4b)$
$= 3b + 2a - 4b = 2a - b$

Summen und Differenzen werden mit einem Faktor multipliziert, indem jedes Glied der Klammer mit dem Faktor multipliziert wird **(Verteilungsgesetz)**. Entsprechendes gilt für die Division.

$\quad 4a \cdot (3b - 2a)$ $\qquad\qquad (24b - 15c) : 3$
$= 4a \cdot 3b - 4a \cdot 2a$ $\qquad\; = 24b : 3 - 15c : 3$
$= 12ab - 8a^2$ $\qquad\qquad\;\; = 8b - 5c$

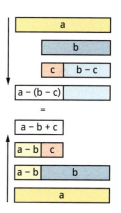

Addition einer Summe:	$a + (b + c) = a + b + c$
Subtraktion einer Summe:	$a - (b + c) = a - b - c$
Subtraktion einer Differenz:	$a - (b - c) = a - b + c$
Multiplikation einer Summe:	$a \cdot (b + c) = ab + ac$
Division einer Summe:	$(a + b) : c = a : c + b : c$

Beispiele

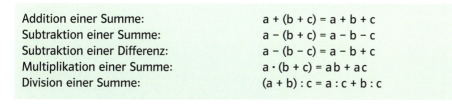

a) $6a + (-5b + 3a)$
$= 6a - 5b + 3a$
$= 9a - 5b$

b) $6a - (-5b + 3a)$
$= 6a + 5b - 3a$
$= 3a + 5b$

c) $6a \cdot (-5b + 3a)$
$= 6a \cdot (-5b) + 6a \cdot (3a)$
$= -30ab + 18a^2$

d) $(6a - 3b) : 3$
$= 6a : 3 - 3b : 3$
$= 2a - b$

! Achte auf das „unsichtbare" Pluszeichen:
$4x - (2x + 3y)$
$= 4x - (+2x + 3y)$
$= 4x - 2x - 3y$
$= 2x - 3y$

Beim Vereinfachen von Termen ist es oft notwendig, Summen in Produkte zu verwandeln. Dies erfolgt durch **Ausklammern** beziehungsweise **Faktorisieren**.

e) $3a + 3b$
$= 3 \cdot (a + b)$

f) $2x + 5xy$
$= x \cdot (2 + 5y)$

g) $6ab + 8ac$
$= 2 \cdot 3 \cdot a \cdot b + 2 \cdot 4 \cdot a \cdot c$
$= 2a \cdot (3b + 4c)$

Bemerkung
Der Malpunkt zwischen Faktor und nachfolgender Klammer kann weggelassen werden:
$7 \cdot (a + b) = 7(a + b)$.

Aufgaben

1 Stelle den Term als Figur aus Rechtecken dar.

Beispiel: a · (x + y) = ax + ay

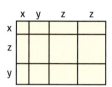

a) 2a · (b + c) b) a · (2b + 2c)
c) 2a · (2b + 2a) d) (b + 1,5c) · a
e) c · (a + b + c) f) (a + 2a + 3a) · a

2 Schreibe ohne Klammer.
a) a + (b + c) b) q + (r − s)
c) m − (n + o) d) 23 + (g − h)
e) x − (y − z) f) g − (h + 18)
g) 50 − (k − m) h) 32 − (−p + q)
i) 2u − (2w − 2u) j) −5v + (6v − 12)

? a + (a + a) = ☐
  a + (a − a) = ☐
  a − (a + a) = ☐
  a − (a − a) = ☐

? a + (−a + a) = ☐
  a + (−a − a) = ☐
  a − (−a + a) = ☐
  a − (−a − a) = ☐

3 Löse die Klammer auf.
a) −2x − (3y + 4z) b) 3y − (−2x + z)
c) 8w + (−5s + 16) d) 11a + (−3c − 4d)
e) 43g − (−12f + 10h) f) −9e − (4r − e)
g) 36u − (−2v − 29w) h) 15b − (−8n − 7g)
i) 3,5a + (−6,1b − 2a) j) 3x − (2y − z + x)
k) −0,4x − (0,7v − x) l) −a − (−2a − b − c)

4 Übertrage die Figur in dein Heft.

a) Finde zu jedem Term die passende Fläche und umrande sie mit Farbe.
x · (x + y)   y · (y + z)   y · z + x · y
(z + z) · y   (x + y + z) · y   y · (z + y)
b) Forme jeden Term in einen äquivalenten Term um.
c) Stellt euch gegenseitig solche Aufgaben.

5 Vereinfache den Term.
a) (4a + 5b) + (2a + 3b)
b) (4a + 5b) + (−2a − 3b)
c) (−4a + 5b) − (2a + 3b)
d) (4a − 5b) − (−2a + 3b)
e) (−4a − 5b) − (−2a − 3b)
f) (4a − 5b) + (−2a − 3b)

Terme benennen

Um mit Termen sicher umzugehen, musst du ihren Aufbau kennen. Nach den Vorrangregeln kannst du die Reihenfolge der Rechenschritte feststellen. Die zuletzt angewandte Rechenart benennt den Term.

■ Benenne sowohl die Terme als auch ihre Einzelglieder.
8a + (3s − 5t)   2a · (3a · 5b)
8a − 3s · 5t   16 − (−18g − 17h)
(8a − 3s) · 5t   3y + (2x − (6a + 5b))
8a − 3s : 5t   (a + 2b) − (4a − b) · 2
x − (12a − 3b)   −5r · (8s · (−3t))

■ Schreibe einen Term auf, der das Produkt aus zwei Summen ist.
■ Notiere einen Term, der die Summe aus zwei Produkten ist.
■ Notiere einen Term, der die Differenz aus einer Summe und einem Quotienten ist.

Rechenart	Term	Name des Terms	a	b
Addieren	a + b	Summe	1. Summand	2. Summand
Subtrahieren	a − b	Differenz	Minuend	Subtrahend
Multiplizieren	a · b	Produkt	1. Faktor	2. Faktor
Dividieren	a : b	Quotient	Dividend	Divisor

6 Beschreibe den Aufbau des Terms und benenne ihn.
a) (a + b) · c
b) a · (b + c)
c) a + b · c
d) a · b + c
e) ac + bc
f) a + (b + c)
g) a − (b − c)
h) ab − c

7 Löse die Klammern auf und fasse zusammen.
a) 10m − (3m + 5n) − (n − 2m)
b) 6u − (4v + 5u) + (−10u + 2v)
c) −5r − (3s − 8r) − (7s + 4r)
d) (1,4d − 0,9c) − (0,8c − 2d) + 0,2c
e) −(2,1b − 1,7c) + (6,1a − 1,9b) + 4,3c

8 Ergänze den fehlenden Term.
a) a + 12 − b = a + (▢)
b) x − 7 + z = x + (▢)
c) 8c − 2d − 5 = 8c + (▢)
d) 5m − 4n − 3 = 5m − (▢)
e) 8r − 9s + 10t = 8r − (▢)
f) 3k + 5b − 6m = 3k − (▢)
g) 10x + 2y + 5z = 10x − (▢)

9 Schreibe ohne Klammer.
a) 4 · (a + 6)
b) 12 · (a + 1)
c) 10 · (c − 7)
d) 13 · (b − 3)
e) 15 · (−s + 2t)
f) 36z · (−3x − y)
g) (2w + 3) · 10w
h) (9m − 10n) · mn
i) (6m − 12n − 5) · (−9)
j) (−10a − 15b − 2a³) · (−ab)

10 Erkläre den Fehler.
a) 8(5r − s) = 40r + s
b) 20z(3y − 2z) = 60yz − 40z
c) 18a(2b − a) = 36ab + 19a
d) 15g(8h − 6i) = 120gh − 9gi
e) (10z + 8x) · 0,5x = 5zx + 8,5x²
f) (6ab − 4b) · 5b = 30ab² + 20b²

11 Dividiere.
a) (14x − 21x) : 7
b) (18u + 9w) : 3
c) (24y − 12) : 6
d) (16a + 36b) : 4
e) (32s² + 24t) : 8
f) (17pq − 34) : (−17)
g) (28xy − 70y²) : 0,5
h) (65st − 13s) : (−1,3)

12 Klammere den Faktor 2 aus.
a) 6x + 38
b) 14ab + 74c
c) 6z − 20xy
d) −8p − 34r²
e) 26xz − 2
f) 30yz − 2

13 Was geschieht mit der Startzahl S?

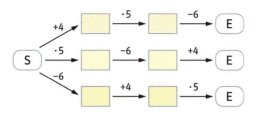

a) Setze Startzahlen ein und vergleiche die Ergebnisse.
b) Nimm als Start die Variable x und beschreibe die Rechenwege in Termen.
c) Welcher Term liefert die höchsten Werte? Begründe.

14 a) Drücke die Summe der Kantenlängen eines jeden Körpers in einem möglichst einfachen Term aus.
b) Gib die Oberflächen der beiden Quader in je einem Term an.
c) Gib die Oberfläche des Quaders mit Aussparung in einem Term an. Was fällt auf?

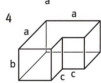

15 Die Darstellung zeigt ein Quadernetz.

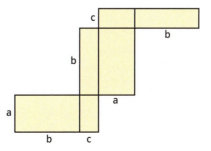

Gib einen Term für die Netzfläche an und vereinfache ihn. Vergleiche dann mit dem Term für die Oberfläche.

Zusammenfassung

Variable	Buchstaben oder andere Symbole, die für Größen oder Zahlen stehen, nennt man **Variablen**.	$5 \cdot $ ✱; $y - 6z$
Term	**Terme** sind **Rechenausdrücke** aus Zahlen, Variablen und Rechenzeichen.	$-18 - 7$; 3^2; $x : 5$; $3 \cdot y \cdot (y - 6)$
Äquivalente Terme	Zwei **Terme** heißen **äquivalent** (gleichwertig), wenn ihre Werte nach jeder Ersetzung der Variablen durch Zahlen übereinstimmen.	siehe Tabelle unten

	T_1: $2x - 3x + 4x$	T_2: $3x$
$x = 2$	$4 - 6 + 8 = 6$	$3 \cdot 2 = 6$
$x = -1$	$-2 + 3 - 4 = -3$	$3 \cdot (-1) = -3$
…		

Addieren und Subtrahieren von Termen	**Gleichartige Terme** lassen sich durch Addieren oder Subtrahieren zusammenfassen, verschiedenartige dagegen nicht.	$2x + 3x + x = 6x$ aber $x + 2 \cdot y = x + 2 \cdot y$ $3 \cdot y + 5 \cdot y = 8 \cdot y$ aber $x^2 + x = x^2 + x$ Verkürzte Schreibweise: $3 \cdot x = 3x \qquad 1 \cdot x = x$
Multiplizieren und Dividieren von Termen	Terme mit Variablen werden **multipliziert**, indem die Koeffizienten und die Variablen getrennt multipliziert werden. Produkte mit gleichen Variablen gibt man in Potenzschreibweise an. Beim **Dividieren** eines Terms wird der Koeffizient dividiert. Die Variable bleibt unverändert.	$2x \cdot 6 = 12x$ $3a \cdot 4b \cdot 5c = 60\,abc$ $3x \cdot 4x \cdot y = 12x^2 y$ $5a^2 \cdot 6b = 30\,a^2 b$ $12x : 4 = 3x$ Verkürzte Schreibweise: $x \cdot y = xy$
Terme mit Klammern	Beim Addieren von Summen oder Differenzen kann die Klammer entfallen. Die Rechen- und Vorzeichen bleiben unverändert. Beim Subtrahieren von Summen oder Differenzen darf die Klammer wegfallen, wenn dabei alle Pluszeichen in der Klammer zu Minuszeichen werden und umgekehrt.	Plusklammer $\quad 3x + (4y - 5z)$ $= 3x + 4y - 5z$ Minusklammer $\quad 5a - (3a - 2b)$ $= 5a - 3a + 2b$ $= 2a + 2b$
Verteilungsgesetz	Beim **Ausmultiplizieren** wird der Faktor vor der Klammer mit jedem Summanden in der Klammer multipliziert, anschließend wird addiert bzw. subtrahiert.	$5x \cdot (4x - 3y)$ $= 5x \cdot 4x - 5x \cdot 3y$ $= 20x^2 - 15xy$
	Beim **Ausklammern** wird zuerst die Summe in der Klammer bestimmt, anschließend wird multipliziert.	$4x + 6y$ $= 2 \cdot 2x + 2 \cdot 3y$ $= 2 \cdot (2x + 3y)$

Üben • Anwenden • Nachdenken

1 Übertrage die Tabelle und setze ein.

x	y	x + y
z	z	z
x · z	y · z	x · z + y · z

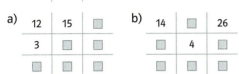

2 Setze die Zahlen in die beiden Terme $4x - 3y + 5$ und $x \cdot (1 + x) - y + 1$ ein und berechne deren Werte.

 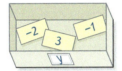

a) Für welche Einsetzungen erhält man den größten bzw. den kleinsten Termwert?
b) Welche Zahlen müssen für x und y eingesetzt werden, damit man bei beiden Termen den Wert 4 erhält?

3 Die Summe der Spalten, Zeilen und Diagonalen beträgt $3x$.
Ergänze das magische Quadrat.

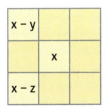

4 Wähle eine beliebige Zahl und setze diese in den ersten Term ein. Setze den Wert des ersten Terms in den zweiten usw. Wie lautet der Wert des letzten Terms? Verfahre ebenso mit anderen Zahlen.

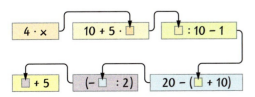

Terme zeichnen

Eine programmierbare Zeichenmaschine zeichnet räumliche Figuren von vorgegebener Form.
Die Striche können nach rechts, links, oben, unten, hinten und vorne ausgeführt werden. Vor dem Start muss man ein Programm eingeben, nach dem die Maschine zeichnen soll. Dabei werden folgende Abkürzungen verwendet:
+ x bezeichnet einen Einerschritt nach rechts,
− x bezeichnet einen Einerschritt nach links,
+ y bezeichnet einen Einerschritt nach oben,
− y bezeichnet einen Einerschritt nach unten,
+ z bezeichnet einen Einerschritt nach hinten,
− z bezeichnet einen Einerschritt nach vorn.

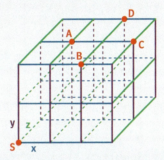

■ Der Term für den Weg von S aus lautet:
$2x + 2z + y - x + y + 2x - 2y - x + 2y - 2z$
Endet der Weg im Punkt A, B oder C?
Wie lautet der kürzeste Term für diesen Weg?
■ Stelle einen Term für den Zeichenweg von S nach D auf.
Nimm einen zweiten Weg nur über außen liegende Teilstrecken und drücke diesen in einem Term aus.
Vergleiche die beiden Terme.

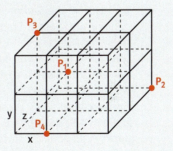

■ Legt zusammen mit eurem Rechenpartner verschiedene Gitterpunkte fest und beschreibt die Wege mit Termen. Wer findet jeweils die kürzeste „Wegbeschreibung"?

5 Ergänze die Summenbausteine.

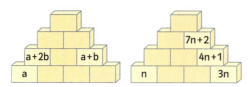

6 a) Starte mit der Variablen x und drücke die Rechenwege als Terme aus. Vergleiche sie.
b) Beginne mit einer Variablen in den Endfeldern und rechne bis zum Feld S.
c) Starte mit der Variablen in einem beliebigen Feld und ergänze die übrigen Felder.

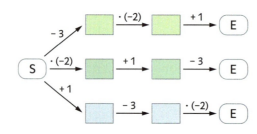

7 Fülle die Lücken aus.
a) $4a(2a + \square) = 8a^2 + 12ab$
b) $3x(\square - 7x) = 18xy - 21x^2$
c) $(8pq - \square) \cdot 5p = 40p^2q - 25q^2p$
d) $15b(4ab + \square) = 60ab^2 - 45ab$
e) $20r(\square - 7rs) = -80rs^2 - 140r^2s$
f) $(\square + 13xy) \cdot 3x = -48x^2 + 39x^2y$

8 a) Addiere die Terme entlang des vorgegebenen Weges.

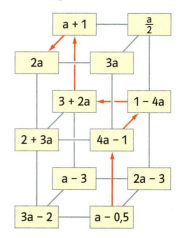

b) Schlage eigene Wege ein.
c) Stellt euch gegenseitig Aufgaben und überprüft die Ergebnisse.
d) Suche Wege mit den Summen $2a - 7$ und $10a - 3$.
e) Baue einen Würfel mit den Ecktermen a; 2a; … ; 8a und bilde entlang der Kanten verschiedene Produktterme.

9 Lange Terme, kurze Ergebnisse.
a) $6(5m + 4n) - 4(2n + m) - 5(5m + 3n)$
b) $9a(5c - 3b) + (7b - 11c) \cdot 4a$
c) $2(22s - 18t^2) - (12t^2 - 15s) \cdot (-3)$
d) $(-12a + 20b) \cdot 15x - 20x(14b - 9a)$
e) $12m(8n + 9m) - (16n + 18m - p) \cdot 6m$

Zahlen erraten

■ Addiere zu einer natürlichen Zahl 5. Multipliziere die Summe mit 18 und subtrahiere von diesem Ergebnis das Dreifache der Ausgangszahl.
Dividiere das Ergebnis durch 15 und subtrahiere zum Schluss deine gedachte Zahl. Welches Ergebnis erhältst du? Rechne mit einer weiteren Zahl. Was fällt dir auf? Stelle den Rechenterm auf und begründe. Denkt euch ähnliche Aufgaben aus.
■ Ich errate dein Geburtsdatum!
Nimm die Tageszahl deines Geburtsdatums und verdopple sie. Addiere 5 und multipliziere dieses Ergebnis mit 50. Addiere nun die Monatszahl hinzu und subtrahiere zum Schluss 250.
Nenne mir dein Ergebnis und ich weiß, wann du Geburtstag hast.
■ Zahl erraten!
Denke dir eine beliebige natürliche Zahl. Addiere 8 und verdreifache das Ergebnis. Subtrahiere nun deine gedachte Zahl und halbiere dieses Ergebnis. Vermindere diese Zahl um 12. Nenne mir dein Ergebnis und ich weiß, welche Zahl du gewählt hast. Stelle einen Term zu diesem Rätsel auf. Erkennst du das Geheimnis? Erfinde selbst ähnliche Aufgaben.

Rückspiegel

1 Setze für x die Zahl 5 und für y die Zahl 3 ein und berechne den Term.
a) $2 \cdot x + 3 \cdot y$ b) $2 \cdot y + 3 \cdot x$
c) $2 \cdot (2x + y)$ d) $3x - (2y - x)$

2 Berechne die Summe aller Kantenlängen des Körpers zuerst in cm und stelle dann einen Term mit den Variablen x, y oder z zur Berechnung auf.
a)   b)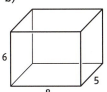

3 Vereinfache.
a) $25a - 17b - 3b + 15a$
b) $14x + 7y - 4x + 13y$
c) $19a - 3c + 28c - 9a$
d) $46x - 24y - 37x - 28y$

4 Ergänze.
a) $2x \cdot \square = 18xy$ b) $6xy \cdot \square = 72x^2y$
c) $\square \cdot 13a = 65abc$ d) $\square \cdot 3ab = 75a^2b^2$
e) $\square \cdot \square = 32x^2y$ f) $\square \cdot \square = 48pqr$
g) $15xy : 3 = \square$ h) $3p^2q : 5 = \square$
i) $-8t^2v : 0,5 = \square$ j) $-6yz^2 : (-1,2) = \square$

5 Löse Klammern auf und vereinfache.
a) $4p(3q - p)$ b) $(xy - 3x) \cdot 6y$
c) $7(2x - y) + 4(3y + 4x)$
d) $3x(4 - y) - y(1 - x) + xy$

6 Klammere aus.
a) $6xy + 8$ b) $3ab + 12a$
c) $21cd + 7ce$ d) $48xy - 32x^2$
e) $15r^2s - 60rs^2$ f) $-81st^2 + 9t^2$

7 Schreibe als Term und vereinfache.
a) Subtrahiere vom Produkt x und 5 das Doppelte der Summe x und 3.
b) Multipliziere die Summe aus 3 und y mit x und subtrahiere anschließend das Produkt aus x und y.
c) Halbiere die Summe aus dem Produkt 10 und b und der Differenz 2a und 6.

1 Setze für x die Zahl –2 und für y die Zahl –0,5 ein und berechne den Term.
a) $3 \cdot x - 2 \cdot y$ b) $-y - 4x$
c) $2 \cdot (3y - 3x)$ d) $-4 \cdot (-6y + x)$

2 Berechne die Summe aller Kantenlängen des Körpers zuerst in cm und stelle dann einen Term mit den Variablen x, y oder z zur Berechnung auf.
a)   b)

3 Vereinfache.
a) $14a - 8b - 10b + 6a + 18b$
b) $13r - 17s - 28r - 13s$
c) $18,5x + 23,9y - 10,1y - 20,5x$
d) $-19,8c - 33,9d + 17,1d - 42,8c$

4 Berechne.
a) $3x \cdot (-5xy)$ b) $-4ab \cdot 15a^2c$
c) $-7uv \cdot (-9vw)$ d) $0,5a \cdot (-3b) \cdot 0,4b$
e) $7,5v^2 \cdot (-0,4v^2w^2)$ f) $(-0,5rs) \cdot (-16rs^2t)$
g) $-21ab^2 : 3$ h) $-54x^2y^2 : (-9)$
i) $t^2v^2 : (-4)$ j) $-4,8a^2bc^2 : (-12)$

5 Löse Klammern auf und vereinfache.
a) $(2c + 3d - e) \cdot 4c$
b) $1,5g^2(-4h + 6g - 1)$
c) $6x \cdot 2y - (4x - 1) \cdot y - y$
d) $20xy - (5x^2 - 8x(2x - 3y))$

6 Verwandle in ein Produkt.
a) $48m^2 + 16n^2$ b) $rs + rt + ru$
c) $2a^2b + 4ab - 2ab^2$ d) $12x + 5x^2 - 3xy$
e) $8ab - 6a + 10b$
f) $28x^2y - 42xy^2 + 7xy$

7 Überprüfe die Aussage mit Zahlen. Rechne mit Variablen zum Begründen.
a) Die Summe aus einer Zahl und ihrem Doppelten ist immer durch 3 teilbar.
b) Die Summe von drei aufeinander folgenden Zahlen ist immer durch 3 teilbar.

5 Gleichungen

Zahlen lernen laufen

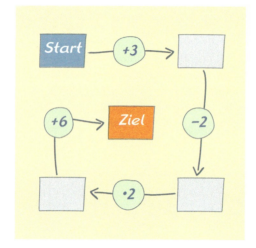

Schickt Zahlen durch die Spirale.

Welche Startzahl verwandelt sich in die Zielzahl 20?

Welche Zahl wird zur 100?

Gibt es eine Zahl, die sich in die 60 verwandelt?

Denkt euch ein Spiel mit dieser Spirale aus.

Das rote Feld ist Start und Ziel. Manche Zahlen werden auf einem Rundlauf größer, manche kleiner. Gibt es eine, die sich nicht verändert?

Du kannst auch die Zahlen in der Gegenrichtung auf die Runde schicken.

Entwirf selbst Rechenspiralen und Rundläufe.

Welche Zahl muss am Start antreten, damit im Ziel eine 4 ankommt? Bevor du anfängst, sagt dir der Würfel, wie viele Runden die Zahl drehen muss.

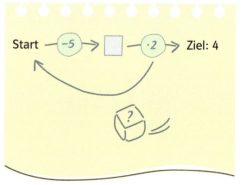

Das Anna-und-Maria-Spiel

Die Klasse vereinbart:
Anna ist heute 14 Jahre und Maria 10 Jahre alt.

Karin bekommt den Ball als Erste und sagt ihren Satz
über das Alter von Anna und Maria:
In 16 Jahren wird Anna 3-mal so alt sein wie Maria heute ist.

Sie wirft den Ball Torsten zu und er sagt seinen Satz:
*In 10 Jahren wird Anna 8-mal so alt sein wie Maria vor
7 Jahren war.*

Torsten bringt Tina an die Reihe:
*Zwei Jahre bevor Anna doppelt so alt war wie Maria, war sie
3-mal so alt wie Maria.*

Birthe sagt:
In 4 Jahren wird Anna 4 Jahre älter sein als Maria.

Hanna sagt:
Nie war Anna 4-mal so alt wie Maria.

Mika hat sich einen echten Hirnverdreher ausgedacht:
*Wenn Maria so alt sein wird wie Anna heute ist, wird Anna
3-mal so alt sein wie Maria, als Anna so alt war, wie Maria
heute ist.*

Spielt das Spiel in eurer Klasse. Ihr könnt auch absichtlich
falsche Sätze sagen. Wer damit durchkommt, erhält Extrapunkte, wer dabei erwischt wird, verliert seine Punkte.

Anna heute ...   Anna in ? Jahren ...   ... in ? Jahren

In diesem Kapitel lernst du,

- wie man Gleichungen löst,
- wie man mit Klammern in Gleichungen umgeht,
- was man unter Äquivalenzumformungen versteht,
- wie man Textaufgaben liest und löst.

Zahlen lernen laufen

1 Gleichungen

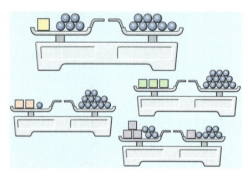

Die Waagen sind im Gleichgewicht.
→ Wie viele Kugeln wiegen genau so viel wie ein Würfel?
→ Formuliere deine Denkschritte.
→ Beschreibe die Gewichtsverteilung an der Waage mit einer Gleichung.
Schreibe w für das Gewicht eines Würfels und k für das Gewicht einer Kugel.

Um eine Gleichung zu lösen wird sie umgeformt, bis die Variable auf einer Seite alleine steht. Dabei sind die vier Grundrechenarten zur Umformung zugelassen. Die Umformung wird immer auf beiden Seiten der Gleichung durchgeführt.

$x - 3 = 1$	$x + 2 = 5$	$\frac{x}{4} = 3$	$6 \cdot x = -30$
addiere 3	**subtrahiere** 2	**multipliziere** mit 4	**dividiere** durch 6
$x - 3 + 3 = 1 + 3$	$x + 2 - 2 = 5 - 2$	$(x : 4) \cdot 4 = 3 \cdot 4$	$(6 \cdot x) : 6 = -30 : 6$
$x = 4$	$x = 3$	$x = 12$	$x = -5$

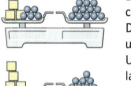

Die Umformungen von Gleichung zu Gleichung lassen die Lösung unverändert. Die Gleichungen $4 \cdot x + 5 = 13$; $4 \cdot x = 8$ und $x = 2$ nennt man daher **äquivalent**. Umformungen, die die Lösung unverändert lassen, heißen **Äquivalenzumformungen**.

$$-5 \searrow \quad 4 \cdot x + 5 = 13 \quad \swarrow -5$$
$$4 \cdot x + 5 - 5 = 13 - 5$$
$$:4 \searrow \quad 4 \cdot x = 8 \quad \swarrow :4$$
$$(4 \cdot x) : 4 = 8 : 4$$
$$x = 2$$

Zum Lösen einer Gleichung wendet man **Äquivalenzumformungen** an:
- Man darf auf beiden Seiten der Gleichung denselben Term addieren oder subtrahieren.
- Man darf beide Seiten der Gleichung mit derselben Zahl (außer Null) multiplizieren oder dividieren.

Beispiele

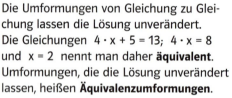

a) $+11 \searrow 6 \cdot x - 11 = 31 \swarrow +11$
   $6 \cdot x = 42$
   $:6 \searrow \qquad \swarrow :6$
   $x = 7$

b) $-18 \searrow 18 - 4 \cdot x = 22 \swarrow -18$
   $-4 \cdot x = 4$
   $:(-4) \searrow \qquad \swarrow :(-4)$
   $x = -1$

c) $-x \searrow x - 1 = 6 \cdot x - 4 \swarrow -x$
   $-1 = 5 \cdot x - 4$
   $+4 \searrow \qquad \swarrow +4$
   $3 = 5 \cdot x$
   $:5 \searrow \qquad \swarrow :5$
   $0,6 = x$

Bemerkung
Zur Kontrolle wird die **Probe** durchgeführt.

linker Term	rechter Term
$6 \cdot 7 - 11$	31
$42 - 11$	31
31	31

linker Term	rechter Term
$18 - 4 \cdot (-1)$	22
$18 + 4$	22
22	22

linker Term	rechter Term
$0,6 - 1$	$6 \cdot 0,6 - 4$
$-0,4$	$3,6 - 4$
$-0,4$	$-0,4$

Aufgaben

1 Drücke das Gewicht eines Würfels durch das Gewicht von Kugeln aus.

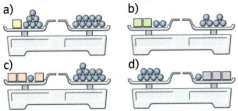

2 Das Mobile ist im Gleichgewicht. Drücke das Gewicht eines quadratischen Plättchens durch das Gewicht eines runden Plättchens aus. Stelle eine Gleichung auf.

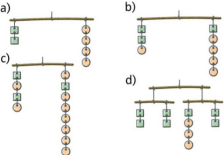

3 Jonas und Laura haben gleich viele Murmeln. In jedem Becher ist die gleiche Anzahl Murmeln. Wie viele Murmeln sind im Becher?

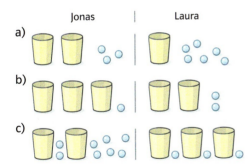

d) Stelle Gleichungen auf.

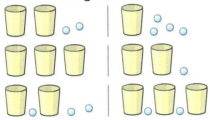

Gleichungen aus- und einpacken

■ Baue selbst Gleichungen in ähnlicher Weise.

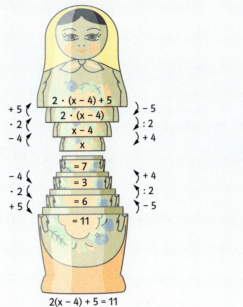

$2(x - 4) + 5 = 11$

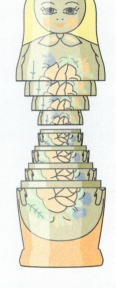

4 Löse und gib die Äquivalenzumformungen wie im Beispiel an.

Beispiel: $x + 4 = 8$
$-4 \curvearrowright x = 4 \curvearrowleft -4$

a) $x + 6 = 8$ b) $x + 2 = -5$
c) $x + 5 = 0$ d) $x - 4 = -3$
e) $9 \cdot x = 54$ f) $12 \cdot x = -72$
g) $13 + x = 82$ h) $32 + x = 23$
i) $x \cdot 5 = 110$ j) $15 \cdot x = 0$
k) $15 \cdot x = -1$ l) $15 \cdot x = \frac{1}{15}$

5 Notiere die Äquivalenzumformungen.

Beispiel: $\frac{1}{5}x = 6$
$\cdot 5 \curvearrowright \frac{1}{5}x \cdot 5 = 6 \cdot 5 \curvearrowleft \cdot 5$
$x = 30$

a) $\frac{x}{3} = 10$ b) $x : 10 = 5$
c) $\frac{1}{10}x = 2$ d) $\frac{x}{4} = 32$
e) $1 = x : \frac{1}{2}$ f) $x : 7 = -7$
g) $50 = \frac{x}{5}$ h) $x : \left(-\frac{1}{4}\right) = 4$
i) $x : 2\frac{1}{2} = 30$ j) $-\frac{x}{8} = -0{,}5$

6 Ergänze zu äquivalenten Gleichungen.
a) $2x = 6 \rightarrow 2x + 2 = \square$
b) $3 + x = 8 \rightarrow 10 + x = \square$
c) $4x = -12 \rightarrow \square + 4x = -1$
d) $4x + 1 = 7 \rightarrow 4x - \square = 0$
e) $6x = -4 \rightarrow \square = -12$
f) $7x = -2{,}5 \rightarrow 56x = \square$
g) $\frac{1}{2}x = 6 \rightarrow \square = 24$
h) $\frac{1}{4}x = -2 \rightarrow \square = -16$

7 Beachte den Unterschied zwischen Produkt und Summe.

Beispiel:
$:2 \begin{array}{c} 2x = 6 \\ x = 3 \end{array} :2$ und $-2 \begin{array}{c} 6 = 2 + x \\ 4 = x \end{array} -2$

a) $8 = 4 \cdot x$ und $8 = 4 + x$
b) $3 \cdot x = -15$ und $3 + x = -15$
c) $x \cdot 12 = 6$ und $x + 12 = 6$
d) $x \cdot 2 = 4$ und $x + 2 = 4$
e) $\frac{x}{3} \cdot 6 = 12$ und $\frac{x}{3} + 6 = 12$
f) $20 = 8 \cdot \frac{x}{4}$ und $20 = 8 + \frac{x}{4}$

Schritt für Schritt

Gleichungen lassen sich übersichtlich lösen, wenn zu jeder Zeile die vorgenommene Umformung notiert wird.
Dies geschieht in kurzer Form mit einem Kommandostrich, hinter dem der Rechenschritt angegeben wird.

$6x + 9 - 2x = 13 - x + 6$ | zusammenfassen

„Ich fasse die Terme auf beiden Seiten so weit wie möglich zusammen."

$4x + 9 = 19 - x$ | $+ x$

„Ich addiere auf beiden Seiten x mit dem Ziel, die Variablen nur auf einer Gleichungsseite vorzufinden."

$5x + 9 = 19$ | $- 9$

„Ich subtrahiere auf beiden Seiten 9, um die Zahlen auf der anderen Gleichungsseite vorzufinden."

$5x = 10$ | $: 5$

„Ich dividiere beide Seiten durch den Koeffizienten von x, um so x zu bestimmen." $x = 2$

In Kurzform:
$6x + 9 - 2x = 13 - x + 6$ | zusammenfassen
$4x + 9 = 19 - x$ | $+ x$
$5x + 9 = 19$ | $- 9$
$5x = 10$ | $: 5$
$x = 2$

8 Hier heißt die Variable nicht immer x.
a) $z + 18 = 38$ b) $y + 25 = 57$
c) $55 + y = 72$ d) $y - 59 = 12$
e) $26 + z = 33$ f) $39 + w = 44$
g) $a - 9 = 0$ h) $a + 86 = 87$
i) $z + 36 = 35$ j) $z - 21 = -22$
Die Summe aller Lösungen beträgt 160.

9 Die Reihenfolge der Umformungen ist beliebig.
a) $4x + 1 = 2x + 17$
b) $5x - 6 = x - 12$
c) $6x - 14 = 4x - 18$
d) $8 + 6x = 32 + 3x$
e) $7x - 5 = 79 - 7x$
f) $7x + 15 - x = x + 8$
g) $12 - 6x = 29 - 1 - 8x$

10 Welche Kärtchen gehören zusammen?

$2x + 3 = x + 2$
$3x + 2 = -1$
$2x = 2$
$3x - 5 = -2$
$3x = -3$
$x + 6 = 5$
$4x + 2 = 6$

11 Erfinde über Äquivalenzumformungen schwierigere Gleichungen.
a) $x = 5$ b) $x = -2$ c) $x = \frac{3}{2}$

12 Welche Gleichungen haben dieselbe Lösung? Um rasch ans Ziel zu kommen, brauchst du nicht alle Gleichungen umzuformen.

$9x + 1 = 10$
$3{,}5x + x = 18$
$6x - 8 = 4$
$-37 + 12x = 35$
$5x - 12 = 13$
$6x - 14 = 4x - 4$
$4x + 8 = 32$
$15x + 4 = 5x + 24$
$3x + 6 = 18$
$12x - 18 = 8x - 17 + 3x$

13 Ergänze so, dass für die Gleichung die unterschiedlichen Lösungen x = 6; x = 1; x = 2,5; x = −5; x = 0 möglich werden.
a) 8x − ☐ = 5
b) 2x + ☐ = 10
c) ☐ · x + 3 = 33
d) ☐ + 4x = 10
e) 15x − ☐ = 5x
f) 6x − ☐ = 6 + 3x

14 Löse die Gleichung.
a) 7x + 19 = 12x − 1
b) 15 − y = 15 + y
c) 5 − 6z = 6z − 5
d) −2 − 3x = 5 + 2x
e) 3,2x + 0,8 = 0,8x + 1,6
f) 8z − 6 = 11z − 7
g) −z + 4,5 = −2z + 5,1
h) 17y − 3 = 11y − 3

15 Der Faktor vor der Variablen kann auch ein Bruch sein:

Beispiel:
$$\frac{2}{3}x + 7 = 15 \quad | -7$$
$$\frac{2}{3}x = 8 \quad | \cdot \frac{3}{2}$$
$$x = 12$$

a) $\frac{1}{9}x - 1 = 2$
b) $-9 + \frac{1}{12}x = -3$
c) $\frac{2}{3}x + 9 = 21$
d) $17 + \frac{3}{5}x = 68$
e) $\frac{5}{6}x - \frac{2}{3} = \frac{8}{3}$
f) $-42 + \frac{5}{6}x = 13$
g) $\frac{3}{10} + \frac{3}{5}x = \frac{7}{10}$
h) $\frac{3}{8}x - 29 = 28$
i) $-\frac{1}{5} + \frac{1}{12}x = \frac{2}{5}$
j) $-\frac{1}{12} + \frac{3}{8}x = \frac{5}{12}$

16 Finde zur Gleichung eine Textaufgabe.

Beispiel: 8x − 3 = 13

Wenn ich vom Achtfachen einer Zahl 3 subtrahiere, erhalte ich 13.
a) 3x + 22 = 46
b) 6 + 4x = 10
c) 8x = 40 + 3x
d) 5x − 1 = 7x − 5
e) 4 + 5x = 6 + 4x
f) 16,5x : 3 = 10 + 1,5x

17 Löse die Gleichung.
a) 5,7 − 8x = 83,7 + 4x
b) 5x − 3,4 = −0,3x − 36,77
c) 6,2 − 7,6x = −0,8x − 73,8
d) $\frac{2}{5} + \frac{4}{3}x = -\frac{1}{3}x - 9\frac{3}{5}$
e) $1 - \frac{3}{2}x = \frac{3}{2}x - 17$

Nicht jede Lösung zählt!

■ Diana sagt: Multipliziere ich die Anzahl meiner 1 €-Stücke mit 8, so ist das Ergebnis um 11 größer als wenn ich die Anzahl mit 6 multipliziere.
Jana rechnet nach und sagt: Du hast wohl den Betrag in deinem Geldbeutel gemeint.

Viele Sachsituationen lassen sich durch Gleichungen lösen. Die Lösung muss aber überprüft werden, denn die Sachsituation bestimmt die so genannte **Grundmenge** der Gleichung. Ist die Grundmenge beispielsweise die Menge der natürlichen Zahlen, sind Bruchzahlen als Lösungen unbrauchbar.
Stelle Gleichungen auf und überprüfe die Lösung am Text.

■ Simon behauptet: Das 3-Fache der Anzahl der Münzen in meiner Spardose ist um 20 größer als die 5-fache Anzahl.
■ Vera merkt sich eine ungerade Zahl, multipliziert sie mit 6, subtrahiert 15 und bekommt 9.
■ Jan denkt sich eine natürliche Zahl und addiert 17. Er verdoppelt diese Summe und erhält 22.
■ Patrick behauptet: Hätte ich doppelt so viele Münzen wie jetzt in der Tasche und bekäme ich noch drei dazu, hätte ich 12 Münzen!
■ Ein Dreieck hat einen Umfang von 2,03 m. Eine Seite ist 125 cm, die andere 79 cm lang. Wie lang ist die dritte Seite?

2 Gleichungen mit Klammern

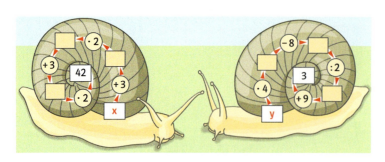

→ Welche Werte errechnest du für die Variablen x und y?
→ Beschreibe, wie du vorgegangen bist.
→ Stelle die Gleichung zur Bestimmung von x bzw. y auf.
→ Finde selbst ähnliche Beispiele und löse sie.

Kommen in einer Gleichung Terme mit Klammern vor, werden diese zuerst mithilfe von Termumformungen vereinfacht.

$$
\begin{aligned}
5(4x - 5) &= 23 - (12x - 16) &&| \text{ Klammer ausmultiplizieren} &&\text{(Termumformung)} \\
20x - 25 &= 23 - (12x - 16) &&| \text{ Minusklammer auflösen} &&\text{(Termumformung)} \\
20x - 25 &= 23 - 12x + 16 &&| \text{ Zusammenfassen} &&\text{(Termumformung)} \\
20x - 25 &= 39 - 12x &&| +12x &&\text{(Äquivalenzumformung)} \\
32x - 25 &= 39 &&| +25 &&\text{(Äquivalenzumformung)} \\
32x &= 64 &&| :32 &&\text{(Äquivalenzumformung)} \\
x &= 2
\end{aligned}
$$

! **Plusklammer auflösen:**
$+(a - b) = a - b$
Minusklammer auflösen:
$-(a - b) = -a + b$
Klammer nach dem Distributivgesetz auflösen bzw. ausmultiplizieren:
$a \cdot (b + c)$
$= a \cdot b + a \cdot c$

Eine Gleichung löst man schrittweise mithilfe von Äquivalenz- und Termumformungen:
- Klammern auflösen
- Terme auf beiden Seiten vereinfachen
- Summanden **mit Variablen** auf der einen Seite und Summanden **ohne Variablen** auf der anderen Seite ordnen und zusammenfassen
- durch den Koeffizienten der Variablen dividieren.

Beispiele

a) Addition und Subtraktion von Summen

$$
\begin{aligned}
4x - (5x - 17) &= 7 - x + (x + 6) \\
4x - 5x + 17 &= 7 - x + x + 6 \\
-x + 17 &= 13 &&| -17 \\
-x &= -4 &&| :(-1) \\
x &= 4
\end{aligned}
$$

b) Multiplikation von Summen

$$
\begin{aligned}
12(2x + 1) - 15(x + 3) &= 30 \\
24x + 12 - 15x - 45 &= 30 \\
9x - 33 &= 30 &&| +33 \\
9x &= 63 &&| :9 \\
x &= 7
\end{aligned}
$$

c) Durch Multiplikation mit einem gemeinsamen Nenner kann man Brüche beseitigen.

$$
\begin{aligned}
3 - \frac{5+x}{7} &= 1 - \frac{9-x}{14} &&| \cdot 14 \\
3 \cdot 14 - \frac{5+x}{7} \cdot 14 &= 1 \cdot 14 - \frac{9-x}{14} \cdot 14 \\
42 - (5 + x) \cdot 2 &= 14 - (9 - x) \\
42 - 10 - 2x &= 14 - 9 + x \\
32 - 2x &= 5 + x &&| -x \\
32 - 3x &= 5 &&| -32 \\
-3x &= -27 &&| :(-3) \\
x &= 9
\end{aligned}
$$

Probe:

linker Term:
$3 - \frac{5+9}{7}$
$= 3 - 2$
$= 1$

rechter Term:
$1 - \frac{9-9}{14}$
$= 1 - 0$
$= 1$

Aufgaben

1 Löse die Gleichung.
a) $(4 - 5x) + (10 + 6x) = 8$
b) $3x + 14 + (2x - 7) = 7x + (19 - 4x)$
c) $4x + (15 + 3x) + (25 + x) = 88 - 4x$
d) $12 = (25 - x) - (19 - 2x)$
e) $9x + 33 - (45 - 15x) = 15 - 3x$

2 Löse die Gleichung.
a) $6x - (8x - 10) = 87 - (21 + 10x)$
b) $7 - (10 - 8x) = 23 - (4 + 14x)$
c) $(19x - 17) - (3x - 72) = -13 + (13x + 83)$
d) $(42x + 37) - (26 - 34x) = 26x + 211$

3 Gib die Lösung an.
a) $(x + 6) \cdot 8 = 32x$
b) $3(5 + 2x) = -3$
c) $15(24 - 2x) = 15x$
d) $6(3x - 7) = 6x - 6$
e) $2(3y + 9) = 15y - 45$
f) $(3y - 5) \cdot 7 = 7 + 7y$
g) $43y + 4 = 15(5y - 4)$
h) $5y - 4(5y - 6) = 4$

4 Ordne die Lösung richtig zu.
a) $0{,}8(2u - 3) = (2u + 4) \cdot 0{,}6$ | 3
b) $0{,}3(u + 1) + 6u = 4{,}9 + 4u$ | −1
c) $0{,}5(1 - 2u) = 2{,}5 - 0{,}6u$ | 2
d) $0{,}6 - 3(0{,}5 - 0{,}5w) - w = 0{,}6$ | −5
e) $-0{,}4w - (1 + 1{,}2w) \cdot 0{,}1 = 0{,}42$ | 12

5 Löse die Gleichung.
a) $4(2x + 3) = 3(3x + 2)$
b) $(12 - 3x) \cdot 2 = 9(7x + 18)$
c) $3(9 - y) = 5(y - 9)$
d) $(2 - 3y) \cdot 5 + (8 - y) \cdot (-4) = 0$
e) $22 - 2(4 - y) = (7 - 3y) \cdot (-10)$
f) $4(x + 3) - 15 = 2(x + 7) - 15x$
g) $3(2x - 18) - 4 = 3x - 4(3x - 8)$
h) $11 - 6(6x - 1) + 3(2 + x) = 8 - 3x$
i) $7(4a - 3) - (2a + 1) \cdot 9 = 2(a - 9)$

6 Die Lösungen lauten: 27; −7; 4; 1 und −1.
a) $7m + 2(m - 12) = 2(m - 13) + 3(2m + 1)$
b) $8(m - 1) - 17(3 - m) = 4 - 12(3 - 2m)$
c) $4(m + 6) - 3(2m + 1) = 2(4m + 7) + 17$
d) $7(6n + 3) - 8(3 - 4n) = 12(2n + 3) + 161$
e) $8(2n - 3) - 5(2n + 8) = 38 - 4(1 - 5n)$

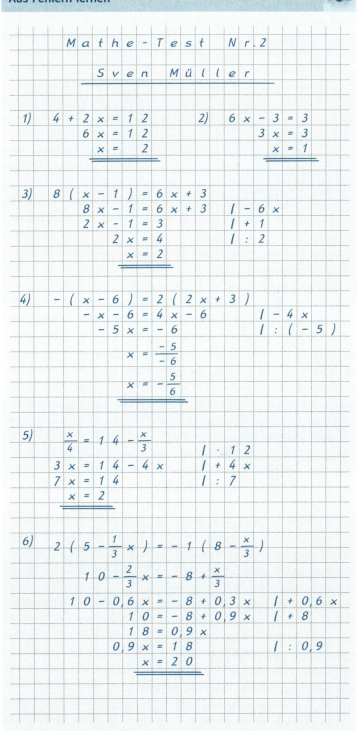

Korrigiere den Test und gib Tipps, wie Sven die Fehler in Zukunft vermeiden kann.

Gleichungen mit Klammern

Lösen von Gleichungen mit Brüchen

Lars rechnet:

$$\frac{2x}{3} + \frac{5x}{6} + \frac{1}{3} = \frac{x}{6} \quad | \text{ Nenner gleichnamig machen}$$

$$\frac{4x}{6} + \frac{5x}{6} + \frac{2}{6} = \frac{x}{6} \quad | -\frac{x}{6}$$

$$\frac{4x}{6} + \frac{5x}{6} - \frac{x}{6} + \frac{2}{6} = 0 \quad | -\frac{2}{6}$$

$$\frac{4x + 5x - x}{6} = -\frac{2}{6}$$

$$\frac{8x}{6} = -\frac{2}{6} \quad | : \frac{8}{6}$$

$$x = -\frac{2}{6} \cdot \frac{6}{8}$$

$$x = -\frac{1}{4}$$

Lea rechnet:

$$\frac{2x}{3} + \frac{5x}{6} + \frac{1}{3} = \frac{x}{6} \quad | \cdot 6 \text{ (gemeinsamer Nenner)}$$

$$\frac{2x \cdot 6}{3} + \frac{5x \cdot 6}{6} + \frac{6}{3} = \frac{x \cdot 6}{6} \quad | \text{ Kürzen}$$

$$4x + 5x + 2 = x \quad | -x$$

$$4x + 5x - x + 2 = 0 \quad | -2$$

$$8x = -2 \quad | :8$$

$$x = -\frac{2}{8}$$

$$x = -\frac{1}{4}$$

Beschreibe die beiden Lösungswege und bewerte sie.

7 Löse die Gleichung mit Brüchen.
a) $\frac{3}{4}y - \frac{4}{5} = \frac{7}{10}$ b) $\frac{2}{5}y - \frac{3}{4} = \frac{17}{20}$
c) $\frac{3}{5}y - \frac{1}{4} = \frac{7}{20}$ d) $\frac{1}{4}y + \frac{1}{6} = \frac{2}{5}$
e) $-\frac{1}{2} + \frac{1}{3}y = \frac{2}{5}$ f) $\frac{3}{8}y + \frac{2}{5} = \frac{1}{2}$
g) $\frac{7x}{4} = \frac{3x}{2} + \frac{5}{2}$ h) $\frac{5x}{4} + \frac{2}{3} - \frac{7x}{6} = \frac{4}{3}$

8 Gib die Lösung an.
a) $\frac{4}{3}x - \frac{2}{3} = 1 - \left(\frac{1}{2} - \frac{1}{8}x\right)$
b) $\frac{1}{4}x - \left(\frac{1}{2} + \frac{1}{4}x\right) = 1 - \left(\frac{1}{2}x - \frac{1}{2}\right)$
c) $\frac{1}{2} - \left(\frac{x}{3} - x\right) = \frac{5}{3} - \frac{1}{2}x$
d) $\frac{4}{5}x - \left(1 - \frac{4}{3}x\right) = \frac{4}{5} + \frac{1}{3}$

9 Löse die Gleichung.
a) $\frac{x}{7} - \frac{9x}{14} - \frac{4}{7} = -\frac{3x}{14}$
b) $\frac{3x}{4} + \frac{2x}{3} = \frac{7x}{6} + 6$
c) $4\left(\frac{1}{2}x - \frac{3}{2}\right) - \left(\frac{3}{5} - x\right) = \frac{4}{5}x$
d) $-\frac{1}{4}(12 + 8y) = \frac{1}{2}(y - 1)$
e) $\frac{3}{4}x - \frac{1}{4} = 1 - \left(\frac{1}{3} - \frac{2}{3}x\right)$
f) $\frac{1}{3}x - \left(\frac{1}{6} + \frac{1}{3}x\right) = 1 - \left(\frac{1}{6}x - \frac{1}{6}\right)$

10 Löse die Gleichung.
a) $(4x - 7) \cdot 5 = (12x - 1) \cdot 3$
b) $2(49 + 7x) = (19 - 9x) \cdot 3$
c) $7(8x + 3) - 8(7x - 3) = 0$
d) $\frac{1}{4}(12x + 1) + \frac{1}{3}\left(9x - \frac{1}{4}\right) = \frac{1}{2}\left(4x + \frac{1}{3}\right)$
e) $3(x - 5) = \frac{7}{2} + 2x$

11 Bestimme die Lösung.
a) $2(4x + 3) = 4(1 - 2x)$
b) $0{,}5(2x + 7) = -(x - 1{,}5) + 2(x + 1)$
c) $1{,}5x - (12 - x) = -3(3 - x)$
d) $(4x + 1) \cdot 4 - 6(2x + 1) = -4(x - 1)$
e) $14 - (3 + 2x) + 7x = 7(x + 2) - (1 + x) \cdot 3$

12 Gib die Lösung an. Du brauchst die Gleichung nicht umzuformen.
a) $x + x = 2x$
b) $x \cdot x = 2x$
c) $x \cdot 0 = x$
d) $x \cdot 0 = 0$
e) $x + 3 = 3(x + 1) - 2x$
f) $2x - 2(x + 3) = -6$
g) $15x = 7x - (11 - 4x)$

13 Löse die Gleichung. Kommentiere dein Ergebnis.
a) $7x - 2 = 4x + 3x$
b) $6x - 7 = 5x - 7$
c) $x - \frac{1}{2}x = \frac{1}{2}x$
d) $3(x + 1) = 3x + 3$
e) $2(x + 2) = 2x + 2$
f) $2x - x + 3x = 0$

14 Hat die Gleichung in der Menge der rationalen Zahlen eine, keine oder unendlich viele Lösungen?
a) $2x - 1 + 6(2x + 1) = 16x - (2x - 7)$
b) $3(x - 1) = 9x - 3(2x + 1)$
c) $x - 35 = 7(2x - 5) - 13x$
d) $16x - (4x + 9) = 6(2x + 5)$
e) $45x + 7(12 - 8x) = 11x + 84$

15 Ersetze das Kästchen in der Gleichung $2x + \square = 5$
so, dass sie
a) die Lösung $x = 2$; $x = 1$; $x = \frac{1}{2}$; $x = 0{,}8$ hat.
b) als Lösung eine negative Zahl hat.
c) keine Lösung hat.

3 Lesen und Lösen

Heute ist Anna 4-mal so alt wie sie vor 15 Jahren war. Wie alt ist sie heute?

→ Tina zeichnet eine Zeitleiste und liest ab: Wenn Anna heute x Jahre alt ist, war sie vor 15 Jahren (x − 15) Jahre alt. Dieses Alter, mit 4 multipliziert, ist das heutige Alter. Also 4 · (x − 15) = x.

→ Auch Thea überlegt an einer Zeitleiste: Vom Alter y kommt man zu 4y durch Addition von 3y.
Jetzt kann sie eine Gleichung hinschreiben.

→ Torsten probiert Zahl für Zahl in einer Tabelle aus. Er hat Glück und findet schnell die Lösung.

→ Tobias schaut sich Torstens Tabelle an und sagt: „Das geht schneller. Anna muss heute doch 16; 20; 24; … Jahre alt sein."

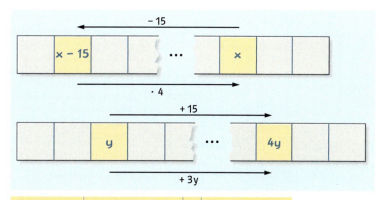

früheres Alter	früheres Alter + 15		4 · früheres Alter
0	15	≠	0
1	16	≠	4
2	17	≠	?
3	?	≠	?
…	…	…	…

Wer Textaufgaben sicher lösen will, muss einige Verfahrensregeln beachten.

> Lies die Aufgabe sorgfältig von Anfang bis Ende und gib sie in eigenen Worten wieder. Zur Lösung kommst du in folgenden Schritten:
> 1. Was ist gesucht?   Benenne die gesuchten Größen.
> 2. Wie helfe ich mir?   Lege möglichst eine Skizze an.
> 3. Wie gehe ich vor?   Wähle ein Lösungsverfahren, z. B. Tabelle oder Gleichung.
> 4. Wie rechne ich?   Stelle Rechenausdrücke oder Gleichungen auf.
> 5. Was kommt heraus?   Führe die Rechnungen aus.
> 6. Wie gut habe ich gerechnet?   Prüfe das Ergebnis am Text nach.
> 7. Was antworte ich?   Schreibe einen Antwortsatz.

Beispiel

Die Seite a eines Dreiecks ist 22 cm kürzer als der Umfang, die Seite b ist dreimal so lang wie a, und c ist 10 cm lang. Wie groß ist der Umfang?

1. Der Umfang wird mit u bezeichnet.
2. Der Umfang wird als Strecke mit Unterteilungen skizziert. Auf die wahre Größe kommt es dabei nicht an.
3. Für u wird eine Gleichung aufgestellt.
4. Der Umfang setzt sich aus drei Teilen zusammen:
   (u − 22 cm) + 3(u − 22 cm) + 10 cm = u.

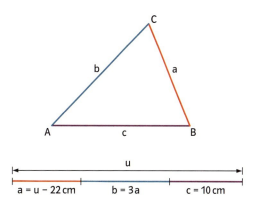

5. $(u - 22\,\text{cm}) + 3(u - 22\,\text{cm}) + 10\,\text{cm} = u$
$u - 22\,\text{cm} + 3u - 66\,\text{cm} + 10\,\text{cm} = u$
$4u - 78\,\text{cm} = u \quad | -u$
$3u - 78\,\text{cm} = 0 \quad | +78\,\text{cm}$
$3u = 78\,\text{cm} \quad | :3$
$u = 26\,\text{cm}$

6. Probe: $a = 4\,\text{cm}$; $b = 12\,\text{cm}$; $a + b + c = 4\,\text{cm} + 12\,\text{cm} + 10\,\text{cm} = 26\,\text{cm} = u$

7. Das Dreieck hat einen Umfang von 26 cm.

Aufgaben

1 a) Heute ist Claudia 3-mal so alt wie sie vor 14 Jahren war.
b) Frau Clausen ist heute 8-mal so alt wie sie vor 35 Jahren war.
c) Herr Clausen ist heute 9-mal so alt wie er vor 40 Jahren war.

2 Marc und seine Mutter sind heute zusammen 65 Jahre alt. Vor 10 Jahren war die Mutter 4-mal so alt wie Marc.
Wie alt ist Marc heute?
Wie alt ist seine Mutter heute?

! *Bei 2-Personen-Aufgaben hilft die 4-Felder-Tabelle.*

	Alter heute	Alter vor 10 Jahren
Mutter	x	x − 10
Marc	65 − x	(65 − x) − 10

· 4

Gleichung: $x - 10 = 4 \cdot ((65 - x) - 10)$

3 Vickys Vater ist heute 3-mal so alt wie seine Tochter. In 4 Jahren wird er 8-mal so alt sein wie Vicky vor 7 Jahren war. Wie alt ist Vicky heute?

4 Iras Tante ist heute 3-mal so alt wie Ira und 4-mal so alt wie Ira vor 5 Jahren war.

5 a) In 5 Jahren wird Benno 4-mal so alt sein wie er vor 7 Jahren war.
b) In 3 Jahren wird Alice 3-mal so alt sein wie sie vor 3 Jahren war.
c) In 3 Jahren wird Chris die Hälfte des Alters haben, das er in 20 Jahren haben wird.
d) In 32 Jahren wird Sonja 6-mal so alt sein wie sie in 4 Jahren sein wird.

6 Alf ist 26 Jahre jünger als seine Mutter, Bernd hat $\frac{1}{3}$ ihres Alters, Claus ist 13 Jahre alt. Die Mutter ist so alt wie ihre drei Söhne zusammen.

7 Ann is 24 and two times as old as Mary was, when Ann was as old as Mary is now.
Diese Aufgabe beschäftigte vor vielen Jahren halb New York. Kannst du sie wenigstens übersetzen?

So erfinde ich eine Altersaufgabe

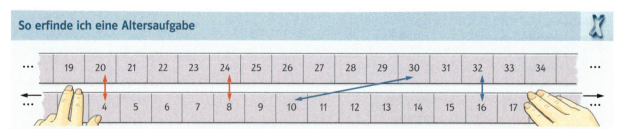

Anna ist heute 3-mal so alt wie Maria. Vor 4 Jahren war sie 5-mal so alt wie Maria damals war. (●)
Anna ist heute doppelt so alt wie Maria. Vor 2 Jahren war sie 3-mal so alt wie Maria vor 6 Jahren war. (●)

- Stellt euch gegenseitig solche Aufgaben. Zieht einfach die untere Zeitleiste nach links oder rechts.
- Wer Aufgaben stellt, muss sie auch lösen können. Eine Tabelle wie in Aufgabe 2 hilft.

Wie groß sind die Strecken und Winkel?

8 Die Seite a eines Dreiecks ist 23 cm kürzer als der Umfang, die Seite b ist 4-mal so lang wie a, und c ist 11 cm lang.
Wie groß ist der Umfang?
Wie lang sind die Seiten?

9 Wie groß sind die Winkel?

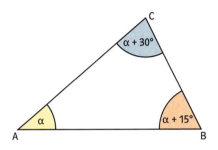

10 a) Die erste Seite eines Dreiecks nimmt $\frac{1}{3}$ des Umfangs ein, die zweite Seite $\frac{5}{12}$, die dritte ist 6 cm lang.
b) Zwei Seiten eines Dreiecks nehmen $\frac{1}{3}$ und $\frac{1}{5}$ des Umfangs ein, die dritte Seite ist 9 cm lang.
c) Die längste Seite eines Dreiecks ist doppelt so lang wie die kürzeste und $1\frac{1}{2}$-mal so lang wie die mittlere.
Der Umfang beträgt 13 cm.

11 a) In einem Dreieck ist Winkel β um 35° größer als α, beide zusammen dagegen 35° kleiner als Winkel γ.
b) In einem gleichschenkligen Dreieck ist das Doppelte des Winkels an der Spitze um 4° kleiner als $\frac{2}{3}$ eines Basiswinkels.

12 Berechne Seiten und Umfang.

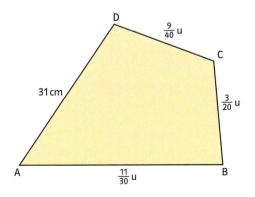

Wie heißt die Zahl?

13 Welche Aufgabe ist am Zahlenband eingetragen? Wie heißt die Zahl x?

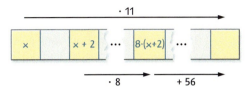

14 a) Das 5-Fache einer um 16 vermehrten Zahl ist das 7-Fache der um 10 vermehrten Zahl.
b) Das 7-Fache einer um 9 vermehrten Zahl ist das 9-Fache der um 7 verminderten Zahl.

15 a) Das Doppelte einer Zahl ist ebenso groß wie die um 2 vermehrte Zahl.
b) Das 3-Fache einer Zahl ist ebenso groß wie die um 3 vermehrte Zahl.
c) Setze die in a) und b) begonnene Aufgabenreihe fort. Erkennst du eine Regel für die Lösung?

16 Addiert man zum 3-Fachen einer Zahl das Doppelte der um 2 vergrößerten Zahl, so erhält man das 4-Fache der um 3 vergrößerten Zahl.

17 Welche Aufgaben sind hier am Zahlenstrahl gestellt?
Trage die gelöste Aufgabe in einen richtig unterteilten Zahlenstrahl ein.

a)
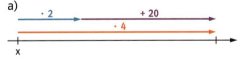

b)
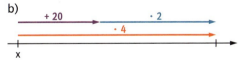

c)

Stelle selber Aufgaben am Zahlenstrahl.

Schlaue Skizzen, trickreiche Tabellen

Solche Aufgaben stellte Leonardo di Pisa, Kaufmann und Mathematiker (etwa 1170–1250).

Ein Kaufmann reist von Pisa nach Lucca. Dort verdoppelt er durch gute Geschäfte sein Kapital, muss aber 16 Denare ausgeben.
Er reist nach Florenz weiter. Dort verdoppelt er sein neues Kapital wieder und hat wieder Kosten von 16 Denaren.
Nach Pisa zurückgekehrt erlebt er wieder dasselbe.
Er schaut jetzt in seine Geldkatze und findet darin – nichts.

Skizze

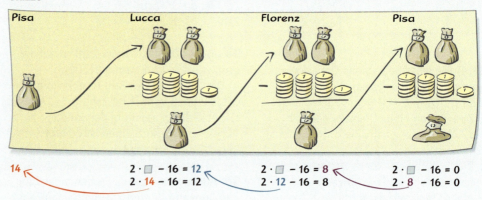

14 ← $2 \cdot \square - 16 = 12$ $2 \cdot \square - 16 = 8$ ← $2 \cdot \square - 16 = 0$
           $2 \cdot 14 - 16 = 12$ $2 \cdot 12 - 16 = 8$ $2 \cdot 8 - 16 = 0$

Einfach rückwärts rechnen! Der Kaufmann ist mit 14 Denaren aus Pisa abgereist.

Probieren mit System

Pi	Lu	Fl	Pi	???
10	4	–8	–32	zu wenig
20	24	32	48	zu viel
15	14	12	8	zu viel
14	12	8	0	aha!

Von der Tabelle zur Gleichung

	Kapital bei Ankunft	Einnahme	Ausgabe	Kapital bei Abreise
Pi	–	–	–	x
Lu	x	x	16	2x – 16
Fl	2x – 16	2x – 16	16	4x – 48
Pi	4x – 48	4x – 48	16	8x – 112

Gleichung: $8x - 112 = 0$

■ Könnte der Kaufmann auch mit 16 Denaren nach Pisa zurückgekehrt sein?

■ Wie viel Geld hatte er bei der Abreise, wenn seine Geldkatze erst nach zwei oder sogar drei Rundreisen leer ist?

■ Löse einige der Aufgaben der letzten Seiten mit einer Skizze oder einer Tabelle.

■ Erfindet selbst Aufgaben. Die verschiedenen Lösungswege könnt ihr in einem gemeinsamen Poster vorführen.

Zusammenfassung

Lösen von Gleichungen

Um eine Gleichung zu lösen, formt man sie in einfachere Gleichungen um, ohne dass sich dabei die Lösung verändert.

$$\begin{aligned}
-9x + 38 &= 15x - 58 &&| -15x \\
-24x + 38 &= -58 &&| -38 \\
-24x &= -96 &&| \cdot (-1) \\
24x &= 96 &&| :24 \\
x &= 4
\end{aligned}$$

Äquivalenzumformungen

Die Umformungsschritte zur Lösung einer Gleichung nennt man **Äquivalenzumformungen**.
- Man darf auf beiden Seiten der Gleichung denselben Term addieren oder subtrahieren.
- Man darf beide Seiten der Gleichung mit derselben Zahl (außer Null) multiplizieren oder dividieren.

Probe:

linker Term	rechter Term
$-9 \cdot 4 + 38$	$15 \cdot 4 - 58$
$= -36 + 38$	$= 60 - 58$
$= 2$	$= 2$

Gleichungen mit Klammern

Kommen in einer Gleichung Klammern vor, werden diese zuerst aufgelöst.

$$\begin{aligned}
3(2x - 18) - 4 &= 3x - (12x - 32) \\
6x - 54 - 4 &= 3x - (12x - 32) \\
6x - 54 - 4 &= 3x - 12x + 32 \\
6x - 58 &= -9x + 32 &&| +9x \\
15x - 58 &= +32 &&| +58 \\
15x &= 90 &&| :15 \\
x &= 6
\end{aligned}$$

Textaufgaben lesen und lösen

Lies die Aufgabe sorgfältig von Anfang bis Ende und gib sie in eigenen Worten wieder. Zur Lösung kommst du in folgenden Schritten:
1. Was ist gesucht?   Benenne die gesuchte Größe.
2. Wie helfe ich mir?   Lege möglichst eine Skizze an.
3. Wie gehe ich vor?   Wähle ein Lösungsverfahren, z. B. Tabelle, Gleichung.
4. Wie rechne ich?   Stelle Rechenausdrücke oder Gleichungen auf. Führe die Rechnungen aus.
5. Was kommt heraus?
6. Wie gut habe ich gerechnet?   Prüfe das Ergebnis am Text nach.
7. Was antworte ich?   Schreibe einen Antwortsatz.

Üben • Anwenden • Nachdenken

1 Löse die Gleichung.
a) $9x + 1 = 10$
b) $9x + 100 = 1000$
c) $5x - 10 = 490$
d) $5x - 1 = 49$
e) $x : 3 = 100$
f) $x \cdot 3 = 111$

2 Sind die Gleichungen äquivalent?
a) $6x + 15 = 33$ und $6x - 6 = 12$
b) $5x = 20$ und $2x + 12 = 20$
c) $y - 13 = 12$ und $2y = 48$
d) $41 - 9y = -31$ und $-5 - 7x = -61$

3 Gib die Lösung an.
a) $\frac{1}{2}x + 4 = 13$
b) $\frac{1}{3}x + 7 = 11$
c) $\frac{3}{5}x + 4 = 25$
d) $\frac{1}{2}x - 3 = -5\frac{1}{2}$
e) $\frac{3}{4}x + 9 = 10\frac{1}{2}$
f) $7 + \frac{5}{4}x = 12$
g) $-9 + \frac{1}{12}x = -3$
h) $\frac{1}{24}x - 25 = -22$
i) $-\frac{1}{12} + \frac{3}{8}x = \frac{5}{12}$
j) $\frac{3}{10} + \frac{3}{5}x = \frac{7}{10}$

4 Fülle die Lücken so aus, dass äquivalente Gleichungen entstehen.
a) $4x = \square$
   $x = 2$
   $x + 3 = \square$
b) $2x = \square$
   $x = 15$
   $x - 8 = \square$
c) $7x = \square$
   $x = -4$
   $x + 5 = \square$
d) $x + 3 = \square$
   $x = 9$
   $2x + 3 = \square$
e) $x - 8 = \square$
   $x = 5$
   $3x + 1 = \square$
f) $x \square = 12$
   $x = -7$
   $3x \square = -30$

5 Erfinde interessante Gleichungen.
Beispiel:
$$x = 2 \xrightarrow{\cdot 2} 2x = 4 \xrightarrow{+1} 2x + 1 = 5$$
a) $x = 3$
b) $x = 1$
c) $x = -4$
d) $x = -10$
e) $x = 2{,}5$
f) $x = \frac{3}{4}$

6 Verpacke die Zahl in einer Gleichung. Verpacke mindestens dreimal.
a) 3
b) 1
c) −2
d) −22
e) 0
f) 2,5
g) $\frac{1}{2}$
h) $-\frac{1}{3}$

7 Stelle zu jedem Stab auf dem Rand eine Gleichung auf und bestimme die Länge x.

8 Bestimme die Lösung, ohne umzuformen.
a) $1 \cdot x = 1$
b) $1 \cdot x = 0$
c) $0 \cdot x = 1$
d) $0 \cdot x = 0$
e) $2 \cdot x = 0$
f) $2 \cdot x = 2$

9 Löse die Gleichung.
a) $\frac{3}{5} + \frac{1}{2}y = \frac{9}{10}$
b) $\frac{5}{6} - \frac{4}{3}y = \frac{2}{3}$
c) $\frac{3}{4} = \frac{3}{2} - \frac{3}{8}y$
d) $\frac{4}{5} - \frac{3}{20}y = \frac{3}{4}$
e) $-\frac{2}{15}y + \frac{4}{9} = 1\frac{1}{3}$
f) $-1\frac{1}{6} = -\frac{9}{10} - \frac{1}{15}y$

10 Wie heißt die Lösung?
a) $12y = 4y + 4$
b) $10y - 31 = 9y$
c) $13y - 80 = -7y$
d) $6y + 45 = -3y$
e) $4x + 1 = 2x + 17$
f) $15x + 4 = 5x - 66$
g) $4{,}7x - 3{,}2 = 1{,}1x + 7{,}6$
h) $5{,}5x - 9x + 9 = 13{,}5 - 1{,}5x + 23{,}5$
i) $28{,}8x - 16 - 21{,}42 = 21{,}7x - 16{,}12$

11 Ergänze so, dass die Gleichung die angegebene Lösung hat.
a) $4x + \square = x + 10$ \quad $x = 3$
b) $3x + \square = 7 + x$ \quad $x = 2$
c) $2x + 9 = \square + 4x$ \quad $x = 6$
d) $4x + 7 = 2x - \square$ \quad $x = -5$
e) $5 - x = 3x - \square$ \quad $x = 2$
f) $\square - 2x = 3x - 9$ \quad $x = 3$
g) $\square + 8x = 6x - 9$ \quad $x = -3$
h) $-2x - 7 = \square - 5x$ \quad $x = -2$

12 Findest du Zahlen, die die Gleichung erfüllen?
a) $3x + 1 = 4x + 2 - x$
b) $8x = 3x + 5x$
c) $9x - 6 = 12x - 3x$
d) $7x - 2 = 5x - 3 + 2x + 1$

13 Was muss in die Gleichung
$$\square \cdot x + 5 = 2x + 11$$
für $\square$ eingesetzt werden, damit die Lösung die folgende Zahl ist?
a) 6
b) 3
c) −2
d) $\frac{1}{2}$
e) −1,5
f) −0,5

14 Die Lösungen ergeben ein Lösungwort. Dazu musst du die Zahlen auf das Alphabet übertragen und neu sortieren.
1 bedeutet A, 2 bedeutet B usw.
a) $2x - 7x + 9x = 21 - 8 + 19$
b) $4y - 6y - y = 2 - 19 - 4$
c) $3y - y - 5y = -6 + 8 - 38$
d) $6x + 7 - x = 11 - x + 26$
e) $8z + 21 + 2z = 10z - 15 + 2z$
f) $5,7 - 2x - 43,1 = 2,1 - 5x + 5,5$
g) $7y + 15 - 6y + 3 = 5y - 4 - 2y - 6$
h) $3z - 9 + 19z + 5 = 24 + 21z - 7$

15 Beim Umformen sind Fehler passiert.
a) $3x = 24$; $x = 21$
b) $\frac{x}{2} = 8$; $x = 4$
c) $x : 9 = 9$; $x = 1$
d) $11 = -x$; $x - 11 = 0$
e) $-y - 4 = 2y + 4$; $-y = 2y - 4$
f) $\frac{x}{2} - \frac{x}{5} = 3$; $5x - 2x = 13$
g) $10x + 11 = 7x + 22$; $10x = 7x + 33$
h) $\frac{x}{2} = x + 3$; $x = 2x + 3$

16 Die Lösungen stehen auf den Kärtchen.
a) $2(3x - 4) = 5x$
b) $-3(x - 5) = 15$
c) $6x = (5 - 2x) \cdot (-4)$
d) $6(4 - a) + 3a = 4a - 4$
e) $12(a - 1) = 52 - 14(a - 1)$
f) $6(4 + a) + 4(a - 18) = 12(2a + 3)$
g) $z - 2(z + 1) = 3z - (20 - 5z)$
h) $8(z + 3) + 7(z + 2) = 5z + 6(z + 1)$
i) $7z + 2(z - 12) = 2(z - 13) + 3(2z + 1)$
j) $7(4z - 11) - 5(1 + 2z) = 41 + 3(2z + 7)$

17 Welche Lösung gehört zu welcher Gleichung?
a) $\frac{2}{3} - \left(9x - \frac{1}{3}\right) = \frac{5}{3} - 11x$ $\frac{5}{12}$
b) $1 - \left(3x + \frac{2}{5}\right) = x - \left(\frac{9}{10} + 3x\right)$ $\frac{1}{3}$
c) $\frac{1}{8} - \left(4x - \frac{1}{8}\right) = \frac{1}{2} - \left(x + \frac{3}{2}\right)$ $\frac{3}{2}$

18 Stelle die Gleichung auf und löse sie.

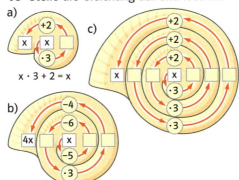

$x \cdot 3 + 2 = x$

19 Löse die Gleichung.
a) $4(x - 1) = 16$
b) $7(x - 1) = 14$
c) $4(x + 1) = 20$
d) $3(5x - 10) = 0$
e) $5(4x - 15) = 25$
f) $4(7x - 10) = -40$
g) $4(3 - 2x) = -5x$
h) $5(8x - 12) = 25x$

20 Wie heißt die Lösung?
a) $2x - 1 + 6(2x + 1) = 16x - (2x - 7)$
b) $3(x - 1) = 9x - 3(2x + 1)$
c) $10x - \left(\frac{1}{2} + 3x\right) = 2\left(\frac{7}{2}x - \frac{3}{4}\right)$
d) $x + \frac{1}{3} - \frac{3x + 2}{15} = 1$
e) $-\frac{1}{2}(x + 5) + \frac{7x + 35}{14} = 0$
f) $\frac{-2x - 3}{22} - \frac{1}{11} = -\left(\frac{3}{2}x - \frac{31x - 5}{22}\right)$

21 Löse die Gleichung.
a) $-\frac{1}{4}(12 + 8y) = \frac{1}{2}(y - 1)$
b) $3 + \frac{1}{2}(2 + 3y) = -2(-y)$
c) $3\left(\frac{1}{2}y - 1\right) - 2\left(6 - \frac{3}{2}y\right) = 0$
d) $4\left(\frac{1}{2}y - \frac{3}{2}\right) - \left(\frac{3}{5} - y\right) = \frac{4}{5}y$

22 Multipliziere mit einem gemeinsamen Nenner.
a) $\frac{x - 4}{2} = \frac{x - 1}{3}$
b) $\frac{x - 5}{2} = \frac{x + 5}{3}$
c) $\frac{x + 3}{10} = \frac{x - 6}{7}$
d) $\frac{x - 4}{2} = \frac{4 - x}{3}$
e) $\frac{2x - 1}{3} = \frac{6 - 2x}{2}$
f) $\frac{x - 5}{4} = 2 \cdot \frac{5 - x}{3}$

23 Löse die Gleichung. Kommentiere deine Lösung.
a) $2x - 1 + 6(2x + 1) = 16x - (2x - 7)$
b) $3(x - 1) = 9x - 3(2x + 1)$
c) $10x - \left(\frac{1}{2} + 3x\right) = 2\left(\frac{7}{2}x - \frac{3}{4}\right)$
d) $x + \frac{1}{3} - \frac{3x + 2}{15} = 1$

24 a) In der Klasse 7a wurde Chris mit 14 Stimmen zur Klassensprecherin gewählt. Die Gegenkandidatin Nina bekam die 11 restlichen Stimmen. Gib Stimmenanteile und ihre Differenz in Prozent an.
b) In Klasse 7b hat Caro 34 % der Stimmen bekommen. Doreen bekam 8 Stimmen mehr als Caro. Wie viele Schülerinnen und Schüler hat die Klasse?

25 In der Klasse 7c gibt Sandra das Ergebnis der Klassensprecherwahl als Rätsel bekannt:
Zwetka bekam $\frac{2}{5}$ der Stimmen, Claudio halb so viele wie Zwetka und Mona 6 Stimmen mehr als Claudio.
Auf einem Stimmzettel stand „Pumuckl". Christian hat trotzdem schnell herausgefunden, wer gewählt wurde.

26 a) Aus einer solchen Zeitungsmeldung kannst du die Anzahl der abgegebenen Stimmen ermitteln.

Mona Mayer wurde mit 52,7 % der gültigen Stimmen zur Bürgermeisterin gewählt. Der Ausgang war ziemlich knapp, denn sie bekam nur 81 Stimmen mehr als ihr Gegenkandidat Max Müller.

b) In der Praxis müssen Prozentzahlen oft gerundet werden. Die Prozentzahl 52,7 % wird auch gemeldet, wenn es 52,74 % oder 52,65 % waren. Innerhalb welcher Grenzen liegt die Anzahl der abgegebenen Stimmen?
Es gibt mehr als einen Lösungsweg.
Gib dich nicht mit einem zufrieden.

„Nach Adam Riese ... "

... sagt man, wenn man von einem Rechenergebnis felsenfest überzeugt ist. Der berühmte Rechenmeister Adam Ries (so hieß er in Wirklichkeit) schrieb das erste deutsche Rechenbuch im Zehnersystem statt mit den unhandlichen römischen Ziffern.
Es wurde mehr als hundertmal aufgelegt.
Als „Churfürstlich sächsischer Hofarithmeticus" in Annaberg (Erzgebirge) verfasste er eine „Brotordnung" über reelle Preise und Gewichte von Brot.
In seinem Buch Coß lehrte Ries das Lösen von Gleichungen. Das Wort „Coß" kommt vom lateinischen „cosa" und bedeutet Ding oder Sache. Wir sagen heute Variable und schreiben dafür Buchstaben wie x, y, a, b.

Adam Ries (1492–1559)

Hier zwei Aufgaben aus einem Rechenbuch von Adam Ries:

- Einer hat Äpfel gekauft. Er begegnet drei Mädchen. Dem ersten gibt er die Hälfte und zwei Äpfel dazu. Bleiben ihm noch einige. Von denen gibt er dem zweiten Mädchen die Hälfte und noch zwei dazu. Er hat immer noch Äpfel. Von diesen gibt er dem dritten Mädchen wieder die Hälfte und zwei dazu.
Bleibt ihm einer, den isst er. Wie viele Äpfel hat er gekauft?
- Einer ist zu Geld gekommen. Ein Drittel davon verspielt er. Für vier Gulden kauft er sich Schuhe. Vom Rest kauft er Waren und verkauft sie wieder. Dabei verliert er ein Viertel. Am Ende bleiben ihm 20 Gulden.

Rückspiegel

1 Löse die Gleichung.
a) $4x + 5 = 21$ b) $6x + 7 = 43$
c) $3x - 12 = 15$ d) $9x - 41 = -5$
e) $-23 + 4x = 7$ f) $-1 = -19 - 6x$

2 Löse.
a) $\frac{2}{5}x - \frac{1}{10} = \frac{7}{10}$ b) $\frac{2}{3}x + \frac{4}{9} = \frac{7}{9}$
c) $-\frac{1}{5} + \frac{1}{10}x = \frac{2}{5}$ d) $\frac{3}{8}x - \frac{1}{4} = \frac{1}{2}$
e) $\frac{3}{4}y - \frac{4}{5} = \frac{7}{10}$ f) $\frac{2}{5}y - \frac{3}{4} = \frac{17}{20}$

3 Wo steckt der Fehler? Erkläre.
a) $x + 28 = 4$ b) $x + 5 = 20$
   $x = 24$ $x = 25$
c) $3x = 18$ d) $22x = 22$
   $x = 54$ $x = 0$

4 Wie heißt die Lösung?
a) $(4 - 5x) + (10 + 6x) = 8$
b) $12 = (25 - x) - (19 - 2x)$
c) $3x - (19 - 4x) + 14 = 7x - (2x - 7)$
d) $15(24 - 2u) = 15u$
e) $(3u - 5)7 = 7 + 7u$
f) $3(2u - 18) - 4 = 3u - 4(3u - 8)$

5 Die Summe aus einer Zahl und dem um 4 vermehrten Doppelten der Zahl ist ebenso groß wie die um 50 vermehrte Zahl. Wie heißt die Zahl?

6 Heute ist Karen 6-mal so alt wie sie vor 10 Jahren war.

7 Sonja und ihr Vater sind heute zusammen 56 Jahre alt. Vor 8 Jahren war der Vater 3-mal so alt wie Sonja.

8 Berechne den Umfang und die nicht angegebenen Seiten des Dreiecks.

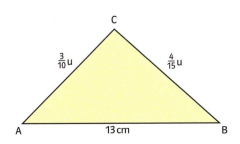

---

1 Löse die Gleichung.
a) $12x - 49 = -1$ b) $55 - 5x = 40$
c) $81 - 3x = -57$ d) $-83 = -12y - 35$
e) $61 = -26y + 22$ f) $2{,}5 + 14y = -3{,}1$

2 Löse.
a) $\frac{3}{5}x - \frac{1}{4} = \frac{7}{20}$ b) $\frac{1}{4}x + \frac{1}{6} = \frac{2}{5}$
c) $\frac{1}{3}x - \frac{2}{3} = \frac{1}{2} + \frac{1}{8}x$ d) $1\frac{1}{2} - \frac{1}{2}x = \frac{3}{4}x - 1$
e) $\frac{1}{2} + \frac{2}{3}x = \frac{5}{3} - \frac{1}{2}x$ f) $\frac{4}{5}x - 1 = -\frac{4}{3}x + \frac{17}{15}$

3 Wo steckt der Fehler? Erkläre.
a) $10x = 20$ b) $14x = 7$
   $x = 10$ $x = 2$
c) $5 + 4x = 27$ d) $1\frac{1}{2}x - x = x + 2$
   $9x = 27$ $1\frac{1}{2} = x + 2$

4 Wie heißt die Lösung?
a) $6x - (8x - 10) = 87 - (21 + 10x)$
b) $7 - (10 - 8x) = 23 - (4 + 14x)$
c) $(19x - 17) - (3x - 72) = -13 + (13x + 83)$
d) $3(y + 1) + 60y = 49 + 40y$
e) $11 - 6(6y - 1) + 3(2 + y) = 8 - 3y$
f) $8(2y - 1) - 17(3 - y) = 16(-3y - 2)$

5 Dividiert man eine Zahl durch 6, addiert zum Ergebnis 5 und multipliziert das neue Ergebnis mit 3, so erhält man wieder die ursprüngliche Zahl. Wie heißt die Zahl?

6 In 20 Jahren wird Karen 9-mal so alt sein, wie sie vor 4 Jahren war.

7 Anna ist 3-mal so alt wie Maria. In 10 Jahren wird sie doppelt so alt sein, wie Maria in 8 Jahren sein wird.

8 Berechne die Winkel des Dreiecks.

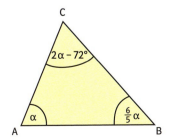

6 Vierecke • Vielecke

Vierecke legen und bewegen

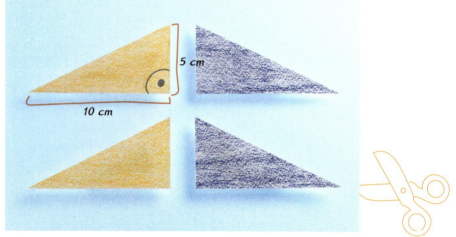

Schneide aus Karton vier gleiche Dreiecke aus. Färbe Vorder- und Rückseite unterschiedlich.

- Aus diesen Dreiecken kannst du verschiedene Arten von Vierecken legen. Du darfst auch Dreiecke wenden.
- Quadrat und Rechteck findest du sicher schnell.

- Um andere Vierecke zu finden, musst du vielleicht länger probieren.
- Am schwierigsten ist ein Viereck zu finden, das nicht achsensymmetrisch ist und auch keine parallelen Seiten hat.
- Wer nicht ausschneiden möchte, kann mit einem Geometrie-System am PC arbeiten.

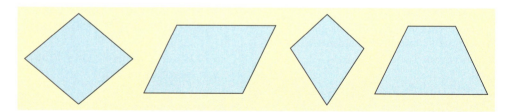

Vierecksart	Anzahl der verschiedenen Formen
Quadrat	
Rechteck	
Raute	1
Parallelogramm	2, 3 oder sogar 4?
Drachen	
symmetrisches Trapez	2
allgemeines Viereck	1, oder findest du mehr?

Aus Kartonstreifen kannst du bewegliche Vierecke bauen. Untersuche, wie sich die Form der Vierecke durch Bewegungen ändert.
Metallbänder, wie du sie im Technik-Baukasten finden kannst, geben stabilere Gelenkvierecke.

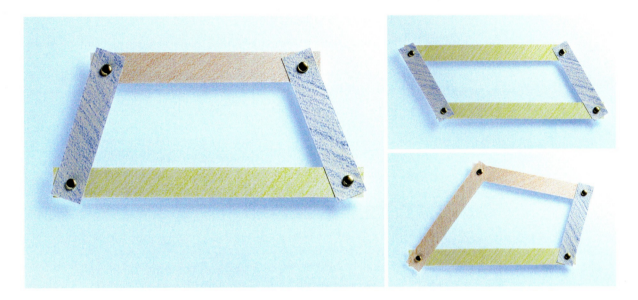

In vielen technischen Gegenständen findest du Gelenkvierecke. Beschreibe sie und versuche zu erklären, warum sie eingebaut sind. Findest du noch mehr Gelenkvierecke?

In diesem Kapitel lernst du,

- wie die besonderen Vierecke verwandt sind,
- dass die Winkelsumme in allen Vierecken dieselbe ist,
- wie man Vierecke nach Vorgabe zeichnet,
- wie man regelmäßige Vielecke zeichnet.

Vierecke legen und bewegen

1 Haus der Vierecke

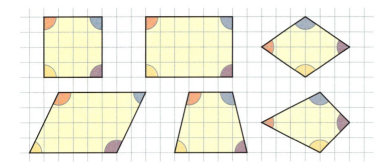

→ Schneide von jedem Viereck genau zwei Stück aus. Färbe die Ecken.
→ Wie viele Möglichkeiten gibt es jeweils, das zweite Viereck genau auf das erste zu legen?
Du darfst das zweite Viereck auch wenden.

Wenn man ein achsensymmetrisches Viereck an einer **Symmetrieachse** spiegelt, deckt das Spiegelbild das ursprüngliche Viereck genau zu.
Manche Vierecke haben auch **Drehpunkte** mit **Symmetriewinkeln**. Dreht man das Viereck um einen Symmetriewinkel, deckt das gedrehte Viereck das ursprüngliche Viereck genau zu.

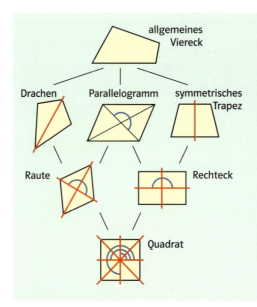

Vierecke mit Symmetrie heißen **besondere Vierecke**. Sie werden in das **Haus der Vierecke** einsortiert. Längs der Striche kommen von oben nach unten immer mehr Symmetrien dazu.

Ganz oben steht das **allgemeine Viereck**. Es hat keine Symmetrie. Ganz unten steht das Quadrat. Es hat die meisten Symmetrien.

Beispiele
a) Der Eckpunkt A und der Mittelpunkt M eines Quadrats sind gegeben. Die Bilderfolge zeigt, wie man daraus das Quadrat konstruieren kann.

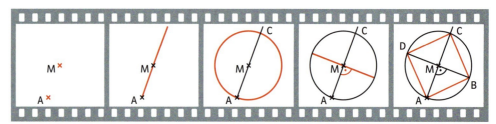

b) Die Diagonalen einer Raute sind 8 cm und 6 cm lang. Da sie aufeinander senkrecht stehen und sich gegenseitig halbieren, lässt sich aus diesen Angaben die Raute konstruieren.

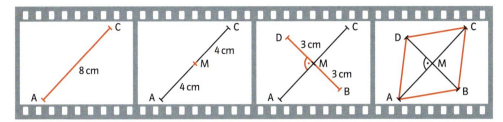

Aufgaben

1 In der Figur ist das Rechteck KMOJ versteckt.
Du musst schon genauer hinsehen, um den Drachen EFND zu entdecken.
Suche möglichst viele besondere Vierecke.

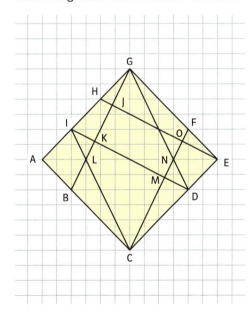

2 Konstruiere das Quadrat ABCD
a) mit dem Eckpunkt A(3|2) und dem Mittelpunkt M(6|5).
b) mit dem Eckpunkt A(4|1) und dem Mittelpunkt M(6|5).
c) mit den Eckpunkten B(8|2) und D(2|6).

3 Zeichne das Parallelogramm ABCD mit den Eckpunkten
a) A(2|4); B(7|1); C(10|3).
b) A(−2|−2); B(7|1); C(8|7).

4 Das Quadrat lässt sich durch einen geraden Schnitt auf verschiedene Arten zerlegen: in zwei
- gleiche Rechtecke,
- verschiedene Rechtecke,
- gleiche allgemeine Vierecke,
- verschiedene allgemeine Vierecke.

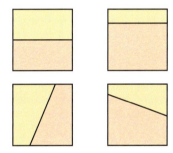

a) Welche Vierecke kannst du bekommen, wenn du ein Rechteck auf diese Weise zerlegst?
b) Untersuche auch die anderen besonderen Vierecke.

5 Der Filmstreifen verrät dir, wie du ein Parallelogramm in zwei gleiche symmetrische Trapeze zerlegen kannst. Probiere dies an verschiedenen Parallelogrammen aus. Gelingt die Zerlegung immer?

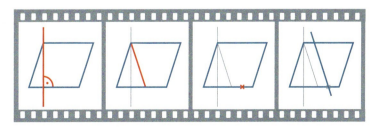

 Welche Dreiecke und Vierecke findest du am Gittermast?

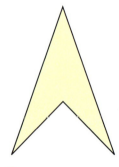

 Warum ist auch ein Pfeilviereck ein Drachen?

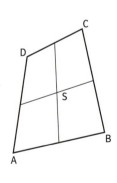

6 Zeichne eine Raute mit einer 10 cm langen und einer 5 cm langen Diagonale.

7 In welchen Vierecken halbiert jede der zwei Diagonalen die andere?
In welchem Viereck halbiert nur eine Diagonale die andere?

8 Die Eckpunkte A(1|3) und B(8|4) und der Diagonalenschnittpunkt S(5|5) des Parallelogramms ABCD sind gegeben. Zeichne das Parallelogramm und schreibe auf, wie du vorgegangen bist.

9 Die Seite $\overline{AB}$ des Parallelogramms ABCD ist 7 cm lang, die Diagonale $\overline{AC}$ ist 10 cm lang und die Diagonale $\overline{BD}$ ist 6 cm lang. Zeichne das Parallelogramm.

10 Zeichne den Drachen ABCD mit der Symmetrieachse durch A und C und den Eckpunkten
a) A(1|1); B(9|2); C(10|7).
b) A(6|6); B(7|1); C(10|2).
c) A(2|2); B(9|5); C(6|6).

11 Zeichne das symmetrische Trapez ABCD. Die Mittelsenkrechte der Seite $\overline{AB}$ ist die Symmetrieachse.
Gegeben sind die Eckpunkte
a) A(1|1); B(9|5); C(5|8).
b) A(1|4); B(10|1); C(9|3).

12 a) Zeichne zwei allgemeine Vierecke mit den Eckpunkten
• A(−6|−2); B(2|−6); C(0|1); D(−8|3),
• A(−3|−3); B(5|−2); C(3|5); D(−1|3).
Verbinde die Mittelpunkte gegenüberliegender Seiten. Welche Koordinaten hat der Schnittpunkt S der zwei Verbindungsstrecken?
b) Berechne den Mittelwert der x-Koordinaten von A, B, C und D und ebenso den Mittelwert der y-Koordinaten.
Was fällt auf? Steckt eine Regel dahinter?
c) Experimentiere mit Vierecken, die du selbst wählst.
Stimmt die Regel aus Teilaufgabe b) auch dann, wenn die Koordinaten von S keine ganzen Zahlen sind?

13 Die Bilder zeigen die drei Möglichkeiten, drei gegebene Punkte zu einem Parallelogramm zu ergänzen.

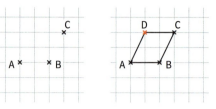

 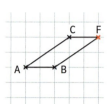

Gegeben sind A(2|3); B(7|2); C(5|5). Zeichne jedes der drei Parallelogramme einzeln und dann alle drei in einer einzigen Figur.

Symmetrie auf engstem Raum

- Suche auf dem 4×4-Nagelbrett Eckpunkte für alle besonderen Vierecke.
- Ist es möglich, von jeder Art der besonderen Vierecke eines zu spannen und dabei alle 16 Nägel zu verwenden?
- Statt möglichst viele Nägel zu verwenden, kannst du auch eine möglichst sparsame Lösung suchen.

Haus der Vierecke

2 Vierecke. Winkelsumme

Es ist nicht schwer, im Quadratgitter gleiche Parallelogramme oder gleiche symmetrische Trapeze lückenlos aneinander zu fügen.

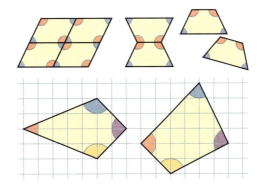

→ Geht es auch mit Drachen?
Zeichne oder schneide aus und lege.
→ Schneidet gemeinsam gleiche allgemeine Vierecke aus und legt sie lückenlos zusammen. Welche Winkel stoßen immer aneinander? Was erkennst du daraus?

Jedes Viereck, auch ein eingedrücktes, lässt sich durch eine Diagonale in zwei Dreiecke zerlegen.
Seine Winkel sind daher zusammen so groß wie die Winkel dieser Dreiecke.
Die Winkelsumme beträgt also
2 · 180° = 360°.

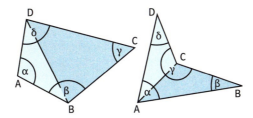

In jedem Viereck beträgt die **Winkelsumme** 360°.
Es gilt also α + β + γ + δ = 360°.

Beispiel
Ein allgemeines Viereck hat die Winkel
α = 70°; β = 50°; γ = 140°.
Der vierte Winkel lässt sich berechnen:
α + β + γ + δ = 360°
70° + 50° + 140° + δ = 360°
260° + δ = 360°
δ = 100°

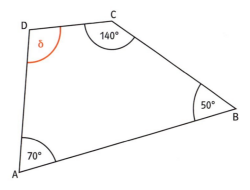

Aufgaben

1 Von einem Viereck sind drei Winkel gegeben. Wie groß ist der vierte Winkel?

	α	β	γ	δ
a)	100°	80°	50°	
b)	82°	45°	112°	
c)		92°	48°	90°

2 Zeichne das Viereck ins Heft und miss die Winkel.
Stimmt die Winkelsumme?
a) A(1|1); B(10|1); C(9|9); D(2|5)
b) A(−5|1); B(3|0); C(2|6); D(−5|8)
c) A(2|3); B(10|1); C(10|10); D(0|8)
d) A(−3|0); B(8|−1); C(2|2); D(4|8)
e) A(−6|−1); B(0|0); C(4|7); D(−2|6)

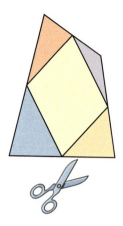

3 Zeichne ein allgemeines Viereck. Verbinde die Mittelpunkte aneinander stoßender Seiten. Schneide die Dreiecke ab. Was kannst du aus ihnen legen? Was erkennst du daraus?

4 a) Die zwei Winkel an einer Seite eines Parallelogramms haben zusammen 180°. Bestätige diese Aussage mit einem Merksatz über Stufenwinkel.
b) Begründe: Gegenüberliegende Winkel eines Paralellogramms sind gleich groß.

5 a) Formuliere Aussagen über die Winkel im symmetrischen Trapez.
b) Begründe die Aussagen aus a).

6 Begründe an der Figur, dass die Winkelsumme in jedem Viereck 360° beträgt.

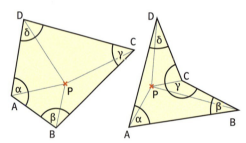

7 Wie groß sind die rot markierten Winkel der besonderen Vierecke?

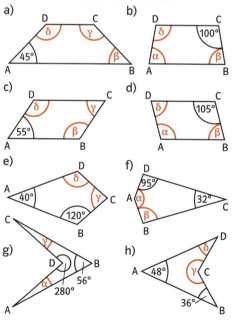

8 Berechne die rot markierten Winkel.

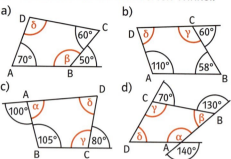

9 Berechne die Viereckswinkel.
a) Winkel β ist doppelt so groß wie α, Winkel γ ist dreimal so groß wie α, Winkel δ ist viermal so groß wie α.
b) Winkel β ist doppelt so groß wie α, Winkel γ ist doppelt so groß wie β, Winkel δ ist doppelt so groß wie γ.
c) Winkel β ist um 20° größer als α, Winkel γ ist um 20° größer als β, Winkel δ ist um 20° größer als γ.
d) Winkel β ist halb so groß wie α, Winkel γ ist halb so groß wie β, Winkel δ ist halb so groß wie γ.
e) Stelle selbst solche Aufgaben.

Weißt du wie viel Rauten ...

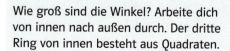

Wie groß sind die Winkel? Arbeite dich von innen nach außen durch. Der dritte Ring von innen besteht aus Quadraten.

3 Vierecke konstruieren

Du hast zwei 15-cm-Streifen und vier 10-cm-Streifen.
→ Wie viele Möglichkeiten gibt es, aus vier der sechs Streifen besondere Vierecke herzustellen?
→ Wie viele Möglichkeiten gibt es für allgemeine Vierecke?
Zwei kurze Streifen sind schon fest miteinander verbunden und lassen sich nicht mehr gegeneinander drehen.
→ Wie viele Möglichkeiten gibt es noch, aus dem abgewinkelten Teil und zwei der übrigen Streifen besondere und allgemeine Vierecke herzustellen?

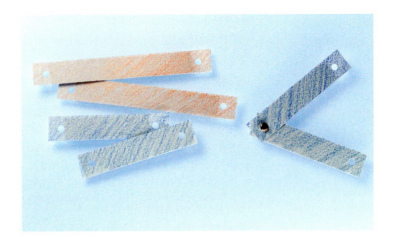

Während ein Dreieck durch drei Seiten festgelegt ist, genügen vier Seiten nicht, um ein Viereck festzulegen.
Man braucht fünf Stücke. Mindestens ein Winkel muss also gegeben sein.
Die besonderen Vierecke sind durch weniger Stücke festgelegt.

Seiten und Winkel heißen zusammen auch „Stücke".

Zur Konstruktion eines Vierecks gehören
- die Planfigur,
- die Konstruktionszeichnung,
- die Konstruktionsbeschreibung.

Beispiele

a) Zu konstruieren ist ein Viereck ABCD mit den Seitenlängen
$a = 8\,cm;\ b = 6\,cm;\ c = 11\,cm$
und den Winkeln
$\beta = 100°;\ \gamma = 70°$.

Gegeben: a, b, c, β, γ
Planfigur

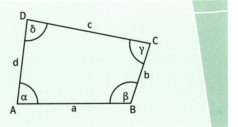

Konstruiert werden
1. die Seite a,
2. der Winkel β,
3. die Seite b,
4. der Winkel γ,
5. die Seite c,
6. die Seite d als Verbindungsstrecke der Endpunkte A und D.

Es gibt nur ein solches Viereck.

Konstruktionszeichnung

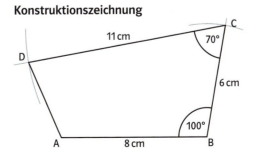

Vierecke konstruieren

b) Zu konstruieren ist ein Viereck ABCD mit den Seitenlängen
a = 9 cm; b = 5 cm; c = 6 cm
und den Winkeln
α = 80°; β = 60°.

Konstruiert werden
1. die Seite a,
2. der Winkel α,
3. der Winkel β,
4. die Seite b,
5. der Kreis um C mit dem Radius 6 cm,
6. die Schnittpunkte D_1 und D_2 des Kreises mit dem freien Schenkel des Winkels α.

Es gibt zwei solche Vierecke, nämlich $ABCD_1$ und $ABCD_2$.

Gegeben: a, b, c, α, β
Planfigur

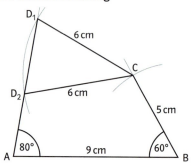

Konstruktionszeichnung

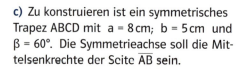

c) Zu konstruieren ist ein symmetrisches Trapez ABCD mit a = 8 cm; b = 5 cm und β = 60°. Die Symmetrieachse soll die Mittelsenkrechte der Seite $\overline{AB}$ sein.

Konstruiert werden
1. die Seite a,
2. der Winkel β,
3. die Seite b mit Endpunkt C,
4. der Winkel α = β,
5. die Seite d = b mit Endpunkt D,
6. die Verbindungsstrecke von C und D.

Es gibt nur ein solches Viereck.

Gegeben: a, b, β
Planfigur

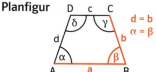

Konstruktionszeichnung

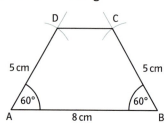

Aufgaben

Lösungsidee zu den Aufgaben 3 und 4:

1 Konstruiere das Viereck wie in Beispiel a). Alle Seiten sind in cm angegeben.
a) a = 6; b = 7; c = 8; β = 80°; γ = 70°
b) a = 8; b = 6; c = 9; β = 120°; γ = 75°
c) a = 9; b = 6; c = 6; β = 90°; γ = 110°
d) b = 8; c = 5; d = 6; γ = 60°; δ = 150°

2 Konstruiere das Viereck wie in Beispiel b).
Alle Seiten sind in cm angegeben.
a) a = 9; b = 6; c = 5; α = 75°; β = 60°
b) a = 7; b = 5; c = 9; α = 110°; β = 85°
c) a = 6; b = 6; c = 6; α = 70°; β = 110°

3 Konstruiere das Viereck (Einheit: cm).
a) a = 8; b = 6; c = 4; d = 7; α = 75°
b) a = 6; b = 6; c = 8; d = 7; α = 120°

4 Gibt es ein Viereck mit a = 6 cm; b = 5 cm; c = 4 cm; d = 3 cm; α = 100°?

5 Konstruiere das symmetrische Trapez ABCD. Die Symmetrieachse soll die Mittelsenkrechte der Seite $\overline{AB}$ sein.
a) a = 7 cm; b = 6 cm; β = 65°
b) a = 9 cm; d = 5 cm; β = 45°
c) a = 9 cm; b = 6 cm; γ = 120°

6 Konstruiere die Raute ABCD.
a) a = 6 cm; α = 70°
b) a = 7 cm; β = 100°
c) a = 5 cm; $\overline{AC}$ = 8 cm
d) a = 5 cm; $\overline{AC}$ = 4 cm

7 Konstruiere den Drachen ABCD mit der Symmetrieachse e durch A und C.
a) a = 7 cm; b = 5 cm; β = 110°
b) a = 4 cm; b = 7 cm; α = 60°
c) a = 7 cm; b = 4 cm; α = 60°
d) a = 7 cm; b = 4 cm; e = 9 cm
e) a = 5 cm; e = 9 cm; α = 80°
f) a = 8 cm; α = 70°; β = 100°

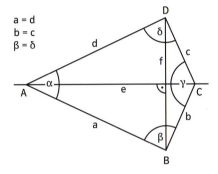

8 Zur Konstruktion eines Quadrats genügt eine einzige Seitenlänge. Zur Konstruktion einer Raute ist auch ein Winkel nötig. Schreibe in einer Tabelle auf, wie viele Seiten und Winkel nötig sind, um die besonderen Vierecke zu konstruieren.

9 Schreibe Steckbriefe für die anderen besonderen Vierecke.

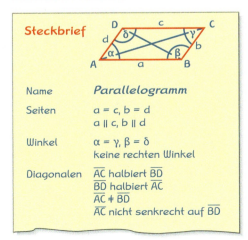

W-Vierecke

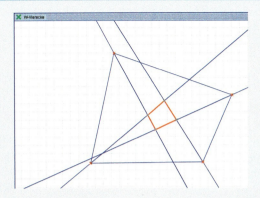

Die Punkte, in denen sich die Winkelhalbierenden benachbarter Ecken eines Vierecks schneiden, bilden das Winkelhalbierenden-Viereck, kurz W-Viereck.

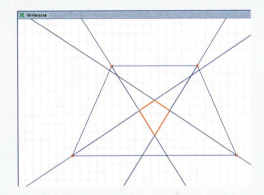

■ Untersuche am PC die W-Vierecke aller besonderen Vierecke.

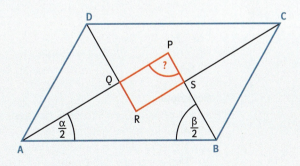

■ Begründe, dass das W-Viereck des Parallelogramms ein Rechteck ist.
Tipp: Wie groß ist die Summe $\frac{\alpha}{2} + \frac{\beta}{2}$?

Übrigens:
Es geht auch ohne PC. Papier und Bleistift sind auch nicht schlecht.

Vierecke konstruieren

4 Regelmäßige Vielecke

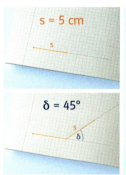
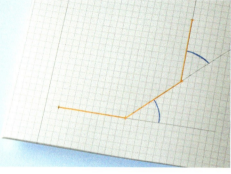

→ Zeichne einen Streckenzug wie in der Bilderfolge und setze ihn fort.
→ Probiere auch andere Streckenlängen und Abknickwinkel aus.
→ Manche Streckenzüge laufen in sich zurück. Erkennst du eine Regel?

Mit einem dynamischen Geometrie-System kannst du viel genauer zeichnen.

Warum schließt sich der Streckenzug bei einem 40°-Abknickwinkel?
Bei B und C liegen Nebenwinkel von 180° − 40° = 140°. Halbiert man sie, entsteht das gleichschenklige Dreieck BCM. Sein Winkel bei M ist 180° − 2 · 70° = 40°. Wegen 360° : 40° = 9 kommen in M neun solche Dreiecke zusammen. Der Streckenzug schließt sich nach neun Schritten und bildet ein Neuneck. Die Eckpunkte liegen auf einem Kreis um M.

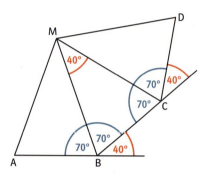

Genauso überlegt man für einen beliebigen Abknickwinkel δ: Zwischen je zwei Strecken entsteht der Winkel 180° − δ. Im Mittelpunkt M kommen lauter Winkel der Größe δ zusammen. Wenn sich der Streckenzug nach n Schritten schließt, gilt n · δ = 360°.

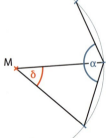

> Ein **regelmäßiges Vieleck** hat gleich lange Seiten und gleich große Winkel.
> Seine Eckpunkte liegen auf einem Kreis.
> Die Größe der **Mittelpunktswinkel** eines regelmäßigen Vielecks mit n Eckpunkten beträgt δ = 360° : n.
> Die Größe der **Winkel zwischen den Seiten** beträgt α = 180° − δ.

Beispiele

a) Das regelmäßige Sechseck hat den Mittelpunktswinkel 360° : 6 = 60°. Es wird von M her in gleichschenklige Dreiecke mit 60°-Winkel zerlegt. Die Dreiecke sind also sogar gleichseitig.
Daher kann man das regelmäßige Sechseck durch Zirkelschläge auf der Kreislinie konstruieren.

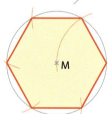

b) Das regelmäßige Zwölfeck lässt sich auf verschiedene Arten konstruieren. Die Figur zeigt die Konstruktion aus zwei überkreuzten regelmäßigen Sechsecken.

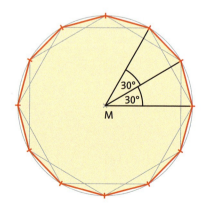

Aufgaben

1 Regelmäßige Vielecke – sieh dich um!

2 Konstruiere mit der Seitenlänge 5 cm ein regelmäßiges Vieleck
a) mit 6 Ecken.　　b) mit 8 Ecken.
c) mit 5 Ecken.　　d) mit 9 Ecken.

3 Konstruiere in einem Kreis mit Radius 5 cm ein regelmäßiges Vieleck
a) mit 8 Ecken.　　b) mit 9 Ecken.
c) mit 5 Ecken.　　d) mit 10 Ecken.

4 a) Konstruiere ein regelmäßiges Achteck in einem Kreis mit r = 6 cm. Verbinde die Eckpunkte nach dem Muster, das du im Bild siehst.

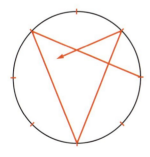

b) Zeichne auch Vielecksterne mit dem regelmäßigen Neuneck und dem Zehneck. Du kannst selbst herausfinden, welche Überspring-Regeln schöne Sterne geben.
c) Überlege am regelmäßigen Zwölfeck, welche Überspring-Regeln geschlossene Sterne geben und welche nicht.

5 a) Konstruiere ein regelmäßiges Fünfeck mit Diagonalen in einem Kreis mit r = 5 cm.
b) Das innere Fünfeck ist ebenfalls regelmäßig. Berechne aus seinen Winkeln die drei rot markierten Winkel.

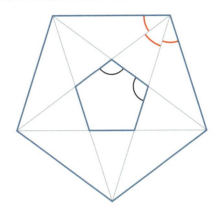

6 Die Figur zeigt eine geschickte Konstruktion des regelmäßigen Zehnecks. Sie ist leider schwer zu erklären.

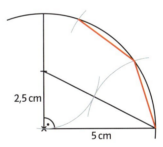

Vieleckknoten ✂

Zusammenknoten – glatt streichen – fertig ist das regelmäßige Vieleck!

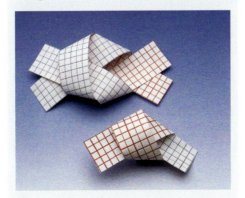

7 a) Berechne die Winkel δ und α der regelmäßigen n-Ecke und daraus ihre Winkelsumme W.

n	3	4	5	6	8	9	10	12	15	16	18	20	24
δ							36°					18°	
α							144°		156°				
W										2520°			

b) Kann man zwei regelmäßige Fünfecke und ein regelmäßiges Zehneck lückenlos aneinander legen? Geht das auch mit je einem Fünfeck, Sechseck und Achteck?

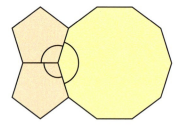

8 In der Figur ist das regelmäßige Achteck in acht Dreiecke zerlegt. Berechne daraus die Winkelsumme, ohne zuerst den Winkel zwischen den Seiten auszurechnen.

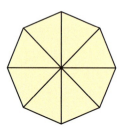

! *Schau noch mal Aufgabe 7 an!*

9 Die Winkelsumme der unregelmäßigen Vielecke kannst du auf dieselbe Art berechnen wie die Winkelsumme der regelmäßigen Vielecke. Gib einen Term an, mit dem sich die Winkelsumme für jedes Vieleck berechnen lässt.

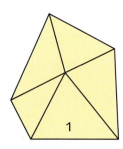 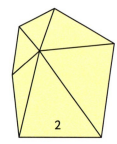 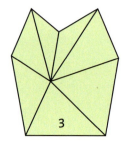

Sechseck-Puzzles

■ Aus einem ganzen und zwei zerlegten regelmäßigen Sechsecken soll ein einziges regelmäßiges Sechseck zusammengesetzt werden.
Schneide die Teile aus.

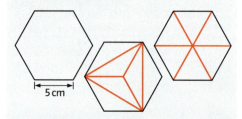

■ Lege aus den Teilen der zwei Sechssecksterne je ein gleichseitiges Dreieck.

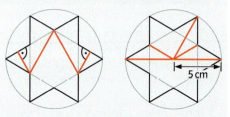

■ Zwei zerlegte Sechssecksterne lassen sich zu einem regelmäßigen Sechseck zusammenlegen.

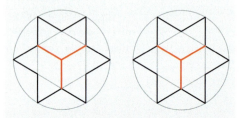

■ Wie wird aus dem zerlegten Quadrat ein regelmäßiges Achteck?

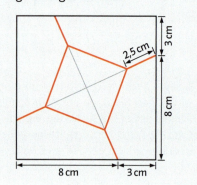

Zusammenfassung

Symmetrie im Haus der Vierecke

Die besonderen Vierecke haben **Symmetrieachsen** oder **Symmetriewinkel**.

Die besonderen Vierecke werden im **Haus der Vierecke** geordnet.
Nach unten hin kommen immer mehr Symmetrien dazu.

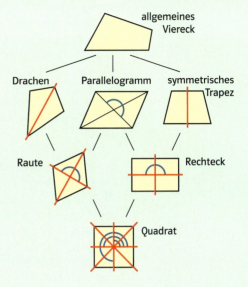

Winkelsumme des Vierecks

In jedem Viereck beträgt die **Winkelsumme** 360°.

$\alpha + \beta + \gamma + \delta = 360°$

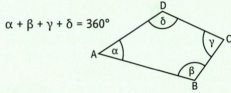

Viereckskonstruktion

Ein Viereck ist durch fünf geeignete Stücke festgelegt.

Zur **Konstruktion eines Vierecks** gehören
- die Planfigur,
- die Konstruktionszeichnung,
- die Konstruktionsbeschreibung.

Gegeben:
a, b, c, β, γ

Planfigur

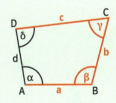

Konstruktionszeichnung
Ich konstruiere
1. die Seite a,
…

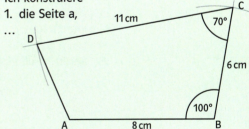

Regelmäßige Vielecke

Ein **regelmäßiges Vieleck** hat gleich lange Seiten und gleich große Winkel.
Seine Eckpunkte liegen auf einem Kreis.
Die Mittelpunktswinkel eines regelmäßigen Vielecks mit n Eckpunkten betragen
$\delta = 360° : n$.
Die Winkel zwischen den Seiten betragen
$\alpha = 180° - \delta$.

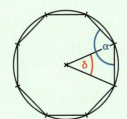

n = 8
δ = 360° : 8 = 45°
α = 180° − δ = 135°

Üben • Anwenden • Nachdenken

1 Konstruiere ein Parallelogramm mit
a) a = 8 cm; b = 5 cm und α = 70°.
b) a = 8 cm; b = 5 cm und α = 110°.
Was fällt auf? Erkläre.

2 In welchen besonderen Vierecken stehen die Diagonalen aufeinander senkrecht?

3 Konstruiere ein Parallelogramm mit den Diagonalen
$\overline{AC}$ = 9 cm; $\overline{BD}$ = 5 cm,
dem Diagonalenschnittpunkt S
und dem Diagonalenwinkel ∢ASB = 100°.

4 Konstruiere einen Drachen mit
a) a = d = 7 cm; b = c = 5 cm und α = 60°.
b) a = d = 7 cm; b = c = 5 cm und γ = 60°.
c) a = b = 7 cm; c = d = 5 cm und β = 60°.
In welchem Fall gibt es zwei unterschiedliche Drachen mit den vorgeschriebenen Maßen?

5 Konstruiere den Drachen mit den Diagonalen $\overline{AC}$ = 10 cm; $\overline{BD}$ = 6 cm und dem Winkel α = 80°.

6 Welche Eigenschaften müssen zwei gleiche Dreiecke haben, damit man sie zu einem der folgenden Vierecke zusammenlegen kann?
a) Parallelogramm   b) Rechteck
c) Quadrat   d) Raute
e) symm. Trapez   f) Drachen

7 Berechne den Winkel ε.

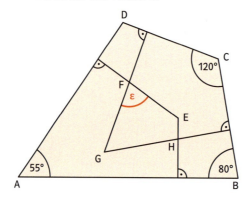

8 Konstruiere das Viereck. Die Seiten sind in cm angegeben.
a) a = 6; b = 5; c = 8; β = 70°; γ = 130°
b) a = 6; b = 5; c = 8; α = 130°; β = 70°

9 a) ABCD ist eine Raute, ABED ein Drachen.
Berechne den Winkel ε.

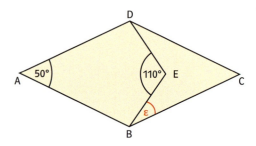

b) ABCD ist eine Raute, DCEF und ADGH sind symmetrische Trapeze.
Berechne den Winkel ε.

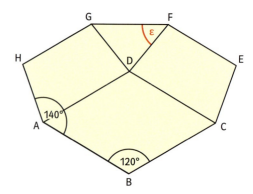

10 a) Konstruiere das symmetrische Trapez ABCD mit a = 10 cm; d = 7 cm und α = 60°. Die Seiten $\overline{AB}$ und $\overline{CD}$ sollen parallel sein.
b) Konstruiere die Winkelhalbierenden in allen vier Eckpunkten.
Was stellst du fest?
c) Konstruiere den Inkreis des symmetrischen Trapezes.

11 a) Konstruiere den Drachen ABCD mit a = 9 cm; b = 6 cm und β = 110°. Die Symmetrieachse soll durch A und C gehen.
b) Konstruiere den Inkreis des Drachens.

12 Ein Drachen lässt sich konstruieren aus
- den Seiten a, b und dem Winkel β,
- den Seiten a, b und der gesamten Länge e + f der Diagonalen $\overline{AC}$,
- den Diagonalenabschnitten e, f und der Seite a.

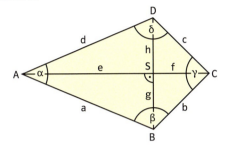

a) Gib dir für diese drei Konstruktionsmöglichkeiten selbst Werte vor und konstruiere den Drachen.
b) Suche weitere Konstruktionsmöglichkeiten.

13 a) Das Parallelogramm ABCD hat die Eckpunkte A(3|−2) und B(5|3). Die Diagonalen schneiden sich im Punkt S(0|0). Gib die Koordinaten von C und D an.
b) Konstruiere einige Parallelogramme mit Diagonalenschnittpunkt S(0|0). Welche Regel gilt für die Koordinaten der Eckpunkte?

14 Konstruiere das Parallelogramm ABCD mit A(−4|−3); B(5|−2); C(6|5).
a) Welche Koordinaten hat der Punkt D?
b) Berechne den
- Mittelwert p aller vier x-Koordinaten,
- Mittelwert q aller vier y-Koordinaten.

Trage den Punkt P(p|q) ein.
Welchen Punkt des Parallelogramms erhältst du auf diese Weise?

15 a) Zeichne das Viereck ABCD mit A(−4|4); B(9|2); C(5|6); D(−2|4). Trage die Diagonalen und ihre Mittelpunkte P und Q ein.
Welche Koordinaten hat der Mittelpunkt M der Strecke $\overline{PQ}$?
b) Die Koordinaten von M sind Mittelwerte. Hast du eine Idee, welche?
c) Prüfe deine Idee an anderen Vierecken.

16 In der Bilderfolge siehst du, wie man ein Viereck konstruiert, wenn die Seiten a, b, c und die Winkel α, δ gegeben sind. Konstruiere auf diese Weise ein Viereck aus a = 7 cm; b = 8 cm; c = 5 cm und α = 60°; δ = 80°.

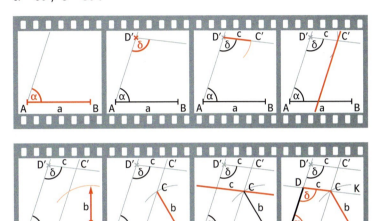

Rätselhafte Winkel

ABCD ist ein Quadrat. △ ABE ist gleichseitig.
- Wie groß ist der Winkel γ?

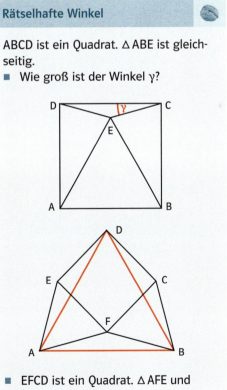

- EFCD ist ein Quadrat. △ AFE und △ BCF sind gleichseitig.
Ist △ ABD gleichseitig?

Parkette

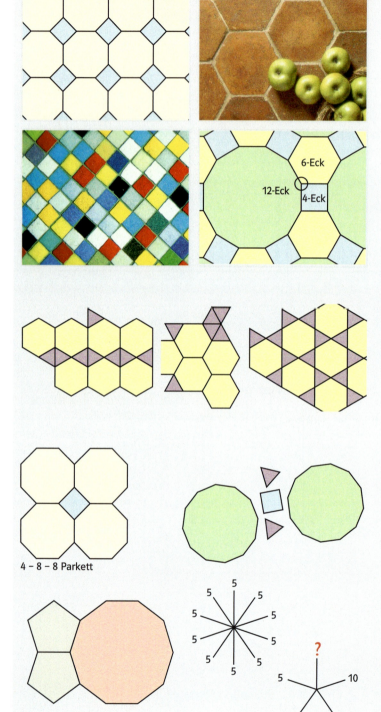

Mit geeigneten regelmäßigen Vielecken kann man die ganze Ebene lückenlos zudecken. Solche Muster heißen **Parkette**.
In einem **regelmäßigen** Parkett
- sind alle Flächen von derselben Folge von Vielecken umringt,
- sind alle Ecken von derselben Folge von Vielecken umringt.

■ Silya legt Sechsecke und Dreiecke auf verschiedene Arten aneinander. Manche ihrer Parkette sind regelmäßig, andere nicht. Probiere selbst.

■ Kai kennt das 4-8-8-Parkett aus dem Badezimmer und legt es nach.
Dann probiert er, was man mit Zwölfecken anfangen kann.

■ Janine hat herausgefunden, dass zwei Fünfecke und ein Zehneck den **Winkeltest** bestehen: Die Winkelsumme in einer Ecke beträgt 360°.
Wenn Janine mit einem Zehneck anfängt, kann sie einen Ring von Vielecken herumlegen. Fängt sie mit einem Fünfeck an, geht das nicht. Sie macht zwei Skizzen und schreibt auf, warum kein Parkett herauskommt.

■ Anna bringt System in den Winkeltest. Sie legt eine Tabelle der Vieleckswinkel an.

Eckenzahl	3	4	5	6	8	9	10	12	15	16	18	20	24
Winkel α	60°	90°				140°							165°

Anna überlegt: Wenn ich als erstes Vieleck ein Quadrat lege, ist an jeder Ecke noch ein Winkel von 360° − 90° = 270° frei. Ich suche zwei Vieleckswinkel, die zusammen 270° ergeben. Vielleicht kann ich auch einen Vieleckswinkel doppelt nehmen.

■ Mona sagt: Ich lege zuerst zwei Quadrate. Ein Winkel von 180° bleibt frei. Diesen kann ich auf mehrere Arten in Vieleckswinkel aufteilen.

■ Torben experimentiert mit verschiedenen regelmäßigen Vielecken. Manche Kombinationen bestehen den Winkeltest, andere fallen durch.

■ Tobias meint: Aus vier oder mehr verschiedenen Vielecks-Sorten kann man kein Parkett herstellen.
Er rechnet: 1 · 60° + 1 · 90° + …

■ Leonie findet die regelmäßigen Parkette allmählich langweilig und experimentiert mit Farben. Sie färbt das 6-6-6-Parkett und behauptet: Alle drei Farben kommen in gleich vielen Sechsecken vor.
Auch für das 3-3-3-3-3-3-Parkett findet sie schöne Färbungen.

■ Marius hat entdeckt, dass man Parkettsteine auch verändern kann. Was an einer Vieleckseite abgeschnitten wird, wird an einer anderen wieder angehängt.

■ In Wohnungen, Treppenfluren, Baumärkten, auf Straßen und Plätzen findet ihr noch viele Parkette. Versucht herauszufinden, welchen Sinn die oft merkwürdigen Formen haben.
Wie wäre es mit einer Fotoausstellung? Vergesst dabei eure eigenen Parkette nicht.

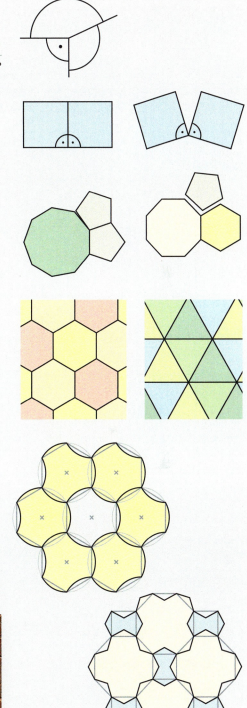

17 Das regelmäßige Sechseck hat sechs Symmetrieachsen. Drei gehen durch Eckpunkte, drei sind Mittelsenkrechte der Seiten. Das Sechseck hat auch einen Symmetriepunkt mit den Symmetriewinkeln 60°; 120°; 180°; 240°; 300°.
Im Bild unten siehst du sieben Sechsecke mit weniger Symmetrien. Die Sechsecke 1 bis 6 entstehen aus einem gleichseitigen Dreieck. Das Sechseck 7 ist anders aufgebaut.

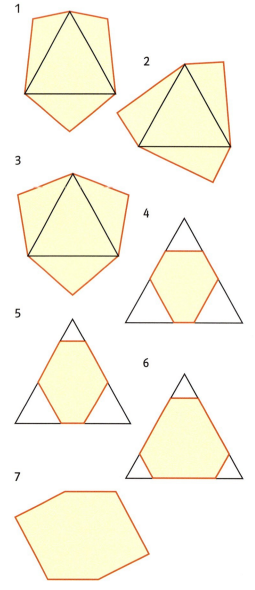

Beschreibe die Sechsecke und gib ihre Symmetrien an.

18 a) Setze auf die Seiten eines Quadrats gleich große gleichschenklige Dreiecke auf. Welche Symmetrien hat das entstehende Achteck?

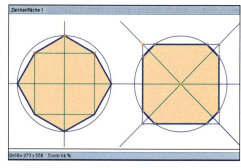

b) Du kannst auch an jeder Quadratecke ein gleichschenkliges Dreieck abschneiden. Welche Symmetrien erkennst du jetzt?
c) Wenn du mit einem DGS wie im Bild konstruierst, bekommst du leicht verschiedene Achtecksformen.

Aus zwei mach eins

■ Aus zwei gleich großen regelmäßigen Sechsecken kannst du ein einziges machen.

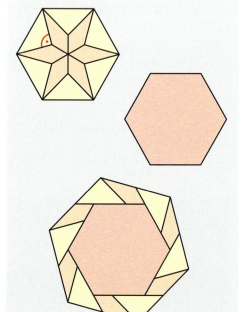

Rückspiegel

1 a) Ein Parallelogramm hat die Eckpunkte A(2|1); B(7|3); C(8|7). Welche Koordinaten hat der Eckpunkt D?
b) Ein symmetrisches Trapez hat die Eckpunkte A(−3|2); B(5|2); C(3|6). Seine Symmetrieachse ist die Mittelsenkrechte der Seite $\overline{AB}$. Welche Koordinaten hat der Eckpunkt D?

2 Konstruiere eine Raute
a) mit Diagonalen der Längen 8 cm und 5 cm.
b) mit der Seitenlänge 5 cm und dem Winkel α = 60°.

3 Berechne die Winkel β, γ und δ des Parallelogramms ABCD.

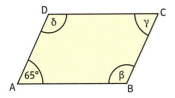

4 Berechne den Winkel β des symmetrischen Trapezes.

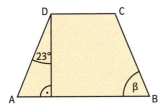

5 In einem Viereck ist
- β um 30° größer als α,
- γ dreimal so groß wie α,
- δ um 60° größer als α.

Berechne die Winkel.

6 Konstruiere ein Viereck ABCD mit den Maßen a = 9 cm; b = 6 cm; c = 7 cm; β = 120°; γ = 80°.

7 a) Konstruiere ein regelmäßiges Achteck in einem Kreis mit Radius 5 cm.
b) Wie groß sind die Winkel und die Winkelsumme des regelmäßigen Achtecks?

1 a) Ein Paralellogramm hat die Eckpunkte A(4|2); B(9|7) und den Diagonalenschnittpunkt S(5|5). Welche Koordinaten haben die Eckpunkte C und D?
b) Ein symmetrisches Trapez hat die Eckpunkte A(−3|−1); B(5|3); C(0|8). Seine Symmetrieachse ist die Mittelsenkrechte der Seite $\overline{AB}$. Welche Koordinaten hat der Eckpunkt D?

2 Konstruiere einen Drachen mit der Symmetrieachse durch A und C und
a) a = 6 cm; $\overline{AC}$ = 8 cm; α = 70°.
b) $\overline{AC}$ = 9 cm; $\overline{BD}$ = 8 cm; α = 60°.

3 Berechne die Winkel α und β des Parallelogramms ABCD.

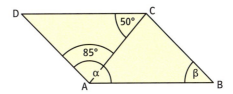

4 Berechne den Winkel α des symmetrischen Trapezes.

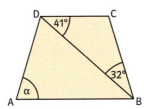

5 In einem Viereck ist
- β um 30° größer als das Doppelte von α,
- γ doppelt so groß wie α,
- δ um 70° kleiner als das Dreifache von α.

Berechne die Winkel.

6 Konstruiere ein Viereck ABCD mit den Maßen a = 6 cm; b = 4 cm; c = 10 cm; α = 110°; β = 130°.

7 a) Konstruiere ein regelmäßiges Neuneck mit der Seitenlänge 5 cm.
b) Wie groß sind die Winkel und die Winkelsumme des regelmäßigen Neunecks?

7 Proportional und umgekehrt proportional

Wer, wie, was und zu wem?

Fingerrennen

Mit dem Mittelfinger und dem Zeigefinger kannst du auf der Tischplatte die Strecke vom Start zum Ziel durchlaufen.

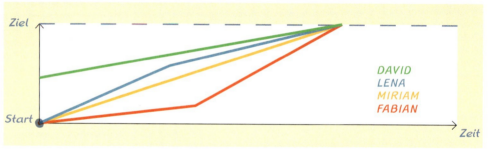

Aus dem Schaubild kannst du ablesen, wie David, Miriam, Lena und Fabian eine Strecke mit ihren Fingern zurückgelegt haben.

- Beschreibe, wie die Schülerinnen und Schüler gegangen sind. Worin bestehen Gemeinsamkeiten und Unterschiede?
- Wandere mit deinen Fingern wie David, dann wie Miriam und schließlich wie Fabian.

- Statt mit den Fingern über den Tisch könnt ihr auf dem Schulhof selbst eine festgelegte Strecke abgehen. Bildet eine Vierergruppe und versucht gleichzeitig wie die vier Schülerinnen und Schüler zu gehen. Das ist nicht ganz so einfach, wie es aussieht.
- Versuche eine 1m lange Strecke möglichst gleichmäßig mit deinen Fingern über den Tisch zu gehen. Wie kannst du die gleichmäßige Bewegung kontrollieren?
- Führt den Gehversuch in Partnerarbeit aus. Einer wandert mit den Fingern über den Tisch, der andere kontrolliert. Fertigt ein Schaubild der Bewegung an.

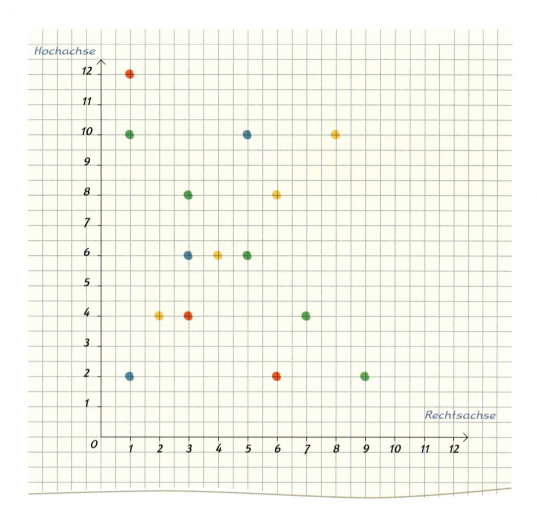

Punkte im Quadratgitter

- Übertrage das Schaubild in dein Heft.
- Bei Punkten gleicher Farbe haben Rechts- und Hochwerte einen Zusammenhang.
- Wenn du die Gesetzmäßigkeiten gefunden hast, trage für jede Farbe mindestens drei weitere Punkte im Schaubild ein.
- Stimmt die Gesetzmäßigkeit auch für Dezimalzahlen?
- Bei drei Farben kannst du mit dem Lineal schnell alle Punkte mit gleicher Gesetzmäßigkeit finden, bei einer Farbe nicht. Begründe.

In diesem Kapitel lernst du,

- was proportionale Zuordnungen sind,
- wie man mit proportionalen Zuordnungen rechnet,
- wie man proportionale Zuordnungen darstellt,
- was umgekehrt proportionale Zuordnungen sind,
- wie man mit umgekehrt proportionalen Zuordnungen rechnet,
- wie man umgekehrt proportionale Zuordnungen darstellt.

1 Dreisatz

Marc hat auf dem Wochenmarkt 3 kg Pflaumen für 6,60 € gekauft.
Katrin will 2 kg Pflaumen kaufen.
→ Sie rechnet im Kopf aus, was sie bezahlen muss.
Frau Peters möchte Marmelade kochen. Herr Peters nimmt 5 kg Pflaumen mit.
→ Was muss er bezahlen?
→ Stellt euch gegenseitig solche Aufgaben, jeder mit seinem Lieblingsobst.

Mit dem **Dreisatz** lässt sich berechnen, wie viel man für 3 kg Kartoffeln bezahlen muss, wenn 5 kg Kartoffeln 3,00 € kosten.

1. Satz: **5** kg kosten 3,00 €
2. Satz: **1** kg kostet 3,00 € : **5** = **0,60** €
3. Satz: **3** kg kosten   0,60 € · **3** = 1,80 €

Im 2. Satz wird also berechnet, was die Gewichtseinheit kostet. Durch Vervielfachen dieses Preises kann man ausrechnen, was andere Mengen kosten.

> Wenn zum Zweifachen, Dreifachen, Vierfachen, … der Eingabegröße das Zweifache, Dreifache, Vierfache, … der Ausgabegröße gehört, kann man gesuchte Werte der Ausgabegröße mit dem **Dreisatz** berechnen. Man schließt zuerst durch Division auf die Einheit und dann durch Multiplikation auf das Vielfache.

Beispiele

a) Man kann den Dreisatz auch in einer Tabelle aufschreiben.
In beiden Spalten werden von Zeile zu Zeile dieselben Rechenoperationen ausgeführt.

Anzahl Gurken	Preis in €
8	4,40
1	0,55
3	1,65

:8, ·3

b) Manchmal ist es günstig, nicht auf die Einheit zu schließen, sondern auf einen größeren Wert der Eingabegröße. Er muss nur im gegebenen und im gesuchten Wert aufgehen.

Dönerfleisch in g	Preis in €
750	9,00
250	3,00
1250	15,00

:3, ·5

Aufgaben

1 a) Vier Kiwis kosten 1,60 €. Frau Krings kauft zehn Kiwis.
b) 15 kg Kartoffeln kosten 6,00 €. Miriam soll 25 kg kaufen.

2 Drei Schachteln Kekse kosten 2,70 €. Vier Tafeln Schokolade kosten 2,40 €. Jan kauft acht Schachteln Kekse und zehn Tafeln Schokolade.

3 a) 500 g Roggenmehl kosten 0,60 €. Im Rezept für ein Brot sind 750 g verlangt.
b) 1 kg Johannisbeeren wird für 2,40 € angeboten. Familie Mayer braucht 2,5 kg.
c) 100 g Schnittkäse werden für 1,80 € angeboten. Herr Kreisl gönnt sich 250 g.
d) Für 1,30 € bekommt man 4 Becher Jogurt. Katja hat für 5,20 € Jogurt gekauft.

4 a) Apfelsaftschorle wird in 1-l-Flaschen für 0,79 € und in 1,5 l-Flaschen für 1,09 € angeboten. Welches Angebot ist günstiger?
b) Eine 250-g-Tüte Kokoskugeln kostet auf dem Markt 1,50 €. Der Discounter bietet die 150 g-Tüte zum Preis von 0,99 € an.

5 Ergänze die fehlenden Einträge.

Gewicht in kg	Preis in €
4	12,80
10	
	27,20
14,5	
	18,40

6 Eine 5 m lange und 3 m hohe Wand ist schon gestrichen, und 2,5 l Farbe sind verbraucht. Zu streichen sind noch 80 m². Wie viele 2,5-l-Eimer Farbe müssen noch gekauft werden?

7 Zur Jahresabschlussfeier der Klasse 7c will Sarah Tiramisu zubereiten. Zusammen mit ihr hat die Klasse 26 Schülerinnen und Schüler. Der Klassenlehrer soll eine doppelte Portion bekommen.

Feines Tiramisu

Zutaten für 8 Portionen
4 Eigelb
100 g feiner Zucker
1 unbehandelte Zitrone
500 g Mascarpone
150 ml starker frischer Espresso
225 g Löffelbiskuits
2 Esslöffel dunkles Kakaopulver

Zubereitung 30 min und mindestens 4 Stunden kühlen

Währungen umrechnen

Wer aus der Europäischen Union in ein Land reist, in dem der Euro nicht gilt, muss Geld in die Landeswährung umtauschen.
Will man die Preise mit den Preisen zu Hause vergleichen, muss man sie umrechnen. Dabei hilft eine Tabelle, die man sich bei der Bank holen kann.
In der Schweiz bezahlt man mit Schweizer Franken (CHF), in Norwegen mit Norwegischen Kronen (NOK).

Wie heißen die Länder, wie ihre Wahrzeichen?

- Wie viel Schweizer Franken bekommt man für 15,00 €; 35,00 €; 72,00 €?
- Eine Tafel Schweizer Schokolade kostet 2,40 CHF. Ist das teuer? In Norwegen kostet die gleiche Menge 16,00 NOK.
- Stelle Umrechnungstabellen für Schweizer und Norweger her.
- Großbritannien ist Mitglied der EU, behält aber das Britische Pfund (GBP). Man rechnet so um: 1 € = 0,69 GBP.
- Tschechien hat noch die Tschechische Krone (CZK). Umrechnung: 1 € = 31,45 CZK.

€	CHF
0,10	0,16
0,20	0,32
0,50	0,80
1,00	1,60
2,00	3,20
5,00	8,00
10,00	16,00
20,00	32,00
50,00	80,00

€	NOK
0,10	0,83
0,20	1,65
0,50	4,13
1,00	8,25
2,00	16,50
5,00	41,25
10,00	82,50
20,00	165,00
50,00	412,50

2 Proportionale Zuordnungen

Die sieben Fahrzeuge einer Firma wurden alle am selben Tag betankt, einige bei FIT!, die anderen bei CHEAP.
→ Welche Tankquittungen kommen von derselben Tankstelle?
→ Hätte es sich gelohnt, alle Fahrzeuge zur günstigeren Tankstelle zu fahren?

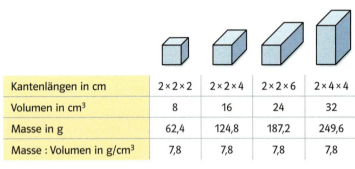

Kantenlängen in cm	2×2×2	2×2×4	2×2×6	2×4×4
Volumen in cm³	8	16	24	32
Masse in g	62,4	124,8	187,2	249,6
Masse : Volumen in g/cm³	7,8	7,8	7,8	7,8

In einem Schülerexperiment werden Quader aus Stahl gemessen und gewogen. Hat ein Quader das doppelte, dreifache oder halbe Volumen eines anderen Quaders, so hat er auch die doppelte, dreifache oder halbe Masse.
Der Quotient aus den Maßzahlen von Masse und Volumen hat immer denselben Wert 7,8. Ein Würfel mit 1 cm³ Volumen wiegt 7,8 g.
Multipliziert man ein gegebenes Volumen mit dem Faktor 7,8, so bekommt man die Masse, ohne den Körper zu wiegen.

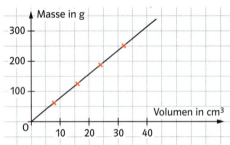

Zu jedem Wertepaar aus Eingabegröße und Ausgabegröße gehört ein Punkt im Koordinatensystem. Diese Punkte liegen auf einer Geraden durch den Punkt O.

Eine Zuordnung heißt **proportional**, wenn zum Zweifachen, Dreifachen, Halben, … der Eingabegröße das Zweifache, Dreifache, Halbe, … der Ausgabegröße gehört.
Dividiert man die Ausgabegrößen durch die Eingabegrößen, ergibt sich immer der gleiche Quotient. Er heißt **Proportionalitätsfaktor**.
Die Ausgabegrößen erhält man durch Multiplizieren der Eingabegrößen mit dem Proportionalitätsfaktor.
Alle Punkte der Zuordnung liegen auf einer **Geraden durch den Ursprung**.

Beispiel
Die Kosten für Heizöl sind proportional zur Menge. Der Quotient ist der Preis. Durch Multiplikation mit dem Preis kann man die Kosten für beliebige Mengen Heizöl ausrechnen.

Eingabegröße	Menge Heizöl in l	1	500	1250	1680
Ausgabegröße	Kosten in €	0,59	295,00	737,50	991,20
Quotient (Proportionalitätsfaktor)	Preis in €/l	0,59	0,59	0,59	0,59

Aufgaben

1 Familie Schwab hat sich 2500 l Heizöl für 1550,00 € liefern lassen. Bayers bekamen 2300 l, Heims 2950 l und Westphals 3625 l. Welche Beträge standen auf den Rechnungen?

2 An die 370 Schüler der Realschule am Berg werden an Schultagen 240 Portionen Essen ausgegeben. Auch an drei anderen Schulen mit 450; 390 und 515 Schülern soll Essen angeboten werden. Welche Zahlen sind zu erwarten?

3 Gib die fehlenden Ausgabewerte der proportionalen Zuordnung an. Wähle zusätzlich drei Eingabewerte und berechne dazu die Ausgabewerte.

a)
Anzahl Pferde	1	5	18
tägl. Trinkwassermenge in l		300	

b)
Anzahl Arbeitsstunden	50	150	200	
Lohnkosten in €				3200

c)
Einnahmen in €	630	720	954
Anzahl Eintrittskarten		80	

d)
Wandfläche in m²	20	70	110
Wandfarbe in l	3,5		

4 Ein Ausgabewert der proportionalen Zuordnung ist falsch. Korrigiere ihn.

a)
Gewicht in g	12	18	30	42
Kosten in €	0,50	0,75	1,20	1,75

b)
Zeit in h	3	5	6	7,5
Weg in km	240	420	480	600

c)
Einnahme in €	600	720	990
Anzahl Eintrittskarten	67	80	110

5 Welche Zuordnung ist proportional, welche nicht? Begründe deine Antworten.

Eingabegröße	Ausgabegröße
Alter eines Kindes	Körpergröße
Anzahl der Arbeitsstunden	Lohn
Gewicht	Anzahl der 1-€-Münzen
Anzahl der Eier	Kochzeit
Anzahl der Waffeln	Backzeit
Fahrtstrecke	Fahrtdauer
Anzahl der Maschinen	Zeit, um 10 000 Nägel herzustellen
Dauer des Spiels	Anzahl der Tore
gefahrene Strecke	Fahrzeit
Anzahl der Äpfel	Gewicht

7 Stück nur **0,99 €**

Und 1 Stück?

6 Das leichteste Holz ist das Balsaholz, das schwerste ist das Pockholz. Die einheimischen Holzarten liegen dazwischen.
- Lies an den Schaubildern ab, wie schwer Würfel von 1 dm Kantenlänge aus jeder der fünf Holzarten sind.
- Wie schwer sind Würfel von 2,5 dm³ Volumen?
- Lies selbstständig weitere Werte ab.
- Welches Volumen haben 1 kg schwere Würfel aus den fünf Holzarten?

Pockholz

Eiche

Buche

Fichte

Balsaholz

7 An manchen Tankstellen in Großbritannien sind auf den Tanksäulen Tabellen aufgeklebt. Sie sollen helfen, den Preis „Pence per litre" in den Preis „Pence per gallon" umzurechnen und umgekehrt.
a) Wie viel Pence per gallon sind 68,0; 75,0; 87,0 Pence per litre?
b) Wie viel Pence per litre sind 370,0; 300,0; 347,0 Pence per gallon?
c) Suche sechs besonders gut zusammenpassende Paare Eingabegröße/Ausgabegröße heraus. Notiere sie in einer Tabelle und zeichne ein Schaubild. Ist diese Zuordnung eine Proportionalität?
d) Gib den Proportionalitätsfaktor an.

8 In Großbritannien und in den USA werden die Längenmaße mile und Kilometer nebeneinander verwendet. Die gerundete Umrechnung ist 1 mile = 1,609 km.
a) Stelle mit einem Tabellenkalkulationsprogramm eine Tabelle für diese Umrechnung her. Wähle den Bereich 0 bis 200 miles in 10er-Schritten.
b) Zeichne eine Doppelskala wie auf dem Rand.
Lies ab:
Wie viel km sind 3,5; 12,0; 24,8 miles?
Wie viel miles sind 7,0; 25,5; 30,6 km?
c) Wie hoch ist der prozentuale Fehler, wenn man 1 mile = 1,600 km annimmt?

9 Faserstifte bekommt man einzeln für 0,49 €. oder in einer 16er-Box für 4,49 €.
a) Zeichne im selben Koordinatensystem Schaubilder für Einzelkauf und den Kauf in Boxen. Nimm als Eingangsgröße auf der x-Achse die Anzahl der Stifte.
b) Wie viel kosten 1; 2; 3; ...; 32 Stifte bei günstigstem Einkauf? Stelle diese Kosten in einem Schaubild dar. Was sagst du zum Ergebnis?

10 Zugvögel können in erstaunlich kurzer Zeit sehr weit fliegen.

Kranich

Rauchschwalbe	120 h	5000 km
Star	96 h	7000 km
Kranich	60 h	3250 km
Regenpfeifer	66 h	6000 km

Zeichne ein Schaubild und lies ab:
• die Flugstrecken in 24 h
• die Zeiten für 1000 km
• die Durchschnittsgeschwindigkeiten.
Rasten Zugvögel eigentlich?

Proportionale Zuordnung: Kraftstoffmenge zu Fahrtstrecke

Herr Anders trägt die Fahrten, die er für seine Firma unternimmt, in ein Fahrtenbuch ein.
Für die Übersicht benutzt er ein Tabellenkalkulationsprogramm.
■ Was vermutest du: Ist die Zuordnung der Streckenlänge zum Benzinverbrauch eine proportionale Zuordnung oder nicht?
■ Berechne den Durchschnittsverbrauch für die vier Wochen einzeln und über die gesamte Zeit.
■ Was fällt dir auf? Woher könnten die Unterschiede kommen?
■ Stelle die Auswertung in einem Diagramm dar.
Günstig ist es, die Spalte C als Eingabe und Spalte D als Ausgabe zu wählen und einzelne Punkte zeichnen zu lassen. Verbinde den Punkt (1487 | 123,35) durch eine Gerade mit dem Punkt 0.
■ Informiere dich, wie Autohersteller den Durchschnittsverbrauch für ein Modell berechnen.

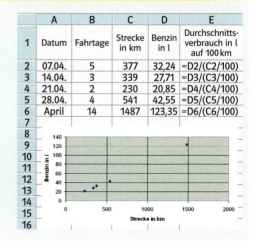

134 Proportionale Zuordnungen

3 Umgekehrter Dreisatz

Drei Tippgemeinschaften haben Glück gehabt: 5 Richtige, 5040 €!
Der Gewinn verteilt sich aber auf 5, auf 6 und auf 8 Personen.
→ Wie hoch sind die Gewinne der einzelnen Personen?
Auch eine Tippgemeinschaft von 7 Personen hätte den Gewinn von 5040 € leicht aufteilen können.
→ Suche weitere günstige Personenzahlen.

Die Inhaberin eines Obstbaubetriebes möchte ein Erdbeerfeld abernten lassen. Im Vorjahr haben das 8 Helfer in 3 Stunden geschafft. Diesmal kann sie aber nur 6 Helfer einstellen. Die benötigte Zeit lässt sich in drei Schritten berechnen:

1. Satz: 8 Helfer brauchen   3 h
2. Satz: 1 Helfer braucht   8 · 3 h = 24 h
3. Satz: 6 Helfer brauchen   24 h : 6 = 4 h

Im 2. Satz wird also die Eingabegröße durch 8 dividiert und die Ausgabegröße mit 8 multipliziert. Im 3. Satz wird die Einheit der Eingabegröße mit 6 multipliziert und die neue Ausgabegröße durch 6 dividiert.

> Wenn zu einem Drittel, zur Hälfte, zum Zweifachen, zum Dreifachen, …
> der Eingabegröße das Dreifache, das Doppelte, die Hälfte, ein Drittel, …
> der Ausgabegröße gehört, kann man gesuchte Werte der Ausgabegröße mit dem
> **umgekehrten Dreisatz** berechnen. Der Division der Eingabegröße entspricht die
> Multiplikation der Ausgabegröße und umgekehrt.

Beispiel
Drei Pumpen mit gleicher Leistungsfähigkeit brauchen zum Entleeren eines Wasserbeckens 15 Stunden.
Eine solche Pumpe braucht 45 Stunden, dann brauchen fünf solche Pumpen neun Stunden.

Anzahl der Pumpen	Zeit in h
3	15
1	45
5	9

: 3 ↓ · 3 ↓
· 5 ↓ : 5 ↓

Aufgaben

1 Rechne im Kopf.
a) Der Futtervorrat für 16 Tiere reicht neun Tage. Es sind nur 12 Tiere im Stall.
b) Aus einem Eichenstamm werden 24 Bretter von 5 cm Dicke gesägt. Ein gleich starker zweiter Stamm wird zu 30 Brettern zersägt.

2 a) Normalerweise fährt Kajo mit dem Rad 20 km in der Stunde und braucht für den Heimweg vom Sportplatz 10 Minuten. Heute fährt er aber 25 km in der Stunde.
b) Ein Gewinn soll an acht Personen verteilt werden. Jeder bekommt 70 €. Eine Person verzichtet nachträglich.

3 Beim Schulfest verkauft die Klasse 7c Pizza vom Blech.
Lisa und Jan überlegen:
Wir können 16 Stücke pro Blech schneiden und 1,50 € nehmen.
Wir könnten auch 20 Stücke schneiden, verlangen dann aber entsprechend weniger.

4 Sechs Schülerinnen und Schüler geben eine Zeitungsanzeige auf.
Alle beteiligen sich mit 1,45 € an den Kosten. Jetzt entschließen sich noch drei andere Schülerinnen mitzumachen.

5 Ein Sportverein beschließt, dass seine 141 Mitglieder einen Kostenbeitrag für den Bau eines Hartplatzes leisten müssen.
Auf jedes Mitglied entfallen 75 €.
Durch einen Aufruf in der Zeitung werden 47 neue Mitglieder geworben, die alle bereit sind, sich an den Kosten zu beteiligen.

6 Berechne den fehlenden Wert mit dem umgekehrten Dreisatz.
a)

Anzahl der Gewinner	Gewinn in €
6	1245
9	

b)

Anzahl der Personen	Kostenbeitrag in €
18	133,25
26	

c)

Geschwindigkeit in km/h	Zeit in h
24	$1\frac{1}{2}$
27	

d)

Lkw-Ladung in m³	Anzahl der Lkw-Fahrten
7,0	21
9,0	

7 Im Bebauungsplan eines Neubaugebiets sind 16 Grundstücke zu je 720 m² ausgewiesen.
a) Der Plan wird geändert. Die Grundstücke sollen nur noch je 640 m² groß sein.
b) Angenommen, man hätte 320 m² große Grundstücke geplant. Gäbe es von dieser Größe dann genau doppelt so viele Grundstücke wie bei einer Größe von 640 m²?

8 Der Vorrat eines Ölfelds wird bei gleich bleibender Förderung noch 20 Jahre reichen. Die Förderung wird auf 75 % verringert. Wie lang reicht dann der Vorrat?

9 Herr Bauer plant, die Terrasse mit neuen Platten zu belegen. Es gibt verschiedene Größen.
a) In eine Reihe passen 25 große Platten. Wie viele kleine Platten ergeben eine volle Reihe?

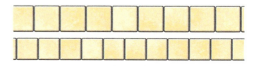

b) Die Terrasse ist quadratisch. Wie viele große Platten sind insgesamt nötig?
Wie viele kleine müsste Herr Bauer stattdessen kaufen?
c) Herrn Bauer wird ein Restposten von 250 großen Platten angeboten.

10 Fünf gleich starke Röhren füllen ein Brunnenbecken in vier Stunden.
a) Gleich zu Beginn fällt eine Röhre aus.
b) Nach einer Stunde fällt eine Röhre aus.
c) Nachdem das Becken halb voll ist, fällt eine Röhre aus.

4 Umgekehrt proportionale Zuordnungen

In der Schulaula wird ein Musical aufgeführt. 180 Stühle sollen gestellt werden.
→ Auf welche Arten kann man die Stühle in gleich lange Reihen stellen?
Welche Arten sind zweckmäßig, welche nicht?
→ Messt die Aula eurer Schule aus und überlegt euch eine gute Möglichkeit.
→ Erkundigt euch, wie die Stühle in der Regel gestellt werden.

Vier Freunde planen eine Radwanderung. Sie möchten an 6 Tagen je 60 km fahren. Dann überlegen sie sich, wie viele Tage die Radtour dauern wird, wenn sie längere oder kürzere Tagesstrecken fahren.

Tagesstrecke in km	40	50	60	70	80	90	100
Fahrtdauer in Tagen	9	7,2	6	5,1	4,5	4	3,6
Gesamtstrecke in km	360	360	360	360	360	360	360

Das Produkt aus der Tagesstrecke und der Fahrtdauer in Tagen ist immer dasselbe, nämlich 360 km.
Der Quotient aus Gesamtstrecke und Tagesstrecke ist die Fahrtdauer in Tagen. Das Ergebnis kann auch eine Bruchzahl sein. Zu jedem Wertepaar aus Eingabe- und Ausgabegröße gehört ein Punkt im Koordinatensystem.
Diese Punkte liegen auf einer Kurve. Sie dürfen nicht geradlinig verbunden werden.

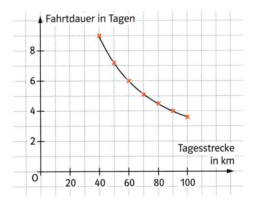

Eine Zuordnung heißt **umgekehrt proportional**, wenn zu einem Drittel, der Hälfte, dem Zweifachen, dem Dreifachen, ... der Eingabegröße das Dreifache, das Zweifache, die Hälfte, das Drittel, ... der Ausgabegröße gehört.
Das Produkt aus zusammengehörigen Eingabe- und Ausgabegrößen hat immer denselben Wert.
Alle Punkte der Zuordnung liegen auf einer Kurve. Sie heißt **Hyperbel**.

Beispiel
Eine Gemeinde plant ein Baugebiet mit 18 000 m² Fläche.
Soll jedes Grundstück 500 m² groß werden, gibt es 18 000 m² : 500 m² = 36 Grundstücke.
Entsprechend wird für andere Flächenvorgaben die Anzahl der Grundstücke berechnet.
(Die Ausgabewerte für 700 m² und 800 m² sind abgerundete Bruchzahlen.)

Grundstücksfläche in m²	300	400	500	600	700	800	900
Anzahl der Grundstücke	60	45	36	30	26	22	20

Aufgaben

1 Übertrage die Tabelle ins Heft und gib die fehlenden Ausgabewerte der umgekehrt proportionalen Zuordnung an.

a)

Anzahl der Grundstücke	12	15	16	20
Fläche eines Grundstücks in m²		560		

b)

Zahl der Personen	4	5	7	8
Gewinn pro Person in €		924		

c)

Schrittlänge in cm	75	80	85	90
Schrittzahl auf 100 m		125		

! Runden nicht vergessen!

2 Welche Zuordnungen können umgekehrt proportional sein? Welche sind sicher nicht umgekehrt proportional?

Eingabe	Ausgabe
Anzahl der Personen	Gewicht einer Portion
Vorrat	Zeit, die der Vorrat reicht
Tageszeit	Zeit bis zum Ende des Tages
Gewicht eines Brotlaibs	Anzahl der Scheiben
Dicke der Bretter	Anzahl der Bretter
Anzahl der Lkw-Fahrten	Zeit zum Aufschütten eines Damms
Geschwindigkeit am Start	Zeit, in der 800 m gelaufen werden

Umgekehrt proportionale Zuordnung: Länge zu Anzahl von Leisten

Leisten von 3,00 m Länge werden in gleich lange Teile geschnitten. Je nach Länge der Teile erhält man unterschiedliche Anzahlen. Ein Tabellenkalkulationsprogramm hilft beim Rechnen.

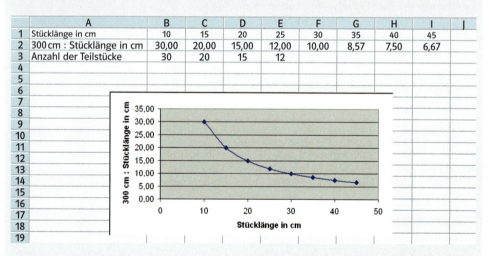

- Ergänze die Einträge in der dritten Zeile.
Warum kannst du Dezimalzahlen hier nicht wie gewohnt runden?
- Erstelle dieses Rechenblatt selbst. Stelle die Zuordnung der Länge zu den Divisionsergebnissen in der zweiten Zeile in einem geeigneten Diagramm dar.

- Was kannst du aus dem Diagramm ablesen?
- Bei jedem Schnitt werden 2 mm Material verbraucht.
Wie ändert sich dadurch die Anzahl der Teilstücke?
- Erstelle Tabellen und Diagramme für andere Leistenlängen.

3 a) Wie lange brauchen die Leute für eine Strecke von 1 km?
b) Trage die Werte in ein Schaubild ein. Verbinde die Punkte zu einer Hyperbel.

Fußgänger	5 km in 1 h
Hobbyläufer	12 km in 1 h
trainierte Läuferin	15 km in 1 h
Radfahrerin	20 km in 1 h
sportlicher Radfahrer	30 km in 1 h

4 Diese Zuordnungen sind, wenn man gedankenlos rechnet, umgekehrt proportional. Überlege aber, ob man die Werte der Eingangsgröße beliebig wählen kann.
a) Eine Jugendgruppe plant eine mehrtägige Radtour. Die Gesamtstrecke ist 420 km.
b) Ein Baugebiet von 20 500 m² soll in gleich große Grundstücke eingeteilt werden.
c) Eine Menge von 7200 l Saft soll in Flaschen abgefüllt werden.
d) Ein Hausdach wird von drei Dachdeckern in 16 Stunden gedeckt.

5 Ein Wanderverein mietet einen Bus für 50 Personen. Die Kosten von 630 € sollen gleichmäßig verteilt werden. Die Vereinsvorsitzende erwartet Absagen und überlegt, wie hoch der Kostenbeitrag ist, wenn nur 45; 40; 35; 30 Personen mitfahren.

6 Ein Flugzeug fliegt in einer Stunde 950 km. Von Düsseldorf nach Chicago braucht es neun Stunden. Auf dieser Strecke bläst oft Gegenwind. Die Geschwindigkeit des Flugzeugs verringert sich dann um die Windgeschwindigkeit.
a) Wie lange dauert der Flug bei einem Gegenwind mit der Geschwindigkeit 25 km in 1 h; 50 km in 1 h; 75 km in 1 h; 100 km in 1 h; 125 km in 1 h?
b) Stelle die Flugdauer bei den verschiedenen Fluggeschwindigkeiten in einem Schaubild dar.
c) Stelle die Verlängerung der Flugdauer bei den verschiedenen Windgeschwindigkeiten in einem Schaubild dar. Ist diese Zuordnung proportional, ist sie umgekehrt proportional?

Runde auf Minuten!

x-Achse:
1 cm für 10 km pro h
y-Achse:
1 cm für 30 min

Punkte einmal anders

Die Schriftgröße wird in der Einheit „Punkt", abgekürzt pt, gemessen. Schreibt man das Wort „Regenbogen" in 8-pt-Schrift mehrfach ohne Abstände hintereinander, passen in eine 16 cm lange Zeile 114 Buchstaben. In 12-pt-Schrift sind es 76 Buchstaben. Diese zwei Zeilen sind im Bild unten in Rot bzw. Orange ausgedruckt.

- Zähle in den folgenden vier Zeilen aus, wie viele Buchstaben in den Schriftgrößen 16 pt; 20 pt; 24 pt und 28 pt in eine Zeile passen.
- Ist die Zuordung „Schriftgröße" zu „Buchstabenzahl" umgekehrt proportional?
- Experimentiere mit anderen Schriftgrößen, anderen Buchstaben, anderen Schriftarten.

RegenbogenRegenbogenRegenbogenRegenbogenRegenbogenRegenbogenRegenbogenRegenbogenRegenbogenRegenbogenRege

RegenbogenRegenbogenRegenbogenRegenbogenRegenbogenRegenbogenRegenbogenRegenb

RegenbogenRegenbogenRegenbogenRegenbogenRegenbogenRegenbo

RegenbogenRegenbogenRegenbogenRegenbogenRegen

RegenbogenRegenbogenRegenbogenRegenbog

RegenbogenRegenbogenRegenbogenRe

Zusammenfassung

Dreisatz

Gesuchte Werte der Ausgabegröße einer proportionalen Zuordnung kann man mit dem **Dreisatz** berechnen. Man schließt zuerst durch Division auf die Einheit und dann durch Multiplikation auf das Vielfache.

1200 l Heizöl kosten 600 €.
Wie viel kosten 1700 l?
   1200 l kosten 600 €
   1 l kostet 600 € : 1200 = 0,50 €
   1700 l Heizöl kosten
   1700 · 0,50 € = 850 €
   1700 l Heizöl kosten 850 €.

Proportionale Zuordnung

Eine Zuordnung heißt **proportional**, wenn zu einem Vielfachen oder Teil der Eingabegröße dasselbe Vielfache oder derselbe Teil der Ausgabegröße gehört.
Dividiert man die Ausgabegrößen durch die Eingabegrößen, ergibt sich immer der **Proportionalitätsfaktor**.
Die Ausgabegröße erhält man auch durch Multiplikation der Eingabegröße mit dem Proportionalitätsfaktor.

Alle Punkte der Zuordnung liegen auf einer **Geraden** durch den Ursprung.

Proportionalitätsfaktor:
600 € : 1200 = 0,50 €

Menge in l	1100	1350	1579	1700
Kosten in €	550,00	675,00	789,50	850,00

Umgekehrter Dreisatz

Gesuchte Werte der Ausgabegröße einer umgekehrt proportionalen Zuordnung kann man mit dem **umgekehrten Dreisatz** berechnen. Der Division der Eingabegröße entspricht die Multiplikation der Ausgabegröße und umgekehrt.

Eine Radtour ist anfangs mit sieben Etappen zu je 60 km geplant. Die Radfahrgruppe hat aber nur fünf Tage Zeit.

Anzahl der Tage	Strecke in km
7	60
1	420
5	84

:7 · 7
·5 :5

Die Tagesstrecke muss 84 km betragen.

Umgekehrt proportionale Zuordnung

Eine Zuordnung heißt **umgekehrt proportional**, wenn zum n-Fachen der Eingabegröße der n-te Teil der Ausgabegröße und zum n-ten Teil der Eingabegröße das n-Fache der Ausgabegröße gehört.
Das Produkt aus zusammengehörigen Eingabe- und Ausgabegrößen hat immer denselben Wert.
Alle Punkte der Zuordnung liegen auf einer Kurve. Sie heißt **Hyperbel**.

Anzahl der Tage	3	4	5	6	7	8
Tagesstrecke in km	140	105	84	70	60	52,5

140 · 3 = 420;   105 · 4 = 420;   usw.

Üben • Anwenden • Nachdenken

1 Handelt es sich um eine proportionale oder umgekehrt proportionale Zuordnung?

a)
Länge in m	8	12	24	32	36
Kosten in €	32	48	96	128	144

b)
Anzahl Maschinen	2	3	4	6	8
Zeit in h	48	32	24	16	12

c)
Stückzahl	56	64	88	136	168
Gewicht in kg	7	8	11	17	21

2 Ergänze die Tabelle zu einer
a) proportionalen Zuordnung.
Kosten in €	1	3	5		14
Nägel in g		1200		5200	

b) umgekehrt proportionalen Zuordnung.
Zeit in h			18		6
Anzahl der Arbeiter	1	2	3	6	

3 Entscheide am Schaubild, ob die Zuordnung proportional oder umgekehrt proportional ist. Fülle die Tabelle weiter aus.

a)
Eingabegröße	…	3	4	5	…
Ausgabegröße	…	6	7	8	

b)
Eingabegröße	…	3	4	5	…
Ausgabegröße	…	8	6	4,8	

4 Welche Zuordnungen sind dargestellt?

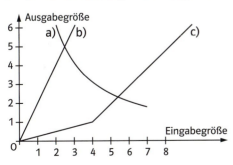

5 a) Trage 10 Paare natürlicher Zahlen mit dem Quotient 34 in eine Tabelle ein.
b) Trage 10 Paare natürlicher Zahlen mit dem Quotient 1,5 in eine Tabelle ein.

6 Trage alle Paare natürlicher Zahlen in eine Tabelle ein, die denselben Produktwert haben wie
a) 6 und 8.   b) 7 und 12.

7 Das Wertepaar (1|4) gehört zu einer proportionalen und zu einer umgekehrt proportionalen Zuordnung.
a) Suche für beide Zuordnungen weitere Wertepaare und fertige für jede Zuordnung eine Tabelle an.
b) Zeichne die beiden Schaubilder.

8 Lucia hat zwei Katzen. Eine Katze braucht in drei Tagen zwei Dosen Katzenfutter.
a) Lucia kauft einen Monatsvorrat.
b) Lucia überprüft ihren Vorrat an Katzenfutter und stellt fest, dass sie noch zwölf Dosen hat.

9 Wie groß ist die ganze Statue?

10 Um die Fenster der Schule zu reinigen, benötigen drei Reinigungskräfte acht Stunden. In welcher Zeit hätten 6; 12; 24; 60; 120; 240 Reinigungskräfte die Fenster geputzt?

11 Um den Müll einer Stadt abzufahren benötigen sechs Müllwagen fünf Tage. Wegen eines Feiertags stehen nur vier Tage zur Verfügung.

In Tabellen zuordnen

Der Lohn für 32 h beträgt 416 €. Welcher Lohn ist für 42 h zu zahlen?

Um einen Hof zu pflastern benötigen vier Arbeiter 72 h. Welche Arbeitszeit benötigen drei Arbeiter?

Wenn du eine solche Zuordnungsaufgabe lösen willst, musst du zuerst prüfen, ob es sich um eine

proportionale   oder   umgekehrt proportionale

Zuordnung handelt.

Dies ergibt sich aus dem Sachverhalt.
Die Angaben werden in einer Tabelle übersichtlich dargestellt.

Lohn in €	x	416
Arbeit in h	42	32

oder

Arbeitszeit in h	x	72
Anzahl der Arbeiter	3	4

Bei einer proportionalen Zuordnung sind die Quotienten gleich.

$$\frac{x}{42\,h} = \frac{416\,€}{32\,h}$$

Um den gesuchten Wert x zu bestimmen, musst du mit dem linken Nenner multiplizieren.

$$x = \frac{416\,€}{32\,h} \cdot 42\,h = 546\,€$$

Bei einer umgekehrt proportionalen Zuordnung sind die Produkte gleich.

$$x \cdot 3 = 72\,h \cdot 4$$

durch den linken Faktor teilen.

$$x = \frac{72\,h \cdot 4}{3} = 96\,h$$

Einheits-Größen	Deutsche Größen	
	Damen	Herren
S	34–36	44
M	38–40	46–48
L	42–44	50–52
XL	46–48	54

Small
Medium
Large
Extra **L**arge

12 Kleidungsgrößen werden in den USA anders angegeben als in Deutschland. In der Tabelle siehst du die Zuordnung der USA-Größen zu den deutschen Größen.
a) Welche USA-Größe entspricht der deutschen Herrengröße 48 und welche der Damengröße 36?
b) Welche deutsche Damengröße entspricht der USA-Größe L?
c) Was bedeutet wohl die Größe XXL?

13 Im Wasser legt der Schall pro Sekunde eine Strecke von 1500 m zurück.
a) Das Klopfzeichen eines Tauchers erreicht das Boot nach 0,03 s.
b) Erstelle eine Tabelle für die Zuordnung der Tauchtiefe in Meter zur Laufzeit des Schalls in Zehntelsekunden. Fertige ein Schaubild an.
c) Erkundige dich nach der Schallgeschwindigkeit in Luft.
Erstelle eine Tabelle für die Zuordnung der Entfernung in Meter zur Laufzeit des Schalls in Sekunden. Welche Bedeutung hat deine Tabelle für den Zusammenhang zwischen Blitz und Donner?

14 Ein Taxiunternehmen verlangt für jede Fahrt eine Grundgebühr von 1,50 € und für jeden gefahrenen Kilometer 50 ct.
a) Herr Koenen fährt 15 km mit dem Taxi, Frau Zimmermann fährt doppelt so weit.
b) Frau Teobald muss 18,00 € bezahlen, Herr Schramm nur die Hälfte.

15 In dem Schaubild ist der Zeit ein zurückgelegter Weg zugeordnet.

a) Gibt es Abschnitte in dem Schaubild, in dem der zurückgelegte Weg proportional zur Zeit ist?
b) Erfinde eine Geschichte, die zu diesem Graphen passt.

Geschwindigkeit

Um die durchschnittliche Geschwindigkeit eines Fahrzeugs zu ermitteln, muss der zurückgelegte Weg durch die benötigte Zeit geteilt werden.
Hat ein Auto in drei Stunden 150 km zurückgelegt, so beträgt die durchschnittliche Geschwindigkeit
$\frac{150\,km}{3\,h} = 50\,\frac{km}{h}$ (lies: 50 km pro Stunde).

Bei einer fest vorgegebenen Zeit ist die durchschnittliche Geschwindigkeit proportional zum Weg:
Je größer der zurückgelegte Weg in einer bestimmten Zeit ist, desto größer die Geschwindigkeit.

Bei fest vorgegebener Zeit

Bei einer fest vorgegebenen Strecke ist die durchschnittliche Geschwindigkeit umgekehrt proportional zur Zeit:
Je mehr Zeit für einen bestimmten Weg benötigt wird, desto kleiner ist die durchschnittliche Geschwindigkeit.

Bei fest vorgegebener Strecke

- In 5 h legt ein Fahrrad 75 km, ein Moped 125 km und ein Auto 200 km zurück. Zeichne ein Schaubild.
Lies weitere Wertepaare ab und erkläre was sie bedeuten.
- Ein Pkw, ein Motorrad und ein Lkw fahren 180 km weit. Der Pkw benötigt 2 h, das Motorrad 1,5 h und der Lkw 3 h. Zeichne ein Schaubild.
Lies weitere Wertepaare ab.

16 Drei Familien aus derselben Stadt sind an denselben Urlaubsort gefahren. Familie Schmid hat bei einer durchschnittlichen Geschwindigkeit von 90 $\frac{km}{h}$ ohne Pausen sechs Stunden gebraucht.
Familie Meyer fuhr im Schnitt 100 $\frac{km}{h}$, Familie Bobic 120 $\frac{km}{h}$.
a) Berechne die Fahrzeiten für Familie Meyer und Familie Bobic.
b) Zeichne ein Schaubild für die drei angegebenen Geschwindigkeiten. Trage dazu auf der Rechtsachse die Zeit und auf der Hochachse den Weg ein. Achte auf eine sinnvolle Achseneinteilung.
c) Lies im Schaubild ab, welchen Vorsprung Familie Bobic nach drei Stunden vor Familie Schmid und Familie Meyer hat.

17 In einem Tapezierratgeber steht eine Tabelle für die Anzahl der Tapetenrollen bei normaler Raumhöhe und einem vorgegebenen Umfang des Fußbodens.

Umfang in m	Anzahl der Rollen
6	4
10	7
12	8
15	10
18	12
20	14

a) Welche Art von Zuordnung liegt der Berechnung zugrunde?
b) Warum steht in der Tabelle bei 10 m Umfang für die Anzahl der Rollen 7?
c) Ergänze die Tabelle durch die Zwischenwerte für den Umfang des Zimmers.

18 Eine 3,60 m lange und 2,40 m hohe Wand soll gekachelt werden.
Es stehen die Kachel-Formate
15 cm × 15 cm; 15 cm × 20 cm und 20 cm × 20 cm zur Auswahl.
Die Fugen bleiben unberücksichtigt.

19 Eine Abfüllanlage für Fruchtsaft füllt mit fünf Maschinen in zwölf Stunden 66 000 Flaschen.
Formuliere eine Aufgabe und löse sie.

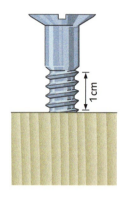

? Zum Streckenmessen auf Landkarten gibt es auch Messrädchen. Wie kann man die verschiedenen Maßstäbe erklären?

20 Eine Schraube dringt bei vier Umdrehungen 1 cm in das Holz ein.
a) Wie viele Umdrehungen sind für 6 cm nötig?
b) Die Schraube ist 7,5 cm lang.
Wie oft muss mindestens gedreht werden, bis die Schraube ganz im Holz ist?
c) Wie tief ist die Schraube nach drei Umdrehungen eingedrungen?
d) Wie viele Umdrehungen sind für 1,5 cm nötig?

21 Landkarten werden mit unterschiedlichen Maßstäben angeboten.
Dieses Schaubild kann helfen, vom abgelesenen Kartenmaß auf das wirklichen Maß zu schließen und umgekehrt.

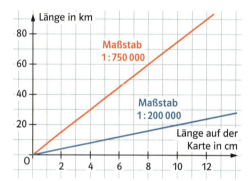

a) Übertrage das Schaubild in dein Heft und ergänze die Maßstäbe 1 : 500 000 und 1 : 1 000 000 andersfarbig.
b) Welcher wirklichen Entfernung entsprechen 6 cm auf der Karte in den vier verschiedenen Maßstäben?
c) Wie lang sind in den vier Maßstäben 20 km auf der Karte?
d) Stelle deiner Nachbarin oder deinem Nachbarn Fragen zum Maßstab, die er oder sie mithilfe des Schaubildes beantworten kann.

22 Beim nächsten Schulfest sollen Hefeteilchen gebacken und an die Besucherinnen und Besucher verkauft werden.
Das Grundrezept sieht folgende Zutaten für 16 Gebäckstücke vor:
500 g Weizenmehl Type 1050; 40 g Hefe; 150 g lauwarme Milch; 90 g weiche Butter; 70 g Honig und 3 Eigelb.

23 Erstelle zur Unterstützung eines Markthändlers Tabellen für die Zuordnung der Kosten zum Gewicht der Ware (in Schritten zu 100 g bis 2,5 kg) und zeichne für die verschiedenen Obstsorten Geraden in ein Schaubild.
Lege die Einheiten der Achsen sinnvoll fest und beschrifte gut.

24 Das Zahnrad am Pedal eines Fahrrades hat 48 Zähne. Über die Kette treibt es ein anderes Zahnrad mit 18 Zähnen am Hinterrad des Fahrrades an. Um eine Strecke von 100 m zurückzulegen muss sich das Hinterrad 50-mal drehen.
a) Lea hat eine Strecke von 4000 m zurückgelegt.
Wie viele Pedalumdrehungen waren dafür notwendig?
b) Luis begleitet Lea auf ihrer 4000 m langen Strecke mit einem Fahrrad, dessen hinterer Zahnkranz 15 Zähne hat.

25 Tommy möchte ein aufblasbares Kinderplanschbecken füllen. Er nimmt einen 5-l-Eimer zur Hilfe.
Sein Vater warnt ihn: „Du musst dann aber 60-mal mit dem Eimer zum Becken gehen."
a) Tommy entschließt sich, das Becken mithilfe eines 10-l-Eimers zu füllen.
b) Tommy und seine kleinere Schwester füllen das Becken gemeinsam.
Dabei trägt er einen 10-l-Eimer, seine Schwester einen 5-l-Eimer.
c) Tommys Vater behauptet, er müsse nur 15-mal zum Becken laufen, bis es voll ist.
d) Durch einen Gartenschlauch fließen in einer Minute 10 l Wasser.
In welcher Zeit ist das Becken mithilfe des Schlauchs gefüllt?

Rückspiegel

1 Sind die Zuordnungen proportional, umgekehrt proportional oder keines von beiden?

a)
Gewicht	Kosten
3 kg	10,50 €
7 kg	24,50 €
15 kg	52,50 €

b)
Anzahl	Kosten
12	30 €
20	48 €
30	69 €

c)
Zeit	Anzahl
12 h	9
4 h	27
6 h	18

d)
Höhe	Volumen
15 cm	12,0 l
17 cm	13,6 l
19 cm	15,2 l

2 Zeichne den Graph der proportionalen Zuordnung. (x-Achse: 1 cm für 1 m; y-Achse: 1 cm für 200 g)

Rohrlänge in m	1	2	3	4	...
Gewicht in g	250	500	750	...	...

3 Zeichne den Graph der umgekehrt proportionalen Zuordnung. (Einheit $\frac{1}{2}$ cm)

Länge in cm	5	8	10	16	20
Breite in cm	16	10	8	5	4

4 Lies aus dem Schaubild ab, wie viel
a) Minuten man für 25 km braucht.
b) Kilometer nach 35 min geschafft sind.

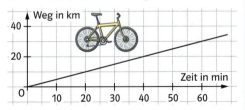

5 Rechne beim Einkauf immer nach.
a) Zwei Kilogramm Orangen kosten 3,60 €. Was kosten drei Kilogramm?
b) Für 350 g Aufschnitt zahlt Kai 3,15 €. Was kosten 250 g?
c) Ist eine 850-g-Dose für 1,59 € günstiger oder eine 560-g-Dose zu 0,99 €?

1 Ergänze a) und b) zur proportionalen und c) und d) zur umgekehrt proportionalen Zuordnung.

a)
Zeit	Kosten
15 h	540 €
	180 €
	360 €
25 h	

b)
Anzahl	Kosten
2	
	45,00 €
9	22,50 €
	17,50 €

c)
Arbeiter	Zeit
	5 h
20	10 h
	20 h
8	

d)
Anzahl	Kosten
36	25 €
30	
	45 €
24	

2 Zeichne die Graphen der proportionalen Zuordnungen Gewicht zu Kosten in ein Koordinatensystem, wenn 100 g Obst 0,19 €; 0,29 €; 0,39 €; ... ; 0,99 € kosten.

3 Zwei Rechtecke haben 18 cm² und 24 cm² Flächeninhalt. Zeichne die Graphen der zwei umgekehrt proportionalen Zuordnungen „Breite zur Länge".

4 Erstelle Wertetabellen für beide Zuordnungen. Was sind das für Zuordnungen?

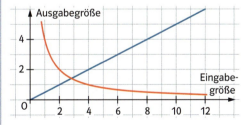

5 Kontrolliere die Preise beim Einkauf.
a) Für 450 g Salami zahlst du 5,85 €. Was kosten 250 g?
b) $3\frac{1}{2}$ kg Äpfel kosten 4,99 €. Was kosten $2\frac{1}{2}$ kg?
c) Sind 3 kg Waschmittel für 7,65 € günstiger oder 4,5 kg zu 11,75 €?
d) Ist eine Tüte mit 650 g für 1,99 € günstiger oder 650 g lose bei 0,29 € je 100 g?

8 Prozente

Wenn wir 100 wären ...

Beim Rechnen mit Prozenten dreht sich alles um die Zahl 100.

In die Klasse 7a der Schloss-Realschule gehen 11 Jungen und 14 Mädchen.
Sechs Schülerinnen und Schüler sind 12 Jahre, zwölf sind 13 Jahre und sieben sind 14 Jahre alt.
Elf kommen mit dem Fahrrad, sechs zu Fuß und acht mit öffentlichen Verkehrsmitteln zu Schule.

- Wie sähen die entsprechenden Zahlen in einer Klasse mit 100 Schülerinnen und Schülern aus?
- Berechne oder schätze die entsprechenden Anteile in deiner Klasse.
- Du findest bestimmt noch ein paar weitere Unterscheidungsmerkmale in deiner Klasse.

In ein 10×10-Quadrat könnt ihr die verschiedenen Anteile einzeichnen.
- Stellt die unterschiedlichen Aufteilungen jeweils in einem 10×10-Quadrat dar. Dabei könnt ihr für die Anteile unterschiedliche Farben verwenden.
- Verwendet auch andere bekannte Diagramm-Arten zur Darstellung und vergleicht mit dem 10×10-Quadrat.

Fahrrad   44%
Zu Fuß   24%
Bus/Bahn 32%

Umfrage

60 Schülerinnen und Schüler werden gefragt, welche Sportart sie betreiben.

Ergebnis:
Leichtathletik 20, Fußball 30, Volleyball 22, Schwimmen 14, Tischtennis 6

Warum kannst du Ergebnisse von Umfragen, bei denen Mehrfachnennungen möglich sind, auf diese Art nicht grafisch darstellen?
Suche andere Darstellungsmöglichkeiten.

10 × 10-Quadrate

Zeichne in dein Heft einige Quadrate.

- Färbe jedes vierte Kästchen ein. Stelle den Anteil zusammenhängend dar. Welcher Anteil des gesamten Quadrats ist jetzt gefärbt?
- Wie sieht dein Ergebnis aus, wenn du jedes zweite Kästchen einfärbst? Du kannst die Frage bestimmt auch beantworten, ohne die Flächen zu färben.
- Wie ist es bei jedem fünften Kästchen, wie bei jedem zehnten?
- Welche Probleme treten auf, wenn du jedes dritte oder jedes achte Kästchen ausmalst?

Kennst du schon Prozentangaben, die du für die Beschreibung der bemalten Anteile verwenden könntest?

Welchen Anteil kann man geschickt mithilfe eines Kreises darstellen?

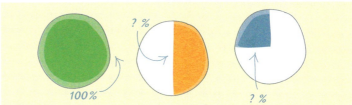

In diesem Kapitel lernst du,

- wie man Anteile als Prozente darstellt,
- wie man prozentuale Anteile ausrechnet,
- wie man Prozente in Diagrammen darstellen kann,
- wie man mit Prozenten rechnen kann.

Wenn wir 100 wären ... 147

1 Absoluter und relativer Vergleich

In der Handball-Bundesliga wird eine Statistik über die abgewehrten Siebenmeter geführt.

Torhüter Ramota hat von 30 geworfenen Siebenmetern 8 gehalten, Fritz von 24 Versuchen 6, Holpert von 28 Versuchen 7.
→ Wer ist der beste Torhüter?
→ Wie begründest du deine Antwort?

In zwei aufeinander folgenden Jahren wurden in einer Schule Sicherheitsüberprüfungen an Fahrrädern durchgeführt.

Absolut gesehen wurden im zweiten Jahr mehr Mängel festgestellt, es waren aber auch mehr Fahrräder.
Um die Anteile besser vergleichen zu können, werden beide Ergebnisse durch Erweitern als Brüche mit demselben Nenner geschrieben.
Dann sieht man, dass im ersten Jahr **relativ** gesehen mehr Mängel vorhanden waren.

	1. Jahr	2. Jahr
Anzahl der Mängel	40	50
Anzahl der Fahrräder	120	180
Anteile	$\frac{40}{120} = \frac{120}{360}$	$\frac{50}{180} = \frac{100}{360}$
Absoluter Vergleich	40 <	50
Relativer Vergleich	$\frac{120}{360}$ >	$\frac{100}{360}$

Beim **absoluten Vergleich** werden die Zahlen- oder Größenangaben direkt miteinander verglichen.
Beim **relativen Vergleich** werden die Anteile miteinander verglichen.

Beispiele
a) Von 150 Boskop-Äpfeln sind 18 faul, von 50 Äpfeln der Sorte Jonathan sind 8 faul.
Absolut verglichen sind damit mehr Boskop-Äpfel faul.
Für den relativen Vergleich müssen die Anteile $\frac{8}{50}$ und $\frac{18}{150}$ miteinander verglichen werden.
Es gilt $\frac{8}{50} = \frac{24}{150}$. Da $\frac{24}{150} > \frac{18}{150}$ ist, sind relativ gesehen mehr Äpfel der Sorte Jonathan faul.

b) Biowaschmittel wird in zwei Packungsgrößen angeboten:
Die 5-kg-Packung ist absolut gesehen billiger, weil sie 9,75 € kostet.
Relativ gesehen ist aber die 10-kg-Packung für 19,25 € günstiger, weil zwei 5-kg-Packungen 19,50 € kosten.

Aufgaben

1 Welcher Anteil ist größer?
a) $\frac{4}{5}$ oder $\frac{7}{10}$; $\frac{9}{15}$ oder $\frac{24}{45}$; $\frac{7}{8}$ oder $\frac{15}{16}$
b) $\frac{7}{12}$ oder $\frac{11}{15}$; $\frac{18}{25}$ oder $\frac{23}{40}$; $\frac{19}{18}$ oder $\frac{21}{20}$

2 Vergleiche die Anteile nach ihrer Größe.
a) $\frac{3}{4}$ oder $\frac{7}{10}$; $\frac{2}{3}$ oder $\frac{4}{5}$; $\frac{3}{5}$ oder $\frac{5}{8}$
b) $\frac{1}{3}$ oder $\frac{4}{9}$; $\frac{9}{10}$ oder $\frac{13}{15}$; $\frac{7}{12}$ oder $\frac{11}{18}$

3 Ordne die Anteile nach der Größe.
a) $\frac{1}{2}; \frac{2}{3}; \frac{1}{6}; \frac{1}{3}; \frac{5}{6}$ b) $\frac{15}{20}; \frac{7}{10}; \frac{11}{15}; \frac{17}{30}$
c) $\frac{19}{80}; \frac{61}{240}; \frac{39}{160}; \frac{27}{120}$ d) $\frac{17}{12}; \frac{23}{18}; \frac{50}{36}; \frac{31}{24}$

4 Manchmal ist es beim Vergleichen von Anteilen sinnvoll, Brüche in Dezimalbrüche umzuwandeln.
Entscheide selbst, wie viele Nachkommaziffern du berechnen musst.
a) $\frac{4}{7}; \frac{5}{8}; \frac{7}{10}; \frac{11}{15}$ b) $\frac{11}{50}; \frac{17}{70}; \frac{19}{80}; \frac{21}{90}$

5 Ordne nach der Größe.
$\frac{3}{7}$; 0,55; $\frac{2}{5}$; 0,33; $\frac{1}{3}$; 0,5; $\frac{3}{10}$
Erkläre, wie du beim Ordnen der Zahlen vorgegangen bist.

6 Beim Basketball traf Jens bei 15 Freiwürfen 7-mal in den Korb, Manuel traf 9-mal bei 20 Freiwürfen.
Bewerte die Leistungen der beiden Spieler.

7 Die beiden siebten Klassen der Hermann-Hesse-Realschule haben Batterien gesammelt.
Die 7a brachte es auf 23 kg, die 7b auf insgesamt 27 kg. In der 7a sind 25 Schülerinnen und Schüler, in der Parallelklasse dagegen 30. Die 7a behauptet, sie hätte die fleißigeren Sammler.

8 In der Tabelle sind die Schülerzahlen der Elly-Heuss-Knapp-Realschule für die einzelnen Klassenstufen nach Jungen und Mädchen getrennt aufgelistet.

	Jungen	Mädchen
5	32	38
6	42	38
7	35	40
8	39	31
9	42	41
10	37	43

a) Was kannst du aus diesen Daten entnehmen?
b) Veranschauliche deine unterschiedlichen Aussagen in verschiedenen Schaubildern.

9 Frau Schwan hat bei einer Lotterie Lose für 200 € gekauft. Sie hat einen Preis in Höhe von 12 000 € gewonnen. Herr Gans hat mit einem einzigen Los für 10 € dagegen 1000 € gewonnen.
a) Welche Person möchtest du sein?
b) Wer hat – relativ gesehen – mehr gewonnen? Ist dies interessant?
c) Wie viel Euro hätte Frau Schwan gewinnen müssen, um relativ gesehen denselben Gewinn wie Herr Gans zu haben?

10 Eine Arzneimittelfirma testet zwei Hustenmittel an zwei Patientengruppen.
Mittel A bewirkt bei 38 von 74 erkrankten Personen eine Besserung.
Bei Mittel B war eine Besserung bei 118 von 236 Patienten festzustellen.
Für welches Mittel würdest du dich entscheiden und warum?
Kannst du schnell entscheiden, ohne ganz genau zu rechnen?

Aus der Zeitung

Wie unvernünftig sind doch die Leute!
7 von 10 Personen waren bereit, 20 Minuten mit dem Auto zu fahren, um für einen Taschenrechner 15 € statt 25 € zu bezahlen. Nur 3 von 10 wollten diesen Weg auf sich nehmen, wenn sie für einen DVD-Player 115 € statt 125 € zahlen sollten.

■ Was meinst du dazu?

Bei einer Umfrage unter den weiblichen Einwohnern von Herrenstadt zur Einkaufssituation im Zentrum war jede zehnte Frau unzufrieden und forderte Verbesserungen. Von den männlichen Einwohnern war es nur jeder achte der Befragten.
Der Vorsitzende der Kommission „Kundenfreundliche Innenstadt" will nun ein Diskussionsforum für Frauen anbieten.

■ Kannst du die Aussagen in diesem Zeitungsartikel erklären?

? Jenny hat einen Freiwurf erhalten und verwandelt. Mandy hat 6 von 10 Freiwürfen verwandelt.
Wer trifft sicherer?

2 Prozente

Eine Umfrage unter 80 Personen nach dem beliebtesten Radiosender ergab folgendes Ergebnis:

BIG FM	24 Stimmen
Antenne 1	16 Stimmen
SWR 3	30 Stimmen
Andere Sender	10 Stimmen

→ Ordne die Prozentangaben 12,5%; 20%; 30%; 37,5% richtig zu.
→ Was wäre bei einer Umfrage unter 1000 Personen als Ergebnis zu erwarten?

Anteile oder Verhältnisse können mit Brüchen dargestellt werden. Zum Vergleichen wird in vielen Fällen der gemeinsame Nenner 100 verwendet.

6 von 25 oder $\frac{6}{25}$ entsprechen 24 von 100 oder $\frac{24}{100}$.

„Per cento" kommt aus dem Italienischen und heißt übersetzt „von hundert".

Für **Hundertstelbrüche** kann man auch die **Prozentschreibweise** verwenden.

$\frac{24}{100}$ ist dasselbe wie 24 Prozent, man schreibt auch 24%.

Alle Prozentangaben kann man auch in der Dezimalbruchschreibweise darstellen.

24% = 0,24 oder 3,5% = 0,035

Prozente sind Anteile mit dem Nenner 100.

1 Prozent bedeutet: $\frac{1}{100}$ $1\% = \frac{1}{100}$

p Prozent bedeutet: $\frac{p}{100}$ $p\% = \frac{p}{100}$

Beispiele

a) Wenn 16 Schüler von 50 einen Handyvertrag haben, so kann man auch sagen, das sind 32%.
$\frac{16}{50} = \frac{32}{100} = 0,32 = 32\%$

b) Vier Fünftel der Fläche sind gefärbt.

$\frac{4}{5} = \frac{80}{100} = 80\%$

Präge dir diese Prozentsätze als Brüche und Dezimalbrüche ein:

$\frac{1}{100} = 0,01 = 1\%$
$\frac{5}{100} = 0,05 = 5\%$
$\frac{1}{10} = 0,1 = 10\%$
$\frac{1}{5} = 0,2 = 20\%$
$\frac{1}{4} = 0,25 = 25\%$
$\frac{1}{2} = 0,5 = 50\%$
$\frac{3}{4} = 0,75 = 75\%$
$\frac{1}{3} = 0,\overline{3} = 33\frac{1}{3}\%$

Aufgaben

1 Erkläre die Aussage. Finde weitere.
a) Jeder zehnte Autofahrer fuhr an der Radarfalle zu schnell vorbei.
b) Sieben von zehn Haushalten haben einen Mikrowellenherd.
c) Fabian sagt: Ich bin mir zu 100% sicher.
d) Mehr als ein Drittel aller Schülerinnen und Schüler kommt von auswärts.
e) Ungefähr 20% aller Teilnehmer erringen eine Ehrenurkunde.

2 Verwandle in einen Bruch mit dem Nenner 100 oder in einen Dezimalbruch und gib an, wie viel Prozent das sind.

a) $\frac{3}{10}$; $\frac{7}{10}$; $\frac{9}{10}$; $\frac{7}{20}$; $\frac{17}{20}$; $\frac{13}{25}$; $\frac{24}{25}$; $\frac{19}{50}$
b) $\frac{1}{2}$; $\frac{1}{4}$; $\frac{3}{4}$; $\frac{1}{5}$; $\frac{3}{5}$; $\frac{4}{5}$
c) $\frac{34}{200}$; $\frac{198}{200}$; $\frac{33}{300}$; $\frac{213}{300}$; $\frac{24}{400}$; $\frac{288}{400}$; $\frac{75}{500}$
d) $\frac{14}{40}$; $\frac{15}{50}$; $\frac{12}{30}$; $\frac{12}{15}$; $\frac{9}{60}$; $\frac{36}{80}$; $\frac{144}{240}$; $\frac{91}{130}$

3 Verwandle die Prozentangabe in einen Bruch und kürze.
a) 30%; 60%; 55%; 45%; 5%
b) 14%; 28%; 48%; 64%; 96%
c) 25%; 12,5%; 62,5%; 2%; 4%

4 Schreibe als Dezimalbruch.
a) 12%; 27%; 39%; 88%; 99%
b) 3%; 5%; 9%; 20%; 90%; 10%; 150%
c) 4,5%; 6,8%; 34,5%; 0,7%; 0,12%

5 Gleiche Kästchenzahl – unterschiedliche Anteile!

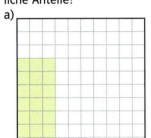
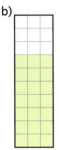
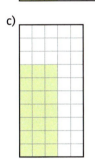
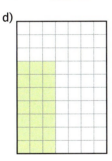

6 Setze <, > oder = ein.
a) 0,2 ☐ 2%
$\frac{3}{5}$ ☐ 60%
0,7 ☐ 75%
0,91 ☐ 90%
b) 5,5% ☐ 0,55
70% ☐ $\frac{3}{4}$
0,8 ☐ 0,08
11% ☐ $\frac{1}{11}$

7 a) Was sagst du dazu?
Jeder dritte Schüler kommt mit dem Fahrrad in die Schule. Petra sagt: „Das sind genau 30%."
b) Was ist großzügiger?
„Jeder siebte Besucher erhält eine Freikarte" oder „15% der Besucherinnen und Besucher bekommen Freikarten"
c) Ein Möbelhaus wirbt mit „Preissenkung bis zu 200%!" Ist das möglich?

8 Das Quadrat ist in 7 Teile zerlegt.

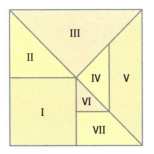

a) Gib die Anteile in Prozent an.
b) Stelle auf unterschiedliche Art Anteile zusammen, die 50% ergeben.
c) Zeichne das Quadrat mit der Seitenlänge 10 cm und färbe in diesem Quadrat gleich große Teilflächen mit der gleichen Farbe.

9 Ergänze.

39%	10%		8,5%		9,9%	
$\frac{39}{100}$	$\frac{17}{100}$		$\frac{18}{25}$		$\frac{1}{20}$	
0,39		0,41		0,04		0,33

Thomas A. Edison sagte:
„Wir wissen nicht einmal ein Millionstel Prozent aller Dinge."
$\frac{1}{1000000}$% = 0,000 000 01

Runden

Beim Berechnen von Prozenten verwendet man häufig den Taschenrechner. Wenn in einer Klasse mit 29 Schülerinnen und Schülern der Anteil der 12 Schüler an der Gesamtzahl in Prozent ausgedrückt werden soll, ist es nicht sinnvoll, die gesamte Anzeige des Taschenrechners abzuschreiben.

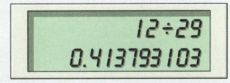

Man kann für die Angabe eines sinnvollen Ergebnisses auf einige Stellen verzichten. In der gegebenen Situation bietet es sich an, entweder 41% oder 41,4% als gerundete Angabe zu verwenden.
■ Verwandle die Anteile so, dass du sinnvolle Prozentangaben machen kannst.
- 13 von 27 in der Klasse.
- 15 von 43 Medaillen
- Jeder neunte Schüler
- Ein Siebtel von 345 Teilnehmern

Ergebnisse einer Umfrage: „Wie kommst du zur Schule?" (in Prozent):
Bus 55%
Rad 30%
zu Fuß 15%

Prozentanteile grafisch darstellen

Zu den häufig verwendeten Streifendiagrammen und Kreisdiagrammen gehören beim Darstellen von Prozentanteilen der **Prozentstreifen** und der **Prozentkreis**.

Beim **Prozentstreifen** entspricht 100% der Gesamtlänge des Streifens. Für die Streifenlänge wählt man vorteilhaft 10 cm für 100%.

Bus	Fahrrad	zu Fuß
55 mm	30 mm	15 mm

Beim **Prozentkreis** entspricht 100% dem Vollwinkel 360°.
  1% von 360° sind 360° : 100 = 3,6°
55% von 360° sind 3,6° · 55 = 198°
30% von 360° sind 3,6° · 30 = 108°
15% von 360° sind 3,6° · 15 = 54°

Auf diese Weise lassen sich für alle Prozentanteile schnell die zugehörigen Winkel berechnen.

Es ist gut, wenn du diese Entsprechungen für Prozentkreise im Kopf hast:

1%	3,6°
5%	18°
10%	36°
12,5%	45°
20%	72°
25%	90°
33⅓%	120°
50%	180°
66⅔%	240°
75%	270°

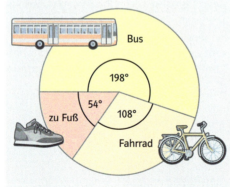

- Fertige zu dieser Umfrage andere Diagramme an und vergleiche. Wo haben die einzelnen Diagramme ihre Vorteile?
- Erfasse die Daten von deiner Klasse und fertige ebenfalls einen Prozentstreifen und einen Prozentkreis an.
- Überlege dir noch andere Fragestellungen, die du dann ebenfalls auswerten kannst.

10 Aus der 6. Klasse kennst du noch die Winkelscheibe, mit der du gelernt hast, Winkel zu schätzen.
Du kannst sie jetzt dazu verwenden, Prozentanteile zu schätzen.
Auf die Rückseite musst du jetzt die entsprechenden Prozentzahlen schreiben.
Schätzt zu zweit.

11 Von 25 Schülerinnen und Schülern der Klasse 7c spielen 8 Handball, 40% spielen Tennis und $\frac{14}{50}$ spielen Fußball.
a) Welche Sportart ist am beliebtesten?
b) Ermittle die Anzahl für jede Sportart.
c) Wie groß sind die Prozentanteile?
Stelle sie in einem Prozentstreifen und in einem Prozentkreis dar.
d) Welche Ergebnisse erhältst du in deiner eigenen Klasse?
e) Befrage 25 Jungen und 25 Mädchen aus anderen Klassen.
Stelle die Ergebnisse zunächst getrennt nach Jungen und Mädchen dar. Vergleiche mit dem Diagramm, das sich ergibt, wenn man beide zusammen darstellt.
f) Vergleiche auch mit den Ergebnissen deiner Mitschülerinnen und Mitschüler.

3 Prozentsatz

Eine Umfrage an der Schiller-Realschule unter 50 Schülerinnen und Schülern der siebten Klassen ergab, dass 38 ein eigenes Handy besitzen.
In einer Untersuchung einer Zeitung stand zu lesen, dass 81% der 14-Jährigen ein eigenes Handy besitzen.
→ Überprüfe die Zeitungsmeldung in deiner Klasse.

Wenn man sagt, 12 € sind 24% von 50 €, so wird 50 € als Vergleichsgröße verwendet. Dieser Wert bezeichnet das Ganze. Man nennt ihn **Grundwert**, abgekürzt **G**. Er entspricht 100%. Die 12 € bezeichnet man als **Prozentwert**, abgekürzt **P**.
Wenn man den Prozentwert durch den Grundwert teilt, erhält man einen Bruch. Hat er als Nenner die Zahl 100, so ist der Zähler die **Prozentzahl p** und der Bruch $\frac{p}{100}$ der **Prozentsatz p%**.

Prozentsatz

$p\% = \frac{p}{100}$

> Anteile können mit dem **Prozentsatz** $p\% = \frac{p}{100}$ angegeben werden.
>
> Man berechnet den Prozentsatz aus Prozentwert und Grundwert.
>
> **Prozentsatz** = $\frac{\text{Prozentwert}}{\text{Grundwert}}$ kurz: $p\% = \frac{P}{G}$

Bemerkung
Prozentsätze können auch größer als 100% sein.

Beispiele
a) Von 400 Mitgliedern eines Musikvereins spielen 184 ein Instrument.
Grundwert G = 400
Prozentwert P = 184
$p\% = \frac{184}{400} = \frac{46}{100} = 0{,}46 = 46\%$
46% aller Mitglieder des Vereins spielen ein Instrument.

b) In den letzten fünf Jahren hat sich die Anzahl der Ehrenurkunden bei den Mädchen von 18 auf 36 erhöht, also verdoppelt.
Grundwert G = 18
Prozentwert P = 36
$p\% = \frac{36}{18} = \frac{200}{100} = 2{,}00 = 200\%$
Es ergibt sich ein Prozentsatz von 200%.

c) Der Benzinpreis pro Liter hat sich um 3 Cent erhöht.
Davor lag er bei 126 Cent.
Grundwert G = 126 Cent
Prozentwert P = 3 Cent
$p\% = \frac{3}{126} = 0{,}0238\ldots = 2{,}38\ldots\%$

Wenn man das Ergebnis sinnvoll rundet, ergibt sich eine Preiserhöhung um etwa 2,4%.

d) Bei der Darstellung der Anteile eines Ganzen ergeben die Prozentsätze in der Summe immer 100%.

| 28% | 17% | 34% | ?% |

Man berechnet den fehlenden Prozentsatz:
100% − (28% + 17% + 34%)
= 100% − 79% = 21%

Aufgaben

P	G	p%
176 m	320 m	
294 kg	980 kg	
11,7 l	78 l	
75,9 g	230 g	
30,6 km	85 km	
95,20 €	140 €	
4,93 l	5,8 l	
2,85 m	7,5 m	
6,3 h	105 h	

1 Berechne den Prozentsatz im Kopf.
a) 17 von 100
38 von 200
99 von 300
b) 13 von 50
8 von 25
17 von 20
c) 3,5 von 5
6,3 von 20
9 von 75
d) 23 von 200
44 von 250
17 von 51

2 Wie viel Prozent sind es?
a) 36 m von 72 m
15 kg von 60 kg
12 l von 60 l
b) 0,35 m von 1 m
71 l von 1 hl
450 g von 1 kg
c) 11 m von 25 m
2 km von 40 km
28 kg von 80 kg
d) 45 min von 1 h
30 min von 2 h
3 h von 1 d

3 Gib den Prozentsatz zunächst durch Überschlag an.
Berechne dann auf zwei Nachkommaziffern genau.
a) 27 € von 105 €
3,50 € von 12 €
4,95 € von 210 €
b) 72 t von 680 t
17 kg von 36 kg
88 cm von 99 cm

4 Bei den Bundesjugendspielen erhielten von 450 Teilnehmern 63 eine Ehrenurkunde und weitere 216 eine Siegerurkunde.
a) Drücke die Anteile in Prozent aus.
b) Wie viel Prozent der Teilnehmer bekamen keine Urkunde?
c) Veranschauliche die Ergebnisse in einem geeigneten Diagramm.

5 Eine Umfrage unter 350 Mitarbeitern der Firma Meyer ergab:

Mit dem Computer arbeiten	
Das traue ich mir zu	235
Ich denke, das liegt mir nicht	39
Er ist für mich ein vertrautes Werkzeug	172
Das entspricht meinem Interesse	156
Ich habe eine andere Meinung	54

a) Gib die einzelnen Umfrageergebnisse in Prozent an. Runde sinnvoll.
b) Warum ergibt die Summe der Prozentsätze mehr als 100 %?
c) Welche Diagrammformen sind hier nicht sinnvoll? Begründe deine Entscheidung.

Diagramme am PC

Mit einem Tabellenkalkulationsprogramm kannst du schnell Prozentsätze ausrechnen und die zugehörigen Diagramme darstellen. Du musst die Daten und die Formeln zur Berechnung der Prozentsätze in das Tabellenblatt eingeben.
Wenn du die gewünschten Daten mit der Maus markierst, kannst du mit dem Diagrammassistenten ein gewünschtes Diagramm erstellen.

Bei einer Änderung der Ausgangsdaten berechnet das Programm automatisch die neuen Prozentsätze und verändert die zugehörigen Diagramme.

Versuche es bei folgendem Beispiel:

Klasse 7a hat 12 Jungen und 18 Mädchen.
■ Berechne die Prozentsätze und erstelle das dazugehörige Diagramm.
■ Wie ändern sich die Verhältnisse von Jungen und Mädchen, wenn je ein Junge und Mädchen zusätzlich in die Klasse kommen?
■ Wie sieht die Änderung aus, wenn je ein Junge und ein Mädchen die Klasse verlassen?
Kannst du das Ergebnis voraussagen?
■ Ein Mädchen verlässt die Klasse und ein Junge kommt neu dazu. Setze diese Veränderungen fort, bis genauso viele Jungen wie Mädchen in der Klasse sind.
Betrachte die zugehörigen Diagamme.

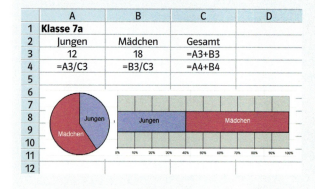

4 Prozentwert

Für den Schüleraustausch mit der Partnerschule aus England stehen in der Burg-Realschule jedes Jahr 24 Plätze zur Verfügung.
Die 7a hat 30, die 7b hat 27 und die 7c hat 24 Schülerinnen und Schüler.
24 von 81 sind etwa 30 Prozent.
→ Verteile die Plätze gerecht.

Will man 40% einer Größe oder einer Zahl berechnen, so sucht man den **Prozentwert P**.
Der Wert für 40% von 200 € ist derselbe wie $\frac{40}{100}$ von 200 €, also $\frac{40}{100} \cdot 200\,€ = 80\,€$.
Man berechnet den Prozentwert, indem man den Grundwert, hier 200 €, mit dem Prozentsatz 40% oder $\frac{40}{100}$ multipliziert.

Der Grundwert entspricht immer 100%.
Dividiert man also den Grundwert durch 100, so erhält man den Prozentwert für 1%.
Den **Prozentwert P** für p% erhält man durch Multiplikation des **Grundwerts G** mit dem **Prozentsatz p%**.

> **Prozentwert = Grundwert · Prozentsatz**
> kurz: $P = G \cdot p\% = G \cdot \frac{p}{100}$

Beispiel
Bei einem Bazar sollen 85% der Einnahmen für die Patenschule in Peru gespendet werden. Der Rest muss für die entstandenen Kosten eingesetzt werden. Insgesamt wurden 6000 € eingenommen.

1. Lösungsmöglichkeit:
Anwendung der Formel $P = G \cdot \frac{p}{100}$
Grundwert G = 6000 €
Prozentsatz p% = 85%
$P = 6000\,€ \cdot \frac{85}{100}$
P = 5100 €
Es können 5100 € gespendet werden.

2. Lösungsmöglichkeit:
Dreisatzverfahren
100% sind 6000 €
1% sind $\frac{6000}{100}$ €
85% sind $\frac{6000\,€ \cdot 85}{100}$
= 5100 €

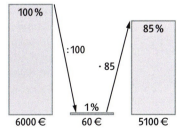

Bemerkungen
a) Besonders beim Rechnen mit dem Taschenrechner ist die Dezimalschreibweise vorteilhaft.
85% = 0,85   also rechnet man: 6000 € · 0,85 = 5100 €
b) Da Prozentsatz und Prozentwert proportional zueinander sind, kann man die Prozentwerte auch aus einem geeigneten Schaubild ablesen. Die Gerade verläuft durch den Ursprung und durch den Punkt (100|G).

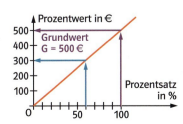

Aufgaben

p%	G	P
12%	50 kg	
17%	83 m	
39%	72 €	
8,5%	174 l	
87,5%	38 km	
10,5%	978 g	
$3\frac{1}{2}$%	538 €	
$34\frac{1}{4}$%	230 m	
$7\frac{3}{4}$%	85 kg	

1 Rechne im Kopf.
a) 10% von 240
50% von 17
70% von 110
80% von 125
b) 27% von 200
34% von 300
25% von 160
15% von 80
c) 15% von 1 €
27% von 1 ha
30% von 1 min
40% von 1 d
d) 25% von 2 h
72% von 2 m
35% von 4 m²
5% von 45 kg

2 Berechne.
a) 15% von 360 €
72% von 240 €
38% von 170 €
120% von 450 €
b) 3% von 3,8 kg
7% von 4,5 t
8% von 2,5 m
6% von 1,5 l
c) 2,5% von 12 €
12,5% von 180 m
8,25% von 400 l
d) $7\frac{1}{2}$% von 250 l
$3\frac{1}{4}$% von 390 €
$6\frac{3}{4}$% von 540 m

3 Schätze zunächst und berechne dann den Wert mit einer sinnvollen Genauigkeit.
a) 21% von 1245,50 € mussten an die Gemeindekasse bezahlt werden.
b) 3,9% der 3391 km Gesamtstrecke wurden bei der Tour de France als Zeitfahren zurückgelegt.
c) Das Skelett eines 85 kg schweren Erwachsenen macht 18% seines Körpergewichts aus.

4 Hartmut sagt: „10% von 50 ist dasselbe wie 50% von 10."
Darauf sagt Claus: „Dann muss 2% von 20 auch dasselbe sein wie 20% von 2", und Achim ergänzt: „Oder 40% von 100 ist dasselbe wie 100% von 40."
Prüfe. Kannst du diese Aussage erklären?

5 Auf dem Rand ist die chemische Zusammensetzung des Menschen abgebildet.
a) Gib die Werte für einen Erwachsenen mit einem Körpergewicht von 80 kg und für ein Kind mit 45 kg an.
b) Wie viel Wasser „steckt" in eurer gesamten Familie?
Bei Jugendlichen ist der Anteil an Wasser übrigens 65%.

Zusammensetzung des Menschen

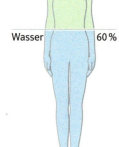

andere Stoffe 6%
Fett 14%
Eiweiß 20%
Wasser 60%

Gesund essen

In der Mittagspause kauft sich André einen Hamburger und eine Portion Pommes frites. Beides zusammen wiegt etwa 300 Gramm. Davon sind 32% Fett. Marina geht mit ihrer Freundin nach Hause und macht sich Eierpfannkuchen mit Äpfeln. Ihre Portion wiegt 250 Gramm bei einem Fettgehalt von 8%. Sowohl Andreas als auch Marina essen danach noch eine 80-Gramm-Portion Eis. Das Sahneeis von Andreas enthält 26% Fett, das Fruchteis von Marina 1,8%. Der durchschnittliche Fettbedarf pro Tag beträgt etwa 1 Gramm pro Kilogramm Körpergewicht.
■ Berechne, wie viel Gramm Fett Andreas und Marina gegessen haben.
■ Welches Körpergewicht müssten die beiden haben, wenn sie den Fettbedarf an diesem Mittag gedeckt hätten?

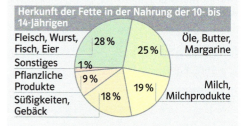

Herkunft der Fette in der Nahrung der 10- bis 14-Jährigen
Fleisch, Wurst, Fisch, Eier 28%
Öle, Butter, Margarine 25%
Sonstiges 1%
Pflanzliche Produkte 9%
Süßigkeiten, Gebäck 18%
Milch, Milchprodukte 19%

Übrigens: In den USA ist das Gewicht der Pommes-frites-Portionen seit 1980 um 80% gestiegen. Im selben Zeitraum sind die Sitze im Kino um 12 cm breiter geworden. Besteht da wohl ein rechnerischer Zusammenhang?

5 Grundwert

Einen Tag nach dem Triathlonwettbewerb standen die beiden folgenden Schlagzeilen in der örtlichen Presse:

> Nur 80 Teilnehmer erreichten das Ziel beim mörderischen Triathlonwettbewerb!

> 60 Prozent der Gestarteten konnten das Ziel nicht erreichen!

→ Wie viele Teilnehmer waren eigentlich an den Start gegangen?

Der Preisnachlass von 60 € beim Kauf einer Jacke entspricht 25 %. Man kann auf das Ganze, also 100 %, schließen. Somit kann man den **Grundwert G** berechnen.

Man schließt auf 1 %, indem man die 60 € durch 25 teilt: 60 € : 25 = 2,40 €
Von 1 % schließt man dann wieder durch Multiplikation
mit 100 auf 100 %:   2,40 € · 100 = 240 €
In einer Rechnung zusammengefasst: $G = 60 € \cdot \frac{100}{25} = 240 €$

Man erhält den Grundwert aus dem Prozentwert, indem man mit dem Kehrbruch des Prozentsatzes multipliziert.

$$\text{Grundwert} = \frac{\text{Prozentwert}}{\text{Prozentsatz}} \qquad \text{kurz:} \quad G = \frac{P}{p\%} = P \cdot \frac{100}{p}$$

Beispiel

Nach 114 km waren 76 % der gesamten Strecke zurückgelegt.
Man kann die Länge der gesamten Strecke berechnen.

1. Lösungsmöglichkeit:
Anwendung der Formel

Prozentwert P = 114 km
Prozentsatz p % = 76 %
$G = 114 \text{ km} \cdot \frac{100}{76}$
G = 150 km

Die gesamte Strecke war 150 km lang.

2. Lösungsmöglichkeit:
Dreisatzverfahren

76 % sind 114 km
1 % sind $\frac{114}{76}$ km
100 % sind $\frac{114 \text{ km}}{76} \cdot 100$
= 150 km

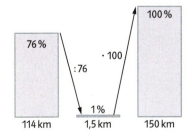

Bemerkung

Beim Rechnen mit dem Taschenrechner ist es geschickter, den Prozentwert durch den Prozentsatz in Dezimalbruchschreibweise zu dividieren.
G = 114 km : 0,76 = 150 km.

Aufgaben

p%	P	G
12%	72 €	
15%	13,5 m	
18%	115,2 g	
44%	352 ha	
56%	252 a	
7,5%	6,75 m	
15,5%	93 t	
0,3%	1,65 hl	
41,8%	334,4 g	

1 Rechne im Kopf. Wie viel sind 100%?
a) 10% sind 15 €
20% sind 46 m
25% sind 35 km
50% sind 3,8 g
b) 1% sind 7,5 m
2% sind 9 kg
4% sind 11 t
5% sind 20 min
c) 40% sind 16 hl
60% sind 48 €
80% sind 88 m²
30% sind 18 kg
d) 75% sind 300 g
15% sind 66 h
70% sind 56 €
35% sind 49 l

2 Berechne den Grundwert. Runde wenn nötig auf die nächst kleinere Einheit.
a) 26% sind 39 m
32% sind 112 €
46% sind 120 cm
74% sind 120 cm
b) 144 cm sind 48%
840 g sind 36%
108 l sind 72%
125 t sind 95%
c) 12,5% sind 55 €
3,5% sind 71,25 kg
28,5% sind 1,25 kg
0,25% sind 1,5 m²
d) 77,7 km sind 37%
292,4 l sind 68%
23,56 € sind 31%
0,184 kg sind 23%

3 Stelle im Heft 100% dar.

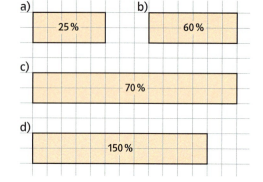

zu Aufgabe 7:

4 Bestimme den Grundwert.

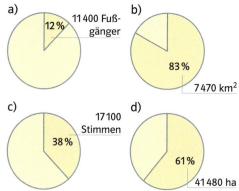

5 Berechne jeweils den Grundwert und vergleiche die Ergebnisse.
a) P = 300 €
p% = 15%; p% = 30%; p% = 60%
b) P = 500 €
p% = 10%; p% = 20%; p% = 30%
c) P = 150 €; P = 300 €
p% = 20%
d) P = 200 €; P = 300 €
p% = 40%
Erkläre, was dir aufgefallen ist.

6 Berechne den Grundwert.
a) Wenn man zum Grundwert noch 20% addiert, erhält man 120 €.
b) Wenn man vom Grundwert 20% subtrahiert, erhält man 120 €.
c) Vermehrt man den Grundwert um ein Viertel, so erhält man 500 kg.
d) Vermindert man den Grundwert um ein Viertel, so erhält man 500 kg.
e) Vergleiche die Ergebnisse der einzelnen Aufgaben miteinander. Vergleiche auch die Differenzen zwischen Grundwert und Prozentwert.

7 In deutschen Wörtern kommen die Vokale a, e, i, o und u unterschiedlich oft vor. Das Wort Natur hat mit a und u 40% Vokale. Das Wort Aal besteht zu $66\frac{2}{3}$% aus dem Vokal a.
a) Suche Wörter, die zu 40% aus Vokalen bestehen.
b) Finde Wörter, die zu $33\frac{1}{3}$% aus demselben Vokal bestehen.
c) Bestimme den Prozentanteil der Vokale in den Wörtern Mama, Bauer, Uhu und suche entsprechende Wörter mit demselben Prozentanteil an Vokalen.
d) Wer findet das Wort mit dem höchsten Prozentanteil an Vokalen? Es sind auch Wörter aus anderen Sprachen erlaubt.
e) Nehmt einen deutschen, englischen und französischen Text und bestimmt den prozentualen Anteil an a, e, i, o und u. Ausländische Mitschüler können dasselbe in ihrer Muttersprache machen. Vergleicht die Ergebnisse.

Zusammenfassung

Absoluter und relativer Vergleich	Beim **absoluten Vergleich** werden die **Zahlen**- oder Größenangaben **direkt** miteinander verglichen. Beim **relativen Vergleich** werden die **Anteile** miteinander verglichen.	In der 7a haben 6 von 25 eine Ehrenurkunde erhalten, in der Klasse 7b 5 von 20. Absolut gesehen ist die 7a besser. 6 Urkunden sind mehr als 5 Urkunden. Relativ gesehen erhält die 7b mehr Urkunden. $\frac{5}{20} = \frac{25}{100}$ $\qquad$ $\frac{6}{25} = \frac{24}{100}$ $\frac{25}{100} > \frac{24}{100}$
Prozent	Anteile mit dem Nenner 100 werden als **Prozente** bezeichnet. Sie können auch als Dezimalbruch dargestellt werden.	$\frac{24}{100} = 0{,}24 = 24\,\%$ $\frac{p}{100} = p\,\%$
Diagramme mit Prozentangaben	Für die Darstellung von Prozentanteilen verwendet man häufig **Prozentstreifen** oder **Prozentkreise**. Beim Prozentstreifen entspricht 100 % der Gesamtlänge des Streifens. Günstigerweise wählt man 10 cm für 100 %. Beim Prozentkreis entspricht 100 % dem Vollwinkel 360°.	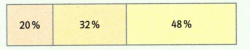 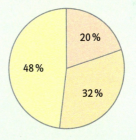
Prozentsatz	Anteile können als **Prozentsatz p %** angegeben werden. Man erhält den Prozentsatz, indem man den Prozentwert durch den Grundwert dividiert.	16 von 25 Teilnehmern kamen ins Ziel. P = 16 und G = 25; p % = ? $p\,\% = \frac{P}{G}$ $p\,\% = \frac{16}{25} = \frac{64}{100} = 0{,}64 = 64\,\%$
Prozentwert	Ein prozentualer Anteil des Grundwerts wird als **Prozentwert P** bezeichnet. Man erhält den Prozentwert, indem man den Grundwert mit dem Prozentsatz multipliziert.	64 % der Teilnehmer kamen ins Ziel. p % = 64 % und G = 25; P = ? $P = G \cdot p\,\%$ $P = 25 \cdot \frac{64}{100} = 16$ 16 Teilnehmer kamen ins Ziel.
Grundwert	Das Ganze wird als **Grundwert G** bezeichnet. Der Grundwert entspricht immer 100 %. Er ist die Vergleichsgröße. Man erhält den Grundwert, indem man den Prozentwert durch den Prozentsatz dividiert.	16 kamen an, das waren 64 %. p % = 64 % und P = 16; G = ? $G = P : p\,\%$ $G = 16 : \frac{64}{100} = 16 \cdot \frac{100}{64} = 25$ Es waren insgesamt 25 Teilnehmer.

Üben • Anwenden • Nachdenken

*Der Mathematiklehrer sagt:
„Heute haben wieder 50 % die Prozentrechnung nicht verstanden."
Darauf ein Schüler:
„So viele sind wir ja gar nicht."*

1 Gib den Bruch als Prozentsatz und als Dezimalbruch an.

$\frac{1}{2}$; $\frac{4}{5}$; $\frac{7}{10}$; $\frac{13}{20}$; $\frac{19}{100}$; $\frac{38}{400}$; $\frac{6}{15}$; $\frac{9}{25}$; $\frac{17}{30}$

2 Stelle die Prozentangabe in der Dezimalbruchschreibweise dar, dann als Bruch und kürze wenn möglich.
a) 40 %; 55 %; 33 %; 12 %; 8 %; 9 %; 20 %
b) 12,5 %; 4,2 %; 2,5 %; 0,5 %; 120 %; 200 %

3 Falte ein Blatt Papier so, dass du die folgenden Prozentsätze erkennen kannst:
25 %; 6,25 %; 37,5 %; 75 %; 12,5 %; $33\frac{1}{3}$ %

4 Ein Pullover besteht zu 50 % aus Baumwolle, zu 30 % aus Acrylfaser. Der Rest ist Wolle.
a) Stelle die Zusammensetzung in einem Prozentstreifen der Länge 10 cm dar.
b) Wie sieht die Zusammensetzung in einem Prozentkreis mit Radius 4 cm aus?
c) Beate hat 800 g Material verarbeitet. Berechne die jeweiligen Anteile in Gramm.
d) Wie schwer ist ein Pullover, der 180 g Wolle enthält?

5 In der Klassenstufe 6 der Theodor-Heuss-Realschule haben von 80 Schülern 55, von den 60 Schülerinnen 24 ein Handy. In Klassenstufe 7 haben von 40 Schülern 36, von den 100 Schülerinnen dagegen 86 ein Handy.
a) Wie viel Prozent der Jungen bzw. der Mädchen haben in den beiden Klassenstufen ein Handy?
b) Wie ist die prozentuale Verteilung, wenn man beide Klassenstufen zusammen auswertet?
c) Vergleiche die Ergebnisse der Teilaufgaben a) und b).
d) Stelle alle Verteilungen in verschiedenen Diagrammen dar.

6 In einer Untersuchung von Schülerinnen und Schülern einer 7. Klasse über die Mediennutzung ergaben sich folgende Durchschnittswerte in Minuten pro Tag. Werte die Daten aus, indem du die prozentualen Anteile berechnest und Diagramme für die unterschiedlichen Merkmale erstellst.

Medien	an Schultagen		am Wochenende	
	m	w	m	w
Fernsehen	40	45	150	130
Radio/CD	170	195	230	235
Computerspiele	30	10	50	15
Internet	5	3	10	5
Zeitung/Zeitschrift	10	15	10	12
Buch	5	10	10	15

Umgang mit einfachen Formeln

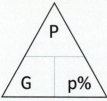

Bei einfachen Formeln wie z. B. $p\% = \frac{P}{G}$ kannst du mithilfe dieses Dreiecks die Umformungen schnell erkennen, wenn du die jeweils gesuchte Größe einfach mit deinem Finger abdeckst.

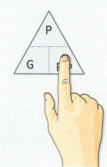

■ Probiere es einfach aus und prüfe dein Ergebnis:
In der Tabelle fehlt jeweils eine Größe. Berechne sie mithilfe der Formel bzw. der Umformungen.

Grundwert	Prozentsatz	Prozentwert
12,50 €	7 %	
456 m		114 m
	65 %	52 kg

Ist Inline-Skaten ein gefährlicher Sport?

Nach einer Aussage der Deutschen Gesellschaft für Chirurgie ist Inline-Skaten besonders für Anfänger eine Sportart mit hohem Verletzungsrisiko.
Dabei sind 50 % der Verletzungen Brüche. Experten behaupten, dass nur einer von vier Skatern ohne Verletzung bleibt.

In den beiden Prozentkreisdarstellungen sind die Arten der Verletzungen und die Unfallorte dargestellt.
- Wähle eine andere Diagrammart, um die Reihenfolge der Häufigkeiten besser zu erkennen.
- Kannst du erklären, warum diese Reihenfolge bei den Häufigkeiten auftritt?

Am Werner-Siemens-Schulzentrum ergab eine Umfrage unter 250 Skatern für die Unfallorte folgendes Ergebnis:

Unfallort	Nennungen
Straße	93
Platz	75
Skate-Bahn	34
Halfpipe	35
Radweg	13

- Vergleiche und versuche auch für deine Schule mit einer Umfrage Daten zu bekommen.
- Vergleiche auch unterschiedliche Darstellungen in Diagrammen.

In der Abbildung sind die unfallträchtigsten Sportarten erfasst. Das Diagramm zeigt absolute Zahlen.
- Nimm ein paar Sportarten heraus und stelle dafür die Verteilung der Anteile dar.

Überall Steigungen

Die Entfernung zwischen zwei Orten wird auf der Karte horizontal gemessen.
Das Verhältnis von Höhenunterschied und horizontaler Entfernung wird als **Steigung** bezeichnet.

13 % Steigung bedeutet: Die Straße steigt auf 100 m horizontaler Entfernung um 13 m an.

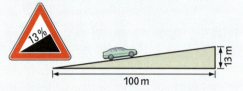

- Berechne den Höhenunterschied für 800 m bei 16 % Steigung und für 1600 m bei 8 % Steigung.
- Zeichne die Steigungen 5 %; 10 %; 15 %; 20 %; 25 % und 50 % in ein Dreieck und miss den Steigungswinkel. So kannst du dir die Steigungen besser vorstellen.

Steigung an Treppen
Für den Bau von Treppen gibt es empfohlene Maße:

	Stufenhöhe	Trittbreite
in Schulen	16 cm	30 cm
in Häusern	18,5 cm	28 cm
in Kellern	21 cm	25 cm

- Berechne die Steigungen der verschiedenen Treppen in Prozent.
- Erkläre die Unterschiede.

Rampen für Rollstuhlfahrer
Nach der Bauverordnung dürfen diese Rampen nicht steiler als 6 % sein.
Wie müssten dann Treppen mit derselben Steigung in Schulen gebaut werden?

Für Rollstuhlfahrer sind Rampen wichtig, um in Gebäude zu kommen, zu denen sie sonst keinen Zugang hätten.

Die steilste Straße der Welt in Dunedin (Neuseeland)

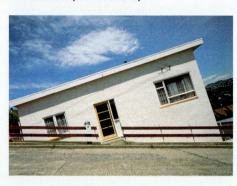

Aus der Zeitung

Steiler gehts nimmer
St. Moritz. – Von null auf 137 km/h in sieben Sekunden, ein Gefälle von 100 % – der steilste Starthang der Welt auf der Corviglia (2840 m hoch) verlangt den Fahrern beim Abfahrtslauf der Ski-WM gleich alles ab.

In einer anderen Zeitung wirbt eine Automobilfirma:

Allradauto schafft 100 % Steigung!
Unser Topmodell mit permanentem Allradantrieb und 6-Gang-Schalt-

Die steilste Zahnradbahn der Welt
führt auf den Pilatus in der Schweiz. Der Berg erhebt sich nahe der Stadt Luzern. Die durchschnittliche Steigung der Strecke beträgt 42 %.

- Wie lang ist die horizontale Strecke, wenn die Talstation 440 m und die Bergstation 2063 m hoch liegt?
- Ermittle durch Zeichnung den durchschnittlichen Steigungswinkel und die Schienenlänge.
- Informiere dich im Internet über andere Zahnradbahnen und deren technische Daten.

Rückspiegel

1 Schreibe in Prozent mit einer Dezimalen.
a) $\frac{15}{300}$; $\frac{18}{40}$; $\frac{4}{5}$; $\frac{55}{250}$; $\frac{1}{3}$
b) $\frac{8}{15}$; $\frac{9}{11}$; $\frac{10}{12}$
c) jeder Vierte; 7 von 10

2 Schreibe als Dezimalbruch.
85 %; 17 %; 9 %; 120 %; 3,5 %

3 Berechne das Ergebnis der Klassensprecherwahl in Prozent und stelle es in einem Prozentstreifen dar.

Jan	12 Stimmen
Kira	8 Stimmen
Leon	4 Stimmen
Sina	1 Stimme

4 Berechne die fehlenden Werte.

Grundwert	Prozentwert	Prozentsatz
520 €	56 €	
48,5 m		76 %
	17,5 kg	38 %

5 Beim Räumungsverkauf wurde ein Mantel um 35 % ermäßigt. Ursprünglich kostete der Mantel 298 €. Berechne den neuen Preis.

6 In dem Prozentstreifen ist die Verteilung einer Umfrage über Schülerlotsen dargestellt. Insgesamt wurden 500 Jugendliche befragt, wie wichtig sie Schülerlotsen finden.
Wie viele Stimmen waren es jeweils?

wichtig 68 % | unwichtig 25 % | keine Meinung 7 %

7 Nach Abzug eines Rabatts von 20 % musste Herr Kleinschmidt noch 720 € für sein Trekkingrad bezahlen.
Wie hoch war der Preis ohne Rabatt?

---

1 Schreibe in Prozent mit einer Dezimalen.
a) $\frac{2}{3}$; $\frac{12}{25}$; $\frac{42}{70}$; $\frac{9}{250}$; $\frac{11}{20}$
b) $\frac{12}{65}$; $\frac{25}{45}$; $\frac{15}{8}$
c) drei von 50; jeder Zweite der Hälfte

2 Schreibe als Dezimalbruch.
7 %; 12,5 %; 2,25 %; $3\frac{1}{4}$ %; 250 %

3 Berechne die Flächenanteile der Erdteile in Prozent und stelle sie in einem Prozentkreis dar.

Europa	10,4 Mio. km²
Asien	43,8 Mio. km²
Afrika	30,3 Mio. km²
Amerika	42,2 Mio. km²
Australien	5,9 Mio. km²
Antarktis	14,1 Mio. km²

4 Berechne die fehlenden Werte.

Grundwert	Prozentwert	Prozentsatz
107,25 €	3,75 €	
3,8 km		125 %
	11,25 kg	$4\frac{1}{2}$ %

5 Beim Räumungsverkauf wird ein Mantel, der ursprünglich 198 € gekostet hat, für 149 € angeboten. Um wie viel Prozent wurde der Preis ermäßigt?

6 2001 wurden in Baden-Württemberg 80 Mio. Tonnen Kohlendioxid freigesetzt. Berechne die drei Anteile in Mio. Tonnen.

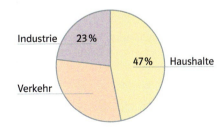

7 Beim Kauf eines kleinen Zelts sparte Marina durch einen Nachlass von 5 % 12,50 €. Wie viel Euro musste sie bezahlen?

9 Daten

Würfeltest

Bei vielen Spielen wie „Mensch ärgere dich nicht", Malefiz, Monopoly oder Kniffel wird gewürfelt. Dabei ist oft eine bestimmte Augenzahl, etwa die Sechs, von besonderer Bedeutung.
Nenne weitere Beispiele.

Manchmal hat man das Gefühl, dass das Werfen einer Sechs besonders schwierig sei.
Ob das stimmt, wollen wir untersuchen. Jeder von euch wirft 50-mal einen Würfel und notiert, wie oft die Sechs vorgekommen ist. Anschließend fasst ihr das Ergebnis der Klasse wie im Beispiel dargestellt zusammen.

Anzahl der Versuche	Häufigkeit der Sechs
50	6
100	17
150	27
200	31
…	…

Zeichne ein Säulendiagramm. Es hat eine besondere Eigenschaft.

Ist die Sechs wirklich seltener als die anderen Zahlen?
Zur Beantwortung der Frage hilft dir vielleicht eine Tabelle weiter, in der du statt der Häufigkeit angibst, in wie viel Prozent der Fälle eine Sechs geworfen wurde.

Anzahl der Versuche	Häufigkeit für eine Sechs in Prozent
50	12
100	17
150	18
200	15,5
…	…

Zeichne ein Säulendiagramm und vergleiche es mit dem ersten Säulendiagramm.

In wie viel Prozent der Fälle müsste eigentlich die Sechs auftauchen?

In wie viel Prozent der Fälle wird bei diesen Würfeln mit einer Sechs zu rechnen sein?

Beim Monopoly-Spiel wird mit zwei Würfeln geworfen und die Augensumme gebildet. Ob dabei wohl jede Augensumme ebenso oft vorkommt wie die Augenzahl beim Wurf mit einem Würfel?

Welche Augensumme erwartest du am häufigsten, welche wird wohl am seltensten gewürfelt? Begründe.

Um deine Vermutung zu überprüfen, machen wir erneut einen Versuch.
Wirf 50-mal zwei Würfel und notiere die Augensumme.

Fasst die Ergebnisse der Klasse in einer Tabelle wie im Beispiel dargestellt zusammen.

Fertige eine Tabelle an, in der die Häufigkeit, mit der eine Augensumme vorkommt, in Prozent angegeben wird.

Das Säulendiagramm hat ein besonderes Aussehen. Was bedeutet das?

Anzahl der Würfe	Häufigkeit der Augensumme										
	2	3	4	5	6	7	8	9	10	11	12
50											
100											
150											
200											
250											
…											

In diesem Kapitel lernst du,

- wie man Daten in Ur- und Ranglisten erfasst,
- wie man statistische Erhebungen miteinander vergleicht,
- was die Mitte einer Rangliste bedeutet,
- wie man eine Stichprobe durchführt und auswertet.

Würfeltest

1 Rangliste

Björn	14,5
Silke	14,8
Mutlu	14,7
Stefan	15,2
Jens	13,4
Nelli	13,9
Olga	14,6
Martin	15,0
Kyra	13,1
David	14,4
Anke	14,7
Suse	14,9
Sven	16,8
Tom	14,1
Karin	13,7
Sonja	14,5
Petra	14,4
Afua	14,1
Cora	14,7
Felix	13,8
Peter	15,5
Magida	14,8
Abdul	14,6
Leo	15,1
Marco	14,2
Franka	14,1
Linda	13,9
Ines	17,0

In der Klasse 7b wurde ein 100-m-Lauf durchgeführt. Die gestoppten Zeiten (in Sekunden) findest du in der Liste links.
→ Wie groß ist die Zeitspanne zwischen dem Schnellsten und dem Langsamsten?
→ Wie heißen die drei Schnellsten?
→ Wer war schneller als Ines?
→ Stelle selbst weitere Fragen und beantworte sie.

Bei einer statistischen Erhebung werden Daten oft in Listen erfasst.
Sind die Daten in der Liste geordnet, so lassen sich viele Fragen zur statistischen Erhebung leichter beantworten.

> Eine Liste ist eine Sammlung statistischer Erhebungsdaten.
> Die bei der Erhebung aufgestellte Liste heißt **Urliste**. Sie ist in der Regel ungeordnet. Wird die Urliste der Größe nach geordnet, so erhält man eine **Rangliste**.

Bemerkung
Kommen in einer Rangliste mehrere gleich große Werte vor, so fertigt man besser eine Häufigkeitsliste an.

Beispiel
Frau Hentrich notiert sich die Zeugnisnoten ihrer Klasse. So erhält sie eine Urliste.
3; 3; 1; 4; 2; 5; 4; 4; 3; 3; 5; 2; 1; 4; 4; 3; 3; 2; 1; 5; 4; 6; 2; 3; 3; 3; 4; 2
Mit der Rangliste verschafft sie sich einen besseren Überblick.
1; 1; 1; 2; 2; 2; 2; 2; 3; 3; 3; 3; 3; 3; 3; 3; 3; 4; 4; 4; 4; 4; 4; 4; 5; 5; 5; 6
Der Klasse gibt sie die Noten in einer Häufigkeitsliste bekannt.

Note	1	2	3	4	5	6
Anzahl	3	5	9	7	3	1

Aufgaben

1 In einem Mathematiktest wurden folgende Noten geschrieben:

Note	1	2	3	4	5	6
Anzahl	3	5	9	5	4	0

Stelle das Ergebnis der Klassenarbeit in einer Rangliste dar.

2 Dreizehn Kinder haben sich gewogen:
41 kg; 39 kg; 44 kg; 47 kg; 51 kg; 48 kg; 40 kg; 45 kg; 48 kg; 49 kg; 48 kg; 38 kg; 40 kg
Erstelle eine Rangliste und bestimme den Wert in der Mitte der Liste. Berechne den Mittelwert und vergleiche ihn mit dem Wert in der Mitte der Liste.

3 Beim Schlagballwurf der Klasse 7 wurden folgende Weiten erzielt:

23 m; 17 m; 31 m; 15 m; 20 m; 21 m; 29 m; 32 m;
16 m; 33 m; 13 m; 22 m; 24 m; 12 m; 28 m; 30 m;
27 m; 23 m; 17 m; 16 m; 22 m; 10 m; 39 m; 40 m;
19 m; 35 m; 41 m; 18 m; 17 m

a) Fertige eine Rangliste an.
b) Wie viele Schüler haben Weiten zwischen 20 m und 30 m geworfen?
c) Welche Weite liegt in der Mitte?

4 Bei einer Geburtstagsfeier gibt es den lustigen Dreikampf Kirschkernweitspucken – Strohhalmwerfen – Besenbalancieren.

Name	Kirschkern	Strohhalm	Besen
Kyra	4,17 m	2,11 m	7 s
Janine	6,42 m	1,54 m	3 s
Eugen	5,13 m	1,17 m	24 s
Moni	2,57 m	2,08 m	2 s
Daniel	7,18 m	1,96 m	8 s
Linda	3,72 m	1,84 m	6 s
Dennis	1,58 m	2,51 m	12 s
Jan	4,68 m	2,07 m	13 s
Markus	2,51 m	1,35 m	25 s
Alina	3,78 m	1,83 m	10 s
Renate	0,58 m	1,12 m	19 s
Lars	4,19 m	2,31 m	5 s
Hakan	2,75 m	2,25 m	14 s
Jochen	1,97 m	1,74 m	4 s
Anne	2,43 m	1,86 m	21 s

a) Bestimme für jeden Wettkampf die drei Besten.
b) Um die Platzierung im Dreikampf zu ermitteln, können die Rangplätze für jede Disziplin genutzt werden. Wer in der Summe den niedrigsten Wert hat, hat gewonnen, der zweitniedrigste ist Zweiter usw. Vervollständige die Tabelle im Heft.

Name	K	S	B	Summe
Kyra	6.	4.	10.	20
Janine	2.	12.	14.	28
Eugen	3.	14.	2.	19
...	...	...	...	...

Ranglisten mit dem Computer

Beim Weitsprung hat jeder drei Versuche. Um möglichst schnell die Platzierungen zu ermitteln, werden die Sprungweiten im Computer festgehalten.
Es soll für jeden der weiteste Sprung herausgesucht und danach eine Rangliste erstellt werden.

	A	B	C	D	E
1	Weitsprungwettbewerb der Sport AG Realschule Tahlhausen				
3	Name	1. Sprung	2. Sprung	3. Sprung	beste Weite
4	Conny	3,26	3,18	3,57	3,57
5	Pia	2,84	2,67	3,28	3,28
6	Aishe	3,34	3,27	3,09	3,34
7	Ali	3,35	3,45	3,22	3,45
8	Piere	3,15	3,19	3,37	3,37
9	Sarah	3,26	3,32	3,38	3,38
10	Alex	3,58	3,61	3,60	3,61
11	Holger	3,29	3,56	3,54	3,56
12	Kerstin	2,90	3,17	3,45	3,45
13	Katrin	2,88	2,80	3,04	3,04
14	Paul	2,99	2,58	3,12	3,12
15	Erwin	1,52	3,17	2,85	3,17
16	Achim	2,87	3,17	3,15	3,17
17	Dirk	3,45	3,12	3,41	3,45
18	Dennis	2,85	2,74	2,85	2,85

Mit dem Befehl =MAX(B7:D7) wird z. B. der größte Wert der Zellen B7, C7 und D7 ermittelt und in Zelle E7 eingetragen. Für alle Teilnehmerinnen und Teilnehmer wird so verfahren. Anschließend wird das ganze Feld von A7 bis E21 markiert. Unter dem Menüpunkt DATEN wird SORTIEREN gewählt und die Liste nach „beste Weite" aufsteigend sortiert. So erhält man eine nach der besten Weite sortierte Rangliste.

- Erstelle die Rangliste.
- Der Mittelwert der Zellen B7, C7 und D7 wird mit =MITTELWERT(B7:D7) berechnet. Erstelle eine Rangliste, wenn nicht die beste Sprungweite, sondern der Mittelwert der drei Sprünge zur Wertung herangezogen wird. Vergleiche diese Rangliste mit der ersten Rangliste.
- Bestimme den Mittelwert aller durchgeführten Sprünge und vergleiche ihn mit dem Mittelwert der Mittelwerte.
- Führt selbst einen Weitsprungwettbewerb durch und wertet ihn mit dem Computer aus.

2 Relative Häufigkeit

An vier Realschulen werden Fahrräder überprüft.

Anne-Frank-RS: 50 Fahrräder, 14 mit Mängeln
Max-Planck-RS: 75 Fahrräder, 18 mit Mängeln
Edith-Stein-RS: 72 Fahrräder, 9 mit Mängeln
Eichendorff-RS: 60 Fahrräder, 12 mit Mängeln

Petra behauptet, dass die Schülerinnen und Schüler der Max-Planck-Realschule recht sorglos mit ihren Fahrrädern umgehen, da dort die meisten Fahrräder mit Mängeln festgestellt wurden.
→ Was meinst du?

In der Jahrgangsstufe 7 kann die zweite Fremdsprache Französisch gewählt werden. Das Ergebnis der Wahl ist in der Tabelle erfasst. Aus ihr kannst du auch ersehen, dass es einen Zusammenhang zwischen der statistischen Auswertung und der Prozentrechnung gibt.

	7a	7b	Statistik	Prozentrechnung
Anzahl der Schülerinnen und Schüler der Klasse	30	25	**Gesamtzahl**	Grundwert
Anzahl derer, die Französisch gewählt haben	12	11	**absolute Häufigkeit**	Prozentwert
Anteile	$\frac{12}{30} = 0{,}40$ = 40 %	$\frac{11}{25} = 0{,}44$ = 44 %	**relative Häufigkeit in Prozent**	Prozentsatz

Obwohl in der Klasse 7a absolut mehr Schülerinnen und Schüler das Fach Französisch gewählt haben als in der 7b, waren es relativ gesehen, bezogen auf die Klassenstärke, weniger als in der Klasse 7b.

Die **relative Häufigkeit** eignet sich gut zum Vergleich statistischer Erhebungen.

$$\text{relative Häufigkeit} = \frac{\text{absolute Häufigkeit}}{\text{Gesamtzahl}}$$

Bemerkung
Wie in der Prozentrechnung kann man mithilfe der Gesamtzahl (Grundwert) und der relativen Häufigkeit (Prozentsatz) auf die absolute Häufigkeit (Prozentwert) schließen. Von 25 Schülerinnen und Schülern in der Klasse 7b haben 44 % das Fach Französisch gewählt. Es gilt: 25 · 0,44 = 11. Also haben 11 Schülerinnen und Schüler Französisch gewählt.

Beispiele
a) Bei einer Kontrolle wurden folgende Geschwindigkeiten auf einer Ortsdurchfahrt ermittelt.
Die Summe der absoluten Häufigkeiten ergibt die Anzahl der gemessenen Geschwindigkeiten.

in km/h	abs. H.	rel. H.	Prozent
unter 41	23	23 : 70 ≈ 0,329	32,9 %
41–50	26	26 : 70 ≈ 0,371	37,1 %
51–60	11	11 : 70 ≈ 0,157	15,7 %
über 60	10	10 : 70 ≈ 0,143	14,3 %
Gesamt	70	70 : 70 = 1,000	100,0 %

b) 400 Schülerinnen und Schüler einer Realschule wurden befragt, ob sie sich eine Schulcafeteria wünschen. Das Ergebnis der Umfrage wird in einem Balkendiagramm dargestellt. Die absoluten Häufigkeiten können daraus berechnet werden.

sehr dafür:	400 · 0,12 = 48	also 48 Personen	sehr dafür	12 %
eigentlich dafür:	400 · 0,36 = 144	also 144 Personen	eigentlich dafür	36 %
unentschieden:	400 · 0,18 = 72	also 72 Personen	unentschieden	18 %
eigentlich dagegen:	400 · 0,24 = 96	also 96 Personen	eigentlich dagegen	24 %
auf keinen Fall:	400 · 0,10 = 40	also 40 Personen	auf keinen Fall	10 %

Probe: 48 + 144 + 72 + 96 + 40 = 400

Aufgaben

1 Die Verteilung von Jungen und Mädchen auf die einzelnen Schularten in Baden-Württemberg ist in der Tabelle dargestellt.
(Angaben in Tausend)

	RS	HS	Gym	So
Jungen	119,6	115,9	135,4	42,3
Mädchen	117,0	92,7	149,4	25,7

a) Ergänze die Tabelle um die relativen Häufigkeiten.
b) Wie sieht die Verteilung von Jungen und Mädchen in eurer Klasse,
in eurem Jahrgang,
in eurer Schule aus?
Stimmen die prozentualen Anteile mit denen aus der Tabelle in etwa überein?
Woran könnte es liegen, wenn sich größere Abweichungen ergeben?

2 Die Zeugnisnoten in Mathematik der Jahrgangsstufen 7 verteilen sich wie folgt:

Note	1	2	3	4	5	6
7a	1	5	10	8	4	0
7b	0	3	9	10	5	1
7c	0	4	11	11	4	0
7d	2	3	8	10	2	1

a) In welcher Klasse ist der prozentuale Anteil der Note „ausreichend" am größten?
b) Wie viel Prozent haben in den einzelnen Klassen „gut" oder „befriedigend"?
c) Welche Klasse ist besonders leistungsstark?

3 An der Wilhelm-Busch-Realschule wird in einer Umfrage ermittelt, wie viele Geschwister die Schülerinnen und Schüler haben.

Geschwisterzahl	0	1	2	3	mehr
Anzahl	157	176	88	39	27

In der Klasse 7c sieht die Verteilung wie folgt aus:

Geschwisterzahl	0	1	2	3	mehr
Anzahl	9	10	3	2	1

a) Erstelle für jede Häufigkeitsliste ein Streifendiagramm.
Vergleiche die beiden Diagramme.
b) Der Klassenlehrer behauptet, dass in der Klasse 7c überdurchschnittlich viele Einzelkinder seien.
c) Vergleiche die Verteilung der Klasse 7c mit der Verteilung in deiner Klasse.

4 In Waldhausen besuchen 1423 Schülerinnen und Schüler die Sekundarstufe I. Die Gemeinde veröffentlicht eine Statistik.
a) Die Summe der relativen Häufigkeiten ergibt nicht 100 %.
Woran kann das liegen?
b) Wie viele Schülerinnen und Schüler besuchen die einzelnen Schularten?
c) Die Summe der absoluten Häufigkeiten ergibt nicht 1423.
Woran liegt das?
Für welche Schulart ist es sinnvoll, die absolute Häufigkeit so zu verändern, dass die Probe stimmt?

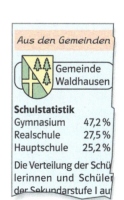

Geheimschrift

Überall im täglichen Leben kannst du verschlüsselte Botschaften entdecken. Ob Verkehrszeichen, Schiffsflaggen oder EAN-Codes auf Verpackungen, sie alle sind verschlüsselte Botschaften, die nur derjenige versteht, der den Code kennt.

Eine einfache Verschlüsselung eines Texts besteht darin, Buchstaben zu vertauschen.
Im 16. Jahrhundert benutzte der Italiener Porta eine Scheibe, um Geheimbotschaften einfach zu verfassen.
■ Erkläre die Funktionsweise der Scheibe.
■ Stelle selbst eine Scheibe her und verschlüssele eine Botschaft.

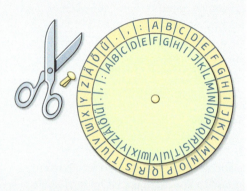

Eine Botschaft, die mit der Scheibe verschlüsselt wurde, ist leicht zu knacken. Weißt du warum?

Schwieriger wird es, wenn zur Verschlüsselung die Buchstaben nicht in alphabetischer Reihenfolge vertauscht werden.
So könnte zum Beispiel A durch X, B durch D, C durch K usw. beliebig ersetzt werden. In diesem Fall helfen zum Knacken des Codes die relativen Häufigkeiten, mit denen die Buchstaben in einem Text auftauchen.
■ Jeder zählt in einem Zeitungsartikel die ersten 100 Buchstaben und bestimmt, wie oft jeder Buchstabe auftritt.
■ Fasst die Ergebnisse der Klasse in einer gemeinsamen Liste zusammen und berechnet die relative Häufigkeit, mit der jeder Buchstabe vorkommt. Was stellt ihr fest?
■ Wie kann dir die Liste beim Entschlüsseln einer geheimen Botschaft helfen?
■ Verfasse eine geheime Botschaft und lasse sie von deinem Nachbarn entschlüsseln.
■ Entschlüsselt mithilfe eurer Liste die geheime Botschaft.

EYP LYFFPBFOVTSR EPX
NPVPYWFOVXYSR YFR FOVUB
WPVXPXP RTMFPBE QTVXP
TDR.
KM TDDPB KPYRPB HP
WGVRPB FYOV WPBFOVPB
LYOVRYNP HURFOVTSRPB
KM CPXFOVDGFFPDB, ETWYR
FYP APYB MBHPSMNRPX
DPFPB AUBBRP.
PF LPXEPB YWWPX LYPEPX
BPMP CPXSTVXPB EPX OU-
EYPXMBN PBRLYOAPDR.

Das Morsealphabet von Samuel Morse (1791–1872) findet heute noch Anwendung, wenn Nachrichten durch Ton- oder Lichtsignale übermittelt werden müssen. Da die Nachrichten möglichst schnell und einfach übermittelt werden sollen, werden Buchstaben, die häufiger vorkommen, einfacher codiert als andere (· kurz, – lang).
■ Welche Buchstaben sind besonders einfach codiert? Sind es die Buchstaben, die auch am häufigsten vorkommen?
■ Wie sind seltene Buchstaben codiert?
■ Wie sieht es mit der Codierung des Notrufzeichens SOS aus?

A ·–	M ––	Y –·––
B –···	N –·	Z ––··
C –·–·	O –––	1 ·––––
D –··	P ·––·	2 ··–––
E ·	Q ––·–	3 ···––
F ··–·	R ·–·	4 ····–
G ––·	S ···	5 ·····
H ····	T –	6 –····
I ··	U ··–	7 ––···
J ·–––	V ···–	8 –––··
K –·–	W ·––	9 ––––·
L ·–··	X –··–	0 –––––

■ Übermittle zuhause durch Klopfzeichen oder mit einer Taschenlampe folgende Botschaft:

Geheimtreffen auf Karins Dachboden um 16 Uhr

3 Stichproben

Obsthändler Grimm erhält eine Lieferung von 7500 kernlosen Mandarinen. Er möchte ungefähr wissen, wie viele davon doch Kerne enthalten. Dazu greift er wahllos 50 Mandarinen heraus und schneidet sie auf. Herr Grimm findet drei Mandarinen mit Kernen.
→ Warum überprüft Herr Grimm nicht alle Mandarinen?
→ Wie viele kernhaltige Mandarinen werden ungefähr in der Lieferung sein?

Oft ist es nicht möglich, die Gesamtheit zu erfassen. In manchen Fällen wird der zu untersuchende Gegenstand bei der Untersuchung zerstört, in anderen Fällen ist die Gesamtheit zu groß.
Im Südwest-Fernsehen wird montags bis freitags im Vorabendprogramm die Sendung „Kaffee oder Tee?" ausgestrahlt. Um die Einschaltquote für Baden-Württemberg zu ermitteln, werden 2000 Personen befragt. Von ihnen schauen 94 Personen regelmäßig diese Sendung. Daraus ergibt sich eine Einschaltquote von $\frac{94}{2000} = 0,047 = 4,7\%$. In Baden-Württemberg schauen diese Sendung schätzungsweise 4,7 % von 10,6 Mio. Einwohner, das sind 498 200, also etwa 0,5 Mio. Personen.

> Wird bei einer statistischen Erhebung zu einer bestimmten Fragestellung nur ein Teil der Gesamtheit befragt, so spricht man von einer **Stichprobe**.
> Das Ergebnis der Stichprobe erlaubt Aussagen über die Gesamtheit.

Beispiel
An einem Urlaubsort werden 1200 Gäste befragt, wie sie angereist sind.

Verkehrsmittel	Auto	Eisenbahn	Bus	Flugzeug
absolute Häufigkeit	756	198	168	78
relative Häufigkeit	0,63	0,165	0,14	0,065

Nach einer Werbekampagne erwartet der Ort für das kommende Jahr 21 000 Gäste.
Da 21 000 · 0,165 = 3465 ergibt, rechnet die Bahn mit etwa 3500 Fahrgästen.

Aufgaben

1 Ein Automobilwerk kauft 200 000 Scheinwerferlampen.
a) Bei einer Stichprobe sind von 1000 Lampen 6 defekt. Wie viele Lampen sind wohl insgesamt defekt?
b) Warum reicht eine Stichprobe von 100 Lampen nicht aus?

2 Um festzustellen, ob ein Kuchen gar ist, sticht man einmal in den Teig.
a) Ist dieses Verfahren eine „Stichprobe"?
b) Wie muss man vorgehen, damit die Stichprobe eine relativ sichere Auskunft darüber gibt, ob der Kuchen gar ist? Befrage deine Eltern.

3 In einem Landkreis sind 94 500 Pkw zugelassen. Bei einem Fest zählt Sven auf dem Parkplatz nur die Autos des Landkreises nach Marken sortiert.

Automarke	Opel	BMW	Merc.	Ford	VW	Sonst.
Anzahl	139	65	59	102	149	62

a) Wie viele Autos jeder Marke gibt es annähernd in dem Landkreis?
b) Warum kann das Ergebnis nicht auf Deutschland übertragen werden?

4 Die Stadt Stuttgart möchte zur Planung des Wohnungsbaus ermitteln, wie viele der 290 842 Haushalte in der Stadt Ein-, Zwei-, Drei-, … Personenhaushalte sind.
Dazu wird eine Umfrage bei 1000 Haushalten gemacht.
Das Ergebnis dieser Stichprobe wird in einer Tabelle festgehalten.

Anzahl der Personen	1	2	3	4	mehr
Anzahl der Haushalte	485	259	121	92	43

Bestimme, wie viele Ein-, Zwei-, Drei-, … Personenhaushalte es ungefähr in Stuttgart gibt.

Inhalt	Anzahl
36	12
37	28
38	226
39	765
40	2517
41	936
42	354
43	162

5 Eine Streichholzfirma stellt täglich 3 000 000 Schachteln Streichhölzer her. Auf der Packung steht: 40 Hölzer.
Eine Stichprobe von 5000 Schachteln ergab die in der Tabelle links dargestellte Verteilung der tatsächlichen Inhalte.
a) Wie viele Schachteln mit der entsprechenden Anzahl Streichhölzer sind täglich zu erwarten?
b) Herr Feuerle kauft 20 Schachteln. Wie viele Streichhölzer hat er wohl tatsächlich gekauft?
c) Wie viel Prozent der Schachteln enthalten mindestens 39 Streichhölzer?
d) Wie viel Prozent der Schachteln enthalten mehr als 38 und weniger als 43 Streichhölzer?
e) Bei weniger als 38 Streichhölzern kann der Kunde reklamieren.

Sinnvolle Stichprobe???

Bei einer Stichprobe muss man sorgfältig die Bedingungen auswählen, unter denen sie durchgeführt wird. Das Ergebnis soll schließlich auf die Gesamtheit übertragbar sein. Überprüfe daraufhin die folgenden Stichproben und mache gegebenenfalls Verbesserungsvorschläge für eine bessere Stichprobe.

■ Herr Völl möchte wissen, ob sein Dach noch in Ordnung ist. Dazu überprüft er 30 Dachpfannen, die sich gut erreichbar direkt am Dachfenster befinden.

■ Das Jugendamt möchte wissen, wie viele Familien in einem Bezirk mehr als drei Kinder haben. Es bittet eine Schule der Gemeinde, eine Erhebung durchzuführen.

■ Der Deutsche Mieterbund möchte ermitteln, wie viel Quadratmeter Wohnfläche pro Person zur Verfügung stehen. In zehn Großstädten werden dazu je 100 Haushalte im Stadtzentrum befragt.

■ Zur Planung des öffentlichen Nahverkehrs wird in den Sommerferien täglich zu unterschiedlichen Zeiten eine Fahrgastbefragung durchgeführt.

■ In einer Buchhandlung wird jeder 50. Kunde gefragt, wie viele Bücher er jährlich etwa kauft.

4 Zentralwert

In einem Dorf gibt es neun Familien, die Kühe haben.
Herr Kögel behauptet, in seinem Dorf ginge es den Familien sehr gut, denn im Durchschnitt habe jede Familie 34 Kühe.
→ Was sagen wohl Frau Olfs und Herr Baum dazu?

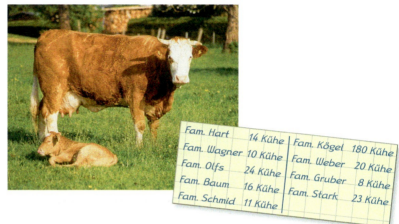

Fam. Hart 14 Kühe | Fam. Kögel 180 Kühe
Fam. Wagner 10 Kühe | Fam. Weber 20 Kühe
Fam. Olfs 24 Kühe | Fam. Gruber 8 Kühe
Fam. Baum 16 Kühe | Fam. Stark 23 Kühe
Fam. Schmid 11 Kühe

Manchmal ist es nicht hilfreich, den Mittelwert zu berechnen.
Frau Bauer möchte wissen, wie lang sie in der Regel für die Fahrt zur Arbeit benötigt. Dazu schreibt sie drei Wochen lang die Fahrzeit in Minuten auf.

Mo	Di	Mi	Do	Fr	Mo	Di	Mi	Do	Fr	Mo	Di	Mi	Do	Fr
38	32	30	36	37	40	37	32	98	42	31	34	30	33	35

Frau Bauer berechnet den Mittelwert und stellt fest, dass sie im Durchschnitt 39 Minuten benötigt. Doch meistens braucht sie weniger als 39 Minuten. Die Autopanne am Donnerstag, als sie 98 Minuten benötigte, verfälscht den Mittelwert. Um sich einen Überblick zu verschaffen, ordnet sie die Fahrzeiten in einer Rangliste.

30 30 31 32 32 33 34 **35** 36 37 37 38 40 42 98
                              |
                    Mitte der Rangliste

Nun stellt Frau Bauer fest, dass sie sieben Mal weniger als 35 Minuten und sieben Mal mehr benötigte. Dabei ist es egal, ob sie mal eine Autopanne hatte oder nicht. In diesem Fall ist dieser Wert, der so genannte **Zentralwert**, aussagekräftiger als der Mittelwert.

> Der **Zentralwert** ist der Wert in der Mitte der Rangliste.

Bemerkung
Hat die Rangliste eine ungerade Anzahl von Werten, so ist der mittlere Wert der Zentralwert. Hat die Rangliste eine gerade Anzahl von Werten, so stehen zwei Werte in der Mitte. Als Zentralwert wird dann der Mittelwert dieser beiden Werte genommen.

Beispiele
a)

Rangplatz	1.	2.	3.	4.	5.
Wert	4	6	7	38	42
Zentralwert			7		

Rangplatz	1.	2.	3.	4.	5.	6.
Wert	3	9	10	14	31	52
Zentralwert			$\frac{10+14}{2} = 12$			

Rangplatz	1.	2.	3.	4.	5.	6.
Wert	3	6	9	9	18	33
Zentralwert			9			

Beachte: In einer Rangliste kann der Zentralwert mehrfach auftreten.

b) Einwohnerzahlen der 16 Bundesländer in Millionen (Stand 2003)

1.	Bremen (HB)	0,7	9.	Berlin (BE)	3,4
2.	Saarland (SL)	1,1	10.	Rheinland-Pfalz (RP)	4,0
3.	Hamburg (HH)	1,7	11.	Sachsen (SN)	4,4
4.	Mecklenburg-Vorpommern (MV)	1,8	12.	Hessen (HE)	5,7
5.	Thüringen (TH)	2,4	13.	Niedersachsen (NI)	8,0
6.	Sachsen-Anhalt (ST)	2,6	14.	Baden-Württemberg (BW)	10,6
7.	Brandenburg (BB)	2,6	15.	Bayern (BY)	12,3
8.	Schlesig-Holstein (SH)	2,8	16.	Nordrhein-Westfalen (NW)	18,1

Der Zentralwert liegt zwischen den Werten des 8. und 9. Bundeslandes. Also ist der Zentralwert der Mittelwert von 2,8 Mio. (Schleswig-Holstein) und 3,4 Mio. (Berlin) und beträgt 3,1 Mio.
Dies bedeutet, dass 8 Bundesländer weniger und 8 Bundesländer mehr als 3,1 Mio. Einwohner haben.

0,7 1,1 1,7 1,8 2,4 2,6 2,6 2,8 **3,1** 3,4 4,0 4,4 5,7 8,0 10,6 12,3 18,1
                                         |
                                   Zentralwert

Aufgaben

1 Bestimme für jede der Ranglisten den Mittelwert und den Zentralwert und vergleiche diese Werte miteinander. Was stellst du fest?
Erkläre!
a) 3; 5; 7; 9; 11; 13; 15
 3; 5; 7; 9; 11; 13; 29
 3; 5; 7; 9; 11; 29; 41
b) 20; 25; 30; 35; 40; 45; 50
 6; 25; 30; 35; 40; 45; 50
 6; 11; 30; 35; 40; 45; 50
c) 15; 18; 21; 25; 28; 31
 15; 18; 23; 23; 28; 31
 15; 23; 23; 23; 23; 31
 15; 21; 21; 25; 25; 31

2 Berechne Mittelwert und Zentralwert. Streiche anschließend den ersten und den letzten Wert weg und berechne die beiden Kennwerte neu.
a) 8; 12; 15; 17; 19; 23; 25; 26; 29
b) 0; 1; 10; 11; 12; 14; 15; 15; 17; 18; 20
c) 3; 5; 12; 15; 15; 16; 18; 19; 51; 65
d) 2; 2; 25; 28; 31; 39; 41; 42; 69; 88
e) 4; 4; 17; 19; 21; 23; 25; 38; 38

3 Bestimme für jede Rangliste den Zentralwert. Wie viele Werte der Rangliste sind kleiner oder gleich dem Zentralwert? Wie viele sind größer oder gleich? Wie viel Prozent sind das? Formuliere eine Regel.

Liste 1 2; 3; 5; 6; 8
Liste 2 3; 3; 4; 5; 5; 6; 8; 8
Liste 3 1; 2; 2; 3; 3; 3; 4; 5; 6; 7
Liste 4 3; 5; 6; 7; 9; 12; 15; 17

4 Elf verschiedene Handys werden nach einem Punktsystem von –5 (sehr schlecht) bis +5 (sehr gut) beurteilt:
+3; +2; +5; –1; 0; +2; –2; +3; –4; +4; –1
Bestimme Mittelwert und Zentralwert.
Begründe, welcher Wert aussagekräftig ist.

5 In der Tabelle ist die monatliche Niederschlagsmenge in Liter pro m² für Stuttgart angegeben.

Jan.	Feb.	Mär.	Apr.	Mai	Jun.
43	40	38	49	72	94

Jul.	Aug.	Sep.	Okt.	Nov.	Dez.
69	83	52	42	55	43

a) Berechne die durchschnittliche Niederschlagsmenge und bestimme den Zentralwert. Vergleiche.
b) Zeichne ein Säulendiagramm und trage darin den Mittelwert und den Zentralwert als horizontale Linie ein.

6 In der Firma Gschwindt und Co. gibt es fünf Auszubildende, sieben Arbeiter, vier Gesellen, einen Meister, zwei Verwaltungskräfte und einen Chef. Folgende Nettogehälter werden gezahlt:

Auszubildende	350 €
Arbeiter	1150 €
Gesellen	1500 €
Meister	1900 €
Verwaltungskraft	1400 €
Chef	8900 €

Der Chef behauptet, dass in seinem Betrieb gut verdient wird, man brauche sich nur den Durchschnittsverdienst anzusehen. Der Auszubildende Thomas ist anderer Meinung. Wie wird er argumentieren?

Wohin mit dem Kakao?

Hausmeister Rey bringt den Kindern der Jahrgangsstufe 5 jeden Tag zur Pause eine Kiste Kakao in die Klasse. Da er immer nur eine Kiste tragen kann, überlegt er, wo er den Kakao im Flur abstellen soll, damit er insgesamt möglichst wenig laufen muss.

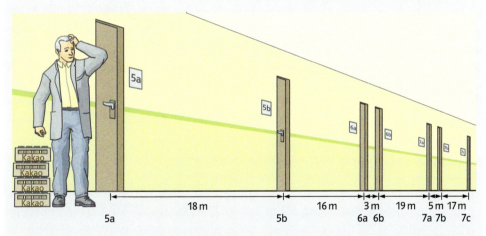

■ Nehmen wir an, Herr Rey lagert den Kakao direkt neben der 5a. Dann muss er nur einmal 18 m zur 5b gehen. Wird der Kakao z. B. 5 m von der 5a entfernt gelagert, so muss Herr Rey 5 m zur 5a und 13 m zur 5b gehen, insgesamt also wieder 18 m. Rechne für eine weitere Lagermöglichkeit die gesamte Wegstrecke aus. Was stellst du fest?
■ Nun möchte auch die 6a Kakao haben. Welche Möglichkeiten hat Herr Rey, den Kakao so zu lagern, dass der Gesamtweg möglichst kurz wird?
■ Die beiden Jahrgangsstufen 5 und 6 wünschen Kakao. Gib mögliche Standorte zur Lagerung des Kakaos an, bei denen der Weg möglichst kurz wird.
■ Auch die Jahrgangsstufe 7 möchte Kakao bekommen. Jetzt kannst du blitzschnell sagen, wo Herr Rey den Kakao lagern könnte. Rechne für zwei verschiedene Vorschläge nach!

Wir werten Statistiken aus

Nachdem eine statistische Erhebung durchgeführt wurde, möchte man mit den Ergebnissen dieser Erhebung Aussagen über die untersuchte Gesamtheit machen.
Dies gelingt umso besser, je mehr Kennwerte zur Verfügung stehen.

In den Klassen 7a, 7b und 7c wird die Anzahl der CDs ermittelt, die die Schülerinnen und Schüler besitzen.
Erhebung: Anzahl der CDs
7a: 0; 3; 4; 4; 5; 5; 5; 5; 7; 8; 9; 10; 10; 11; 11; 11; 12; 14; 15; 15; 18; 21; 21; 23; 24; 26; 26; 72
7b: 2; 2; 3; 5; 5; 6; 6; 6; 6; 7; 9; 9; 10; 12; 12; 13; 14; 15; 18; 20; 21; 21; 21; 23; 24; 27; 29
7c: 0; 0; 0; 0; 2; 2; 3; 3; 4; 4; 5; 11; 12; 15; 16; 16; 17; 17; 20; 21; 21; 22; 24; 26; 41; 43; 45; 49
Auswertung:

	7a	7b	7c
Spannweite	72 − 0 = 72	29 − 2 = 27	49 − 0 = 49
Mittelwert	14,11	12,81	15,68
Zentralwert	11	12	15,5

Schlussfolgerungen aus den Ergebnissen:
1. Die große Spannweite in den Klassen 7a und 7c zeigt, dass der Unterschied zwischen demjenigen, der die meisten CDs besitzt, und demjenigen, der die wenigsten besitzt, sehr groß ist.
2. In der Klasse 7a liegt der Mittelwert deutlich über dem Zentralwert. Daraus kann man zunächst schließen, dass es mindestens einen Jugendlichen gibt, der viele CDs besitzt. Die große Spannweite von 72 CDs bestätigt dies und macht darüber hinaus deutlich, dass er oder sie auch der oder die einzige mit außerordentlich vielen CDs ist.
3. Mittelwert und Zentralwert stimmen in der 7b und 7c fast überein. Die Verteilung der CDs ist hier ausgeglichener als in der 7a. Die größere Spannweite in der 7c gegenüber der 7b zeigt aber, dass dieser Ausgleich nur dadurch erreicht wird, dass neben einigen, die viele CDs besitzen, auch eine ganze Reihe sehr wenige oder keine CDs haben.

Ein Forellenzüchter überprüft regelmäßig das Gewicht der Forellen in seinen drei Aufzuchtbecken. Dazu wiegt er aus jedem Becken 10 Forellen.

- Berechne für jedes Becken den Mittelwert und vergleiche mit dem Zentralwert.

- Bilde den Mittelwert und den Zentralwert für alle drei Becken zusammen.

- Bestimme weitere Kennwerte für jedes Becken und mache mithilfe der Kennwerte Aussagen über die Aufzuchterfolge in den drei Becken.

- Welche Gründe könnten die Unterschiede verursacht haben?

Forellengewicht in Gramm		
Becken 1	Becken 2	Becken 3
511	506	498
558	550	605
592	577	614
603	598	620
628	615	630
639	627	645
681	638	695
719	649	710
795	695	757
810	790	845

Auf welchem Rangplatz liegt der Zentralwert?

Bisher konnten wir durch einfaches Abzählen den Zentralwert einer Rangliste leicht bestimmen. Für umfangreichere Ranglisten oder Häufigkeitslisten ist dieses Verfahren umständlich und zeitaufwändig. Man benötigt ein Verfahren, um den mittleren Rangplatz und damit den Zentralwert schnell zu bestimmen.
Zwei Beispiele sollen das Verfahren verdeutlichen.

Rangplatz	1	2	3	4	5	6	7
Wert	3	5	8	10	11	14	16
Zentralwert				10			

Rangplatz	1	2	3	4	5	6	7	8
Wert	2	5	7	9	15	17	19	24
Zentralwert				$\frac{9+15}{2}$	= 12			

Die Gesamtzahl der Erhebung beträgt 7 und ist ungerade. Der Zentralwert liegt an der 4. Stelle, das ist die $\left(\frac{7+1}{2}\right)$-te Stelle.

Die Gesamtzahl der Erhebung beträgt 8 und ist gerade. Der Zentralwert liegt zwischen 4. und 5. Stelle, bzw. zwischen $\frac{8}{2}$-ter und $\left(\frac{8}{2}+1\right)$-ter Stelle.

In einer Jugendherberge wird einen Monat lang die Aufenthaltsdauer der Gäste ermittelt.

Übernachtungen	1	2	3	4	5	6	7	8	9	10	11	12
Anzahl	124	183	217	154	84	53	92	26	5	8	3	7
Zwischensumme	124	307	524	678	762	815	907	933	938	946	949	956

Die Gesamtzahl beträgt 956.

Es kann keine Rangliste für 956 Werte geschrieben werden, dennoch kann die Mitte der Rangliste und damit der Zentralwert bestimmt werden.
Der Zentralwert liegt zwischen den Plätzen $\frac{956}{2}$ = 478 und $\left(\frac{956}{2}+1\right)$ = 479.
Auf Platz 478 bzw. 479 steht der Wert 3. Der Zentralwert beträgt also 3 Übernachtungen.
Das heißt: Ungefähr die Hälfte aller Gäste übernachtet nicht mehr als 3-mal.

■ In einer Umfrage wird ermittelt, wie viele Stunden Jugendliche am Computer verbringen.

Zeit in Std.	0	2	4	6	8	10	12	14	16
Anzahl	32	185	76	91	29	13	6	3	1

Bestimme Mittelwert, Zentralwert und häufigsten Wert. Mache mithilfe dieser Kennwerte Aussagen.

■ 150 Jugendliche werden befragt, wie oft sie durchschnittlich im Monat in die Disco gehen.

Discobesuche	0	1	2	3	4	5	6
Anzahl	23	29	31	22	27	11	7

Bestimme Mittelwert, Zentralwert und häufigsten Wert. Mache mithilfe dieser Kennwerte Aussagen.

Zusammenfassung

Listen

Statistische Erhebungen können in **Listen** erfasst werden.
Die bei der Erhebung ursprünglich aufgestellte Liste heißt **Urliste**. Sie ist in der Regel ungeordnet.
Eine der Größe nach geordnete Liste heißt **Rangliste**.
Eine Liste, in der angegeben wird, wie häufig jeder einzelne Wert vorkommt, heißt **Häufigkeitsliste**.

Bei einem Test können 8 Punkte erreicht werden. In der Liste wird das Testergebnis der 25 Schülerinnen und Schüler erfasst.
Urliste: 4; 6; 6; 2; 6; 0; 3; 7; 6; 5; 5; 3; 6; 6; 4; 8; 7; 3; 3; 6; 5; 8; 5; 7; 6
Rangliste: 0; 2; 3; 3; 3; 3; 4; 4; 5; 5; 5; 5; 6; 6; 6; 6; 6; 6; 6; 6; 7; 7; 7; 8; 8
Häufigkeitsliste:

Punkte	absolute Häufigkeit	relative Häufigkeit	relative Häufigkeit in Prozent
0	1	0,04	4 %
1	0	0,00	0 %
2	1	0,04	4 %
3	4	0,16	16 %
4	2	0,08	8 %
5	4	0,16	16 %
6	8	0,32	32 %
7	3	0,12	12 %
8	2	0,08	8 %

absolute und relative Häufigkeit

In einer statistischen Erhebung können Werte auch mehrfach vorkommen.
Die **absolute Häufigkeit** gibt an, wie oft ein bestimmter Wert vorkommt.
Der Anteil, den die absolute Häufigkeit an der Gesamtzahl der Erhebung hat, heißt **relative Häufigkeit**.

$$\text{relative Häufigkeit} = \frac{\text{absolute Häufigkeit}}{\text{Gesamtzahl}}$$

rel. Häufigkeit für 3 Punkte: $\frac{4}{25}$ = 0,16 = 16 %

Stichprobe

Wird bei einer statistischen Erhebung nur ein Teil der Gesamtheit befragt, so spricht man von einer **Stichprobe**.

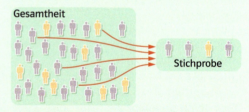

Zentralwert

Der Wert in der Mitte einer Rangliste heißt **Zentralwert**.
Hat die Rangliste eine ungerade Anzahl von Werten, so ist der mittlere Wert der Zentralwert.

Rangplatz	1.	2.	3.	4.	5.	6.	7.
Wert	4	6	9	13	17	21	22
Zentralwert				13			

Hat die Rangliste eine gerade Anzahl von Werten, so stehen zwei Werte in der Mitte. Als Zentralwert wird dann der Mittelwert dieser beiden Werte genommen.

Rangplatz	1.	2.	3.	4.	5.	6.	7.	8.
Wert	4	6	9	13	17	21	22	25
Zentralwert				$\frac{13+17}{2}$ = 15				

Üben • Anwenden • Nachdenken

1 Der Lehrer sagt, dass er die Hausaufgaben stichprobenartig prüfen werde.
a) Was meint er damit?
b) Wie wird er vorgehen?
c) Nenne andere Beispiele, bei denen stichprobenartig vorgegangen wird.

2 In einer Schule mit 784 Schülerinnen und Schülern sind 95 türkischer, 47 griechischer, 12 italienischer, 7 spanischer und weitere 12 anderer als deutscher Nationalität. Per Losentscheid werden einmal 100, ein anderes Mal 200 Jugendliche für einen Zeichenwettbewerb ausgesucht. Dabei erhielt man folgende Verteilung.

Gesamtzahl	100	200
türkisch	13	25
griechisch	5	11
italienisch	1	2
spanisch	0	2
sonstige	2	2

a) Vergleiche die Häufigkeiten der beiden Stichproben untereinander und mit der Gesamtheit.
b) Welche Schwierigkeiten können bei Stichproben auftreten?
c) Welche Bedeutung hat die Größe der Stichprobe?

3 Ein Diktat wird zurückgegeben und hat folgende Fehlerverteilung:

Fehler	0	1	2	3	4	5	6	7	8	9	10	11	12
Schüler	0	0	2	1	1	0	2	6	3	7	3	2	0

Der Lehrer stellt fest, dass er sich beim Diktat von Jörg vertan hat. Statt 9 Fehlern hat dieser sogar 12 Fehler.
a) Bestimme für die ursprüngliche Liste Minimum, Maximum, Spannweite, Zentralwert und Mittelwert.
b) Bestimme anschließend für die korrigierte Liste die Kennwerte neu. Vergleiche diese Werte mit denen der ursprünglichen Liste. Was stellst du fest?

4 Führe folgende statistische Erhebung in deinem Freundeskreis durch und stelle für das Ergebnis jeder Frage eine Rangliste auf. Befrage mindestens zehn Freundinnen oder Freunde.

Fragebogen
1. Wie groß bist du?
2. Wie viele Minuten durchschnittlich brauchst du täglich für deine Hausaufgaben?
3. Wie viele Minuten verbringst du ungefähr täglich vor dem Fernseher?
4. Wie weit wohnst du von der Schule entfernt?
5. Wie viele Stunden pro Woche gehst du einem Hobby nach?

1.) 159 cm
2.) 45 min
3.)
4.)
5.)

5 In einem Geschichtstest wurden folgende Punktzahlen erreicht.

Agnes	23	Helene	24	Markus	23
Anja	26	Holger	14	Michael	8
Andre	5	Ignaz	19	Monika	25
Arthur	11	Ines	19	Nadine	12
Beate	2	Irma	12	Nicole	17
Britta	6	Ismail	17	Sandra	21
Conny	16	Jan	12	Theo	18
Daniela	11	Katrin	20	Tim	18
Frosso	16	Kim	20	Viktor	22

a) Stelle eine Rangliste auf.
b) Bestimme die Kennwerte Minimum, Maximum, Spannweite, Zentralwert und Mittelwert und schreibe mithilfe dieser Kennwerte einen Bericht, wie der Test ausgefallen ist.
c) Ab welcher Schülerin bzw. ab welchem Schüler gilt, dass mindestens 25% der Mitschülerinnen und Mitschüler genauso gut oder besser geschrieben haben?
d) Für welche Schülerin bzw. für welchen Schüler gilt, dass mindestens 80% der Mitschülerinnen und Mitschüler genauso gut oder schlechter geschrieben haben?

Umfrage zum Freizeitverhalten Jugendlicher

Unter den vielen Möglichkeiten der Freizeitgestaltung hat das Fernsehen eine große Bedeutung. Will man herausfinden, welche Bedeutung das Fernsehen für Jugendliche hat, macht man eine Umfrage. Dabei ist der Fragebogen so zu gestalten, dass die Auswertung einfach und schnell möglich ist, ohne jedoch das Ergebnis zu verfälschen.

Mit den folgenden drei Fragebögen soll festgestellt werden, wie viel Zeit Jugendliche durchschnittlich vor dem Fernseher verbringen.
- Welche Vor- bzw. Nachteile haben die vorgestellten Fragebögen?
Denke auch an die Auswertung.
- Mache weitere Vorschläge zur Gestaltung eines Fragebogens.
- Führt eine solche Umfrage mit einem von euch selbst gestalteten Fragebogen in eurer Klasse durch und stellt das Ergebnis in geeigneter Form grafisch dar.

Umfrage zu Freundschaften
Wie viele Freunde und Freundinnen haben Jugendliche?
Wie viel Zeit verbringen sie mit ihnen?
Wie verbringen sie die gemeinsame Freizeit?
- Sucht weitere Fragen zu diesem Thema.
- Erstellt einen geeigneten Fragebogen.
- Überlegt, wen ihr fragen wollt. Zum Beispiel die Jahrgangsstufe 7 oder 10 % aller Schülerinnen und Schüler oder 100 Jugendliche auf der Straße oder …
- Führt die Befragung durch und wertet sie aus.

Fragebogen 1
Wie viele Minuten verbringst du in der Regel pro Woche vor dem Fernseher?

Ich verbringe _____ Minuten pro Woche vor dem Fernseher.

Fragebogen 2
Kreuze an, wie viele Stunden du pro Woche durchschnittlich vor dem Fernseher verbringst.

0; 1; 2; 3; 4; 5; 6; 7; 8; 9; 10; 11; 12; mehr als 12

Fragebogen 3
Wie viel Zeit verbringst du normalerweise pro Woche vor dem Fernseher?

- ☐ 0–2 Std. ☐ 2–4 Std.
- ☐ 4–6 Std. ☐ 6–8 Std.
- ☐ 8–10 Std. ☐ 10–12 Std.
- ☐ 12–14 Std. ☐ 14–16 Std.
- ☐ 16–18 Std. ☐ 18–20 Std.
- ☐ mehr als 20 Std.

Fragebogen zum Freizeitverhalten

Mit diesem Fragebogen möchten wir herausfinden, wie viel Zeit du in der Regel pro Woche mit Sport und Hobbys verbringst und wie viel Geld du dafür ausgibst. Bitte nur ganzzahlige Werte eintragen.

Zur Person
1. Wie alt bist du? _____ Jahre
2. Welche Klasse besuchst du? _____
3. Bist du ein Junge ☐ oder Mädchen ☐ ?

Zur Sache
1. Wie viel Zeit verwendest du pro Woche
   a) für Sport? _____ Stunden pro Woche
   b) für Hobbys? _____ Stunden pro Woche
2. Wie viel Geld gibst du monatlich aus?
   a) für Sport _____ € im Monat
   b) für Hobbys _____ € im Monat

Vielen Dank, dass du uns geholfen hast.

Mit dem Fragebogen soll besonders der Frage nach dem zeitlichen und finanziellen Aufwand für Sport und sonstige Hobbys nachgegangen werden. Die Auswertung einer solchen Befragung in der Klasse 7c der Theodor-Heuss-Realschule seht ihr in der unten aufgeführten Liste.

Urliste zur Fragestellung Hobbys

Geschlecht	♂	♀	♀	♂	♀	♂	♂	♂	♀	♂	♂	♂	♀	♀	♀	♂	♀	♀	♀	♂	♂	♀	♂	♀	♀	♂	♀	♂	♀
€/Monat	15	30	24	10	25	60	12	20	24	15	25	35	25	20	50	30	32	60	36	55	15	40	35	25	20	170	45	30	75
Std/Woche	12	4	15	12	7	4	12	9	5	5	3	7	7	10	6	6	8	3	8	12	8	7	10	5	8	16	6	12	9

■ Was kannst du aus der Liste alles ablesen? Denke dabei auch an die Kennwerte wie Minimum, Zentralwert, Mittelwert usw. Die Auswertung kannst du auch für Jungen und Mädchen getrennt durchführen. Verfasse einen Zeitungsartikel mit den Ergebnissen deiner Auswertung. Zeichne ein geeignetes Diagramm.

■ Führt eine ähnliche Umfrage in eurer Klasse durch und wertet sie aus. Überlegt zuerst, welche Daten ihr erheben wollt, welche Fragen dazu nötig sind und wie der Fragebogen gestaltet werden soll. Beachtet, dass die Befragung anonym sein muss.

■ Prüfe, ob die Aussagen des Zeitungsartikels stimmen.

ExtraBlatt

Hobbys kosten Zeit

Wer hat kein Hobby? In der Klasse 7c jedenfalls hat jeder zumindest ein Hobby, für das er pro Woche mindestens drei Stunden aufwendet. Ganz Beflissene gehen ihrem Hobby sogar bis zu 16 Stunden pro Woche nach. Gut die Hälfte aller Schülerinnen und Schüler verbringen zwischen sechs und zehn Stunden pro Woche mit ihrem Hobby. Im Durchschnitt hat jeder acht Stunden pro Woche Zeit, seinem Hobby zu frönen. Man sieht, Hobbys kosten Zeit, aber eine schöne Zeit.

Zentralwert mit dem Computer

Für Ur- oder Ranglisten kann der Zentralwert auch mithilfe einer Tabellenkalkulation bestimmt werden.

C8	▼	fx	=MEDIAN(B5:B18)	
	A	B	C	D
1	Hochsprung			
2	Name	Höhe in Meter	Mittelwert	
3	Arthur	1,15	1,27	
4	Bernd	1,40		
5	Cihan	1,25		
6	Florian	1,20		
7	Harkan	1,25	Zentralwert	
8	Jens	1,30	1,25	
9	Marvin	1,20		
10	Nils	1,45		
11	Paul	1,30		
12	Robert	1,25		
13	Stephan	1,35		
14	Sven	1,20		
15	Thorsten	1,20		
16	Tobias	1,30		
17				

Mit dem Befehl =MEDIAN(B5:B18) wird der Zentralwert der Zellen B5 bis B18 bestimmt.
Wird die alphabetische Urliste zu einer Rangliste umgestellt, so findet man auch schnell die Personen heraus, die den Zentralwert repräsentieren.

Wie viele Minuten pro Woche treibt ihr außerhalb der Schule regelmäßig Sport?
■ Erfasse für deine Klasse die Daten in einer Urliste und gib sie in den Computer ein.
■ Erstelle mithilfe des Computers eine Rangliste.
■ Bestimme mit dem Computer
• Spannweite,
• Mittelwert und
• Zentralwert.
Was sagen dir diese Werte?
■ Streiche die drei größten und die drei kleinsten Werte aus der Rangliste. Bestimme die Kennwerte neu.
Was stellst du fest?
■ Teste für die oben abgebildete Liste den Befehl
=MODALWERT(B5:B18).
Welche Bedeutung hat dieser Befehl?

6 Die Schulterhöhe eines Schäferhundes liegt zwischen 55 cm und 65 cm. Züchter Hintzen wirbt damit, dass seine Schäferhunde besonders groß seien, da sie durchschnittlich mehr als 60 cm Schulterhöhe hätten. Eine Messung in cm ergab:

Alma	59	Bellina	66
Assa	58	Birda	67
Amro	60	Cita	59
Anka	58	Cäsar	64
Bello	59	Chico	60
Bronko	59	Chaplin	58

a) Stimmt die Behauptung des Züchters?
b) Wie viele Hunde sind größer als 60 cm?
c) Welcher Wert gibt eine bessere Auskunft über die Zuchterfolge von Herrn Hintzen?

7 In Hochdorf wird die Anzahl der Kinder pro Familie erfragt.

Kinderzahl	0	1	2	3	4	5	6	7
Anz. d. Fam.	64	95	110	48	38	15	4	1

a) Wie viele Kinder wohnen in Hochdorf?
b) Wie viel Prozent der Familien haben keine Kinder?
c) Wie viel Prozent der Familien haben mehr als drei Kinder?
d) Wie viele Kinder wohnen mit mehr als zwei Geschwistern zusammen?

8 Ein Laptop kostet in neun verschiedenen Fachgeschäften:
849 €; 875 €; 879 €; 899 €; 899 €; 929 €; 949 €; 950 €; 979 €
Die Zeitschrift „Preisvergleich" möchte einen Preis als Anhaltspunkt für den Verbraucher nennen.

Rückspiegel

In der Liste ist für die Klasse 7b erfasst worden, wie weit jede Schülerin und jeder Schüler von der Schule entfernt wohnt.

Silke	2,8 km	Stefan	7,3 km	Jens	4,7 km	Ismail	1,5 km	Nelli	0,7 km
Anna	3,6 km	Björn	0,2 km	Sonja	6,5 km	Dirk	5,8 km	Sven	0,3 km
Peter	4,1 km	Anke	2,9 km	Nina	11,7 km	David	13,1 km	Sabrina	0,8 km
Olga	4,2 km	Sascha	7,1 km	Alina	13,2 km	Marco	9,8 km	Petra	1,6 km
Afua	4,1 km	Martin	3,6 km	Abdul	7,0 km	Magida	8,3 km	Marvin	6,1 km

1 Schüler, die weiter als 3,5 km von der Schule entfernt wohnen, erhalten eine Fahrtkostenerstattung. Wie viele sind das?

2 Bestimme für die obige Liste Mittelwert und Zentralwert. Erkläre die Abweichung.

3 3000 Personen wurden befragt, ob mehr Verkehrskontrollen durchgeführt werden sollten. Das Ergebnis der Umfrage ist in der Häufigkeitsliste dargestellt. Bestimme die absoluten Häufigkeiten.

auf keinen Fall	41,2 %
eigentlich dagegen	21,5 %
unentschieden	12,4 %
eigentlich dafür	16,7 %
sehr dafür	8,2 %

4 Simon zählt auf einer Schnellstraße Autos und notiert die Kennzeichen.
S 10; WN 5; ES 3; SHA 2 Autos.
Er sagt: 50 % der Autos stammen aus Stuttgart.
Jasmin hat 50 Autos gezählt: S 18; WN 10; ES 8; SHA 4; andere 10 Autos.
a) Welche Aussage wird Jasmin machen?
b) Wer liegt mit seiner Schätzung besser? Begründe.

5 Bei einer Umfrage werden 800 Personen befragt, wie viele Zeitungen sie abonniert haben.

Abos	0	1	2	3	4	5
Anzahl	217	312	154	78	27	12

Berechne Mittelwert und Zentralwert.

1 Jens behauptet, dass die Anzahl der Kinder, die weiter von der Schule entfernt wohnen als er, genauso groß ist wie die Anzahl der Kinder, die näher wohnen.

2 Werte die obige Liste für Jungen und Mädchen getrennt aus. Bestimme dazu die dir bekannten Kennwerte.

3 Für ein Open-Air-Konzert wurde über Zeitung, Plakat, Postwurfsendung und Rundfunk geworben.
Die Werbeagentur möchte wissen, welche dieser Werbeformen die größte Wirkung erzielt hat. Sie befragt von den 8000 Besuchern 300. Das Ergebnis ist in der Tabelle festgehalten.
Wie viele Besucher wurden ungefähr durch die einzelnen Werbeträger informiert?

Auf das Konzert aufmerksam gemacht wurden durch:

Zeitung	79
Plakat	54
Postwurfsendung	84
Rundfunk	45
Sonstiges	38

4 Auf einem Großmarkt kauft Frau Loos 50 Kisten mit je 30 Äpfeln. Sie überprüft stichprobenartig 25 Äpfel und findet darunter 2 faule.
a) Wie muss sie bei der Stichprobe vorgehen?
b) Mit wie vielen faulen Äpfeln muss sie insgesamt rechnen?

5 Gemüsebauer Peters möchte die Qualität seiner Erbsen prüfen. Dazu öffnet er 250 Schoten und zählt die darin befindlichen Erbsen.
a) Wie viele Erbsen kann man insgesamt in 15 000 Schoten erwarten?
b) Frau Retz kauft 300 Schoten und hat 1653 Erbsen. Sie meint, dies seien erheblich zu wenig.

Erbsen pro Schote	Schotenzahl
0	2
1	11
2	36
3	54
4	52
5	44
6	29
7	18
8	4

Lösungen des Basiswissens

Basiswissen | Kreis und Winkel, Seite 6

2
a) ein Kreisausschnitt: Drittelkreis
gefärbter Anteil der Kreisfläche: zwei Drittel
b) ein Kreisausschnitt: Achtelkreis
gefärbter Anteil der Kreisfläche: fünf Achtel
c) ein Kreisausschnitt: Sechzehntelkreis
gefärbter Anteil der Kreisfläche: vier Sechzehntel
oder ein Viertel

3
45° spitzer Winkel
90° rechter Winkel
135° stumpfer Winkel
240° überstumpfer Winkel
310° überstumpfer Winkel

4
a) $\alpha = 45°$ b) $\alpha = 142°$
c) $\alpha = 25°$ d) $\alpha = 180°$

5
a) $\alpha = \beta = \gamma = 32°$
b) $\alpha = \gamma = 120°$; $\beta = 60°$

Basiswissen | Symmetrische Figuren, Seite 7

1
D(1|6)

2
D(8|7)

3
Mögliche vierte Eckpunkte sind (0|0); (10|4); (4|10).

4

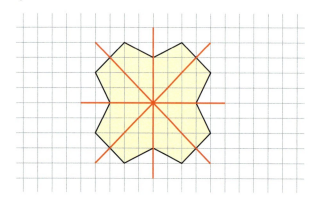

Basiswissen | Daten, Seite 8

1
a) Säulendiagramm

b) Kreisdiagramm

c) Streifendiagramm

2
Minimum: 56 mm; Maximum: 225 mm; Spannweite: 169 mm
Mittlere monatliche Niederschlagsmenge
in Tokio: $\frac{1560}{12}$ mm = 130 mm.

3
Durchschnitt der erreichten Punktzahl: $\frac{294}{30}$ = 9,8.

4
a) Durchschnittliche Weiten der Klassen:

7a: $\frac{7106}{8}$ cm = 688,25 cm

7b: $\frac{7092}{8}$ cm = 686,50 cm

7c: $\frac{7131}{8}$ cm ≈ 691,38 cm

7d: $\frac{7025}{8}$ cm ≈ 678,13 cm

Die durchschnittlich größte Weite hat die Klasse 7c mit 691,38 cm gestoßen.

b) Den größten Unterschied findet man mit 87 cm in der Klasse 7d, den kleinsten mit 11 cm in der Klasse 7c.

c) 7a: $\frac{2703}{3}$ cm = 701 cm

7b: $\frac{2691}{3}$ cm = 697 cm

7c: $\frac{2682}{3}$ cm = 694 cm

7d: $\frac{2704}{3}$ cm ≈ 701,3 cm

Werden nur die drei besten Leistungen bewertet, so hat mit 701,3 cm die Klasse 7d den besten Durchschnitt erzielt.

d) 7a: $\frac{5370}{6}$ cm = 695 cm

7b: $\frac{5345}{6}$ cm ≈ 690,8 cm

7c: $\frac{5356}{6}$ cm ≈ 692,7 cm

7d: $\frac{5350}{6}$ cm ≈ 691,7 cm

Werden die beiden schlechtesten Leistungen gestrichen, so hat mit 695 cm die Klasse 7a den besten Durchschnitt erzielt.

Basiswissen | Rechnen mit Brüchen, Seite 9/10

1
a) $\frac{4}{6}; \frac{6}{9}; \frac{8}{12}$ b) $\frac{10}{15}; \frac{12}{18}; \frac{20}{30}$
c) $\frac{18}{24}; \frac{24}{32}; \frac{30}{40}$ d) $\frac{6}{8}; \frac{9}{12}; \frac{12}{16}$
e) $\frac{10}{12}; \frac{25}{30}; \frac{40}{48}$ f) $\frac{15}{18}; \frac{20}{24}; \frac{50}{60}$

2
a) $\frac{4}{7}$ b) $\frac{5}{8}$ c) $\frac{2}{3}$
d) $\frac{5}{6}$ e) $\frac{3}{4}$ f) $\frac{3}{5}$

3
a) >   b) <   c) <
d) >   e) >   f) <

4
a) $\frac{1}{4} < \frac{3}{8} < \frac{1}{2} < \frac{7}{12} < \frac{17}{24} < \frac{5}{6}$
b) $\frac{3}{5} < \frac{2}{3} < \frac{17}{25} < \frac{52}{75} < \frac{7}{10} < \frac{11}{15} < \frac{37}{50}$

5
a) 1   b) $\frac{3}{7}$ c) 2
d) $\frac{11}{12}$ e) $\frac{4}{5}$ f) $1\frac{1}{15}$
g) $1\frac{1}{3}$ h) $\frac{3}{8}$ i) $\frac{1}{2}$

6
a) $1\frac{5}{24}$ b) $1\frac{11}{20}$ c) $\frac{7}{36}$
d) $1\frac{27}{40}$ e) $\frac{11}{35}$ f) $\frac{4}{15}$
g) $\frac{13}{56}$ h) $\frac{59}{63}$ i) $\frac{11}{72}$

7
a) $1\frac{1}{4}$ b) $4\frac{1}{6}$ c) $4\frac{13}{24}$
d) $\frac{27}{40}$ e) $1\frac{5}{18}$ f) $2\frac{1}{3}$

8
a) $2\frac{1}{3}$ b) $1\frac{1}{4}$ c) $1\frac{23}{28}$
d) $2\frac{3}{8}$ e) $1\frac{27}{28}$ f) $2\frac{35}{36}$

9
a) $\frac{3}{10}$ b) $\frac{9}{10}$ c) $\frac{1}{3}$
d) $\frac{3}{8}$ e) $\frac{9}{28}$ f) $\frac{5}{7}$
g) $\frac{6}{5}$ h) $\frac{1}{2}$ i) $\frac{8}{9}$

10
a) $\frac{7}{10}$ b) $\frac{15}{56}$ c) $\frac{16}{45}$
d) $\frac{7}{36}$ e) $\frac{35}{36}$ f) $\frac{16}{63}$
g) $1\frac{1}{54}$ h) $\frac{35}{72}$ i) $\frac{21}{64}$

11
a) $\frac{2}{3}$ b) $\frac{2}{15}$ c) $\frac{1}{6}$
d) 2   e) $3\frac{3}{4}$ f) $2\frac{1}{2}$

12
a) $\frac{1}{2}$ b) $\frac{5}{14}$ c) 1
d) $\frac{4}{5}$ e) $\frac{3}{20}$ f) $\frac{1}{18}$

Basiswissen | Rechnen mit Dezimalbrüchen, Seite 11

1
a) 0,9   b) 0,23   c) 0,901
d) 0,14   e) 0,245   f) 5,45

2
a) $\frac{7}{10}$ b) $\frac{45}{100} = \frac{9}{20}$ c) $\frac{567}{1000}$
d) $1\frac{6}{10} = 1\frac{3}{5}$ e) $54\frac{3}{10}$ f) $10\frac{1}{100}$

3
a) 0,036; 0,36; 0,42; 0,95; 0,951; 4,02
b) 2,56; 2,65; 5,26; 5,62; 6,25; 6,52
c) 0,0780; 0,0788; 0,087; 0,0877; 0,0878

4
a) 136 cm   b) 34 cm   c) 8250 m
d) 19 350 g   e) 1750 kg   f) 4500 mg
g) 4200 dm³   h) 55 m²   i) 12 340 mm²

5
a) 0,53; 0,59; 0,64; 0,71; 0,77
b) 8,53; 8,58; 8,64; 8,7; 8,77

6
a) 6,8   b) 4,3   c) 20,4
d) 11,8   e) 0,37   f) 10,53

7
a) 11,348   b) 0,524
c) 183,341   d) 3,439

8
a) 78,144 b) 435,8125 c) 62,18
d) 64,5232 e) 42,963 f) 0,1

9
a) 15 b) 9,5 c) 12

10
a) 208 b) 4,47 c) 102,2
d) 51,98 e) 607,608 f) 3,8356
g) 5,1957 h) 0,00665

11
a) 0,3 b) 0,05
c) 1,692 d) 0,85

12
a) 20 b) 20 c) 2,8
d) 3,4 e) 1233,333… f) 4250
g) 0,7 h) 0,0135

13
a) 12,8 b) 0,256 c) 8
d) 6,7 e) 7,65 f) 4,0656

14
a) 109,5 b) 0,15
c) 2,8 d) 1

15
a) 0,3 b) 1,5 c) 0,02
d) 2,5 e) 0,1

16
a) $9,0 \cdot 7,4 = 66,6$
b) $0,9 \cdot 4,7$

17
$7,5 \cdot 2,4 - 19,6 : 3,5 = 12,4$

Lösungen der Rückspiegel

Rückspiegel, Seite 29, links

1
a) −2; −0,5; 2,5
b) −92; −74; −58

2
a)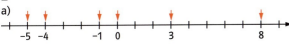
b)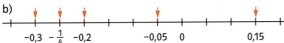

3
a) 23 > −27
   −108 < −96
   −4312 < −1234
b) 0,17 > −0,71
   −0,908 < −0,809
   −0,056 > −$\frac{1}{2}$

4
a) −450; −405; −54; −45; 45; 540
b) −0,502; −0,205; −0,052; 0,025; 0,52

5
a) −2,25   b) 1,25

6
a) −1   b) −1,75

7
Moskau   −27 °C   Helsinki   −18 °C
Wien   −7 °C   Brüssel   0 °C
Athen   11 °C   Las Palmas   20 °C

8
Januar – Februar   −3700
Februar – März   −2500
März – April   +3150
April – Mai   −4500
Mai – Juni   +2890

Rückspiegel, Seite 29, rechts

1
a) −2,3; −1,6; −1,1
b) −11 020; −10 960; −10 890

2
a)
b)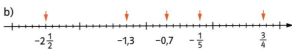

3
a) −6,3 < 2,9
   −3,3 > −4,4
   −0,8 = −$\frac{4}{5}$
b) −$\frac{21}{5}$ < −4,19
   −$\frac{1}{9}$ < −0,1
   −$\frac{1}{4}$ = −0,25

4
a) −8,73 < −7,83 < −3,87 < 3,78 < 7,83
b) −1$\frac{1}{2}$ < −1$\frac{1}{4}$ < −1$\frac{1}{10}$ < 1,25 < 1,55

5
a) −0,75   b) −$\frac{5}{12}$

6
a) −3,5   b) 0,5

7
1025,00 €   5,09 €
−1,00 €   −75,80 €
−100,00 €   −234,56 €

8
Montag   8,3
Dienstag   8,7
Mittwoch   6,9
Donnerstag   10,4
Freitag   13,5
Samstag   7,5
Sonntag   8,2
Größte Differenz also am Freitag.

Rückspiegel, Seite 53, links

1
a) −17 b) −13
c) 102 d) −83

2
a) −96 b) −105
c) −9   d) 6
e) 264 f) −4

3
a) 6   b) −20
c) 110 d) 90

4
a) −58 b) 44
c) 65   d) 51

5
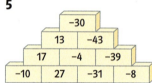

6
a) −4   b) −56
c) −5   d) 86
e) 90

7
−17 − (23 + 36) = −76

8
529 m unter dem Meeresspiegel

Rückspiegel, Seite 53, rechts

1
a) −51   b) −171
c) −36,1 d) 3,04

2
a) −15   b) 8,96
c) −12   d) −3,75
e) $-\frac{2}{3}$ f) −6

3
a) −18,5 b) −106,12
c) $-2\frac{3}{4}$ d) −23

4
a) −61   b) 26,4   c) 5,3

5
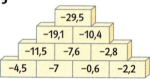

6
a) 112   b) 3,2
c) −1   d) 9,9

7
(−88 − (−76)) · (84 : (−28)) = 36

8
Rückgang um 0,5 °C pro 100 m

Rückspiegel, Seite 73, links

1

α	27°	39°	107°	18°	62°
β	52°	79°	57°	108°	117°
γ	101°	62°	16°	54°	1°

2
γ = 80°

3
Dreieck ABC: stumpfwinklig
Dreieck ABD: stumpfwinklig
Dreieck BCD: stumpfwinklig
Dreieck ACD: spitzwinklig

4
Die Konstruktionszeichnungen sind verkleinert abgebildet.

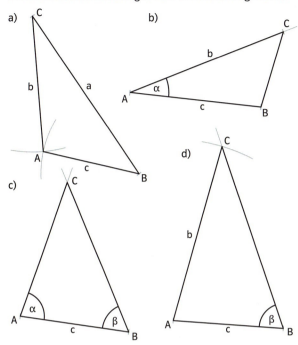

5
1 : 200 000
1 cm entspricht 2 km

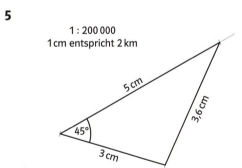

Geeigneter Maßstab z. B.: 1 : 200 000
Die Entfernung beträgt ca. 7,2 km.

Rückspiegel, Seite 73, rechts

1
a) α = 46°; γ = 68°
b) α = 41°; β = 84°; γ = 55°

2
a) α = 68°
b) α = β = 54°
c) γ = 28°; α = 124°

3
a) Winkelsumme von 180° lässt dritten Winkel nicht zu.
b) Die beiden kurzen Seiten „liegen auf der längsten Seite". (Dreiecksungleichung)

4

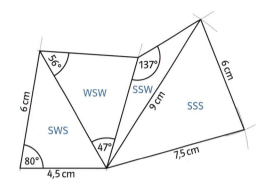

5

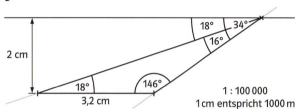

Geeigneter Maßstab z. B.: 1 : 100 000
Die Höhe beträgt ca. 2000 m.

Rückspiegel, Seite 89, links

1
a) 19   b) 21
c) 26   d) 14

2
a) 8 · 5 + 4 · 8 = 72 cm
8 · x + 4 · y
b) 4 · 6 + 4 · 5 + 4 · 8 = 76 cm
4 · x + 4 · y + 4 · z

3
a) 40 a − 20 b   b) 10 x + 20 y
c) 10 a + 25 c   d) 9 x − 52 y

4
a) 9 y   b) 12 x
c) 5 b c   d) 25 a b
e) 8 x · 4 x y u. ä.   f) 12 p² · 4 q r u. ä.
g) 5 x y   h) 0,6 p²q
i) −16 t²v   j) 5 y z²

5
a) $12pq - 4p^2$ b) $6xy^2 - 18xy$
c) $30x + 5y$ d) $12x - xy - y$

6
a) $2(3xy + 4)$ b) $3a(b + 4)$
c) $7c(3d + e)$ d) $16x(3y - 2x)$
e) $15rs(r - 4s)$ f) $9t^2(-9s + 1)$

7
a) $5x - 2(x + 3) = 3x - 6$ b) $(3 + y) \cdot x - xy = 3$
c) $(10b + (2a - 6)) : 2 = 5b + a - 3$

Rückspiegel, Seite 89, rechts

1
a) -5 b) $8{,}5$ c) 9 d) -4

2
a) $6 \cdot 4{,}5 + 6 \cdot 9 = 81\,\text{cm}$
$6 \cdot x + 6 \cdot y$
b) $4 \cdot 5{,}5 + 6 \cdot 6{,}4 + 4 \cdot 4 + 4 \cdot 1{,}5 = 82{,}4\,\text{cm}$
$4 \cdot x + 6 \cdot y + 4 \cdot z + 4(x - z)$

3
a) $20a$ b) $-15r - 30s$
c) $-2x + 13{,}8y$ d) $-62{,}6c - 16{,}8d$

4
a) $-15x^2y$ b) $-60a^3bc$
c) $63uv^2w$ d) $-0{,}6ab^2$
e) $-3v^4w^2$ f) $8r^2s^3t$
g) $-7ab^2$ h) $6x^2y^2$
i) $-0{,}25t^2v^2$ j) $0{,}4a^2bc^2$

5
a) $8c^2 + 12cd - 4ec$ b) $-6g^2h + 9g^3 - 1{,}5g^2$
c) $8xy$ d) $11x^2 - 4xy$

6
a) $16(3m^2 + n^2)$ b) $r(s + t + u)$
c) $2ab(a + 2 - b)$ d) $x(12 + 5x - 3y)$
e) $2(4ab - 3a + 5b)$ f) $7xy(4x - 6y + 1)$

7
a) $x + 2x = 3x$
b) $x + (x + 1) + (x + 2) = 3x + 3 = 3 \cdot (x + 1)$

Rückspiegel, Seite 107, links

1
a) $x = 4$ b) $x = 6$ c) $x = 9$
d) $x = 4$ e) $x = 7{,}5$ f) $x = -3$

2
a) $x = 2$ b) $x = \frac{1}{2}$ c) $x = 6$
d) $x = 2$ e) $y = 2$ f) $y = 4$

3
a) Statt 24 muss es −24 heißen (man subtrahiert 28).
b) Statt 25 muss es 15 heißen (man subtrahiert 5).
c) Statt 54 muss es 6 heißen (man muss durch 3 dividieren).
d) Statt 0 muss es 1 heißen, denn die Division durch 22 ergibt 1.

4
a) $x = -6$ b) $x = 6$ c) $x = 6$
d) $u = 8$ e) $u = 3$ f) $u = 6$

5
$x + 2x + 4 = x + 50$
$x = 23$

6
Karens Alter heute: x
$x = 6 \cdot (x - 10)$
$x = 12$
Karen ist heute 12 Jahre alt.

7

	Alter heute	Alter vor 8 Jahren
Sonja	x	$x - 8$
Sonjas Vater	$56 - x$	$56 - x - 8$

$3 \cdot (x - 8) = 56 - x - 8$
$x = 18$
Sonja ist heute 18 Jahre alt, ihr Vater 38 Jahre.

8
$u = 30\,\text{cm}$
$a = 8\,\text{cm}$
$b = 9\,\text{cm}$

Rückspiegel, Seite 107, rechts

1
a) x = 4 b) x = 3 c) x = 46
d) y = 4 e) y = $-\frac{3}{2}$ f) y = −0,4

2
a) x = 1 b) x = $\frac{14}{15}$ c) x = $5\frac{3}{5}$
d) x = 2 e) x = 1 f) x = 1

3
a) Statt 10 muss es 2 heißen; es muss durch 10 dividiert werden.
b) Statt 2 muss es $\frac{1}{2}$ heißen, da 7 durch 14 dividiert werden muss.
c) Es muss 4x = 22 heißen; es wurden verschiedenartige Summanden zusammengefasst.
d) Es muss $\frac{1}{2}$x heißen; hier wurde die Regel „Punkt vor Strich" missachtet.

4
a) x = 7 b) x = 1 c) x = 5
d) y = 2 e) y = $\frac{1}{2}$ f) y = $\frac{1}{3}$

5
$\left(\frac{1}{6} \cdot x + 5\right) \cdot 3 = x$
x = 30

6
Karens Alter heute: x
x + 20 = 9 · (x − 4)
x = 7
Karen ist heute 7 Jahre alt.

7

	Alter heute	Alter in 10 Jahren	Alter in 8 Jahren
Anna	3x	3x + 10	−
Maria	x	−	x + 8

3x + 10 = 2 · (x + 8)
x = 6
Maria ist heute 6 Jahre alt, Anna 18 Jahre.

8
α = 60°
β = 72°
γ = 48°

Rückspiegel, Seite 127, links

1
a) D(3|5) b) D(−1|6)

2
a)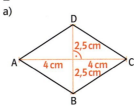
b)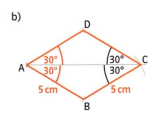

3
β = 115°; γ = 65°; δ = 115°

4
β = 67°

5
α + β + γ + δ = α + (α + 30°) + 3α + (α + 60°) = 6α + 90°
6α + 90° = 360°
α = 45; β = 75°; γ = 135°; δ = 105°

6
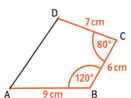

7
a)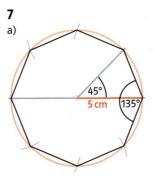

b) α = 135°
Winkelsumme: 8 · 135° = 1080°

Rückspiegel, Seite 127, rechts

1
a) C(6|8); D(1|3) b) D(−4|6)

2
a)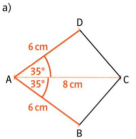
b)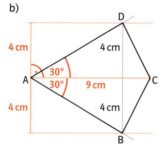

3
α = 85° + 50° = 135°; β = 45°

4
α = 73°

5
α + β + γ + δ = α + (2α + 30°) + 2α
+ (3α − 70°) = 8α − 40°
8α − 40° = 360°
α = 50°
β = 130°
γ = 100°
δ = 80°

6
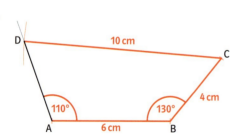

7
a)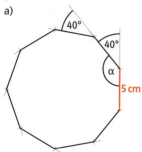
b) α = 140°
Winkelsumme: 9 · 140° = 1260°

Rückspiegel, Seite 145, links

1
a) Die Zuordnung ist proportional.
b) Die Zuordnung ist keines von beiden.
c) Die Zuordnung ist umgekehrt proportional.
d) Die Zuordnung ist proportional.

2
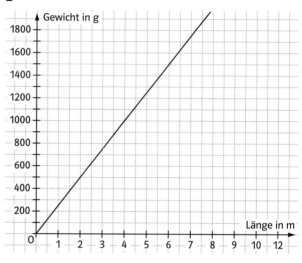

3
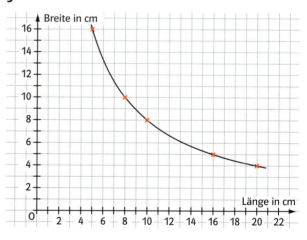

4
a) 50 min   b) 17,5 km

5
a) 5,40 €
b) 2,25 €
c) Die 850 g-Dose ist teurer (100 g kosten ungefähr 19 ct) als die 560 g-Dose (100 g kosten ungefähr 18 ct).

192

Rückspiegel, Seite 145, rechts

1

a)
Zeit	Kosten
15 h	540 €
5 h	180 €
10 h	360 €
25 h	900 €

b)
Anzahl	Kosten
2	5,00 €
18	45,00 €
9	22,50 €
7	17,50 €

c)
Arbeiter	Zeit
40	5 h
20	10 h
10	20 h
8	25 h

d)
Anzahl	Kosten
36	25 €
30	30 €
20	45 €
24	37,50 €

2

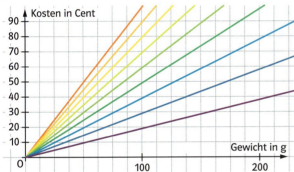

3

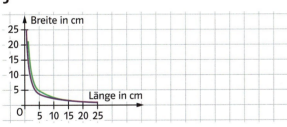

4

a) proportionale Zuordnung

x	0	1	2	3	4	5	6	7
y	0	0,5	1	1,5	2	2,5	3	3,5

b) umgekehrt proportionale Zuordnung

x	1	2	3	4	5	6	7
y	4	2	1,3	1	0,8	0,7	0,6

5

a) 250 g würden 3,25 € kosten.
b) $2\frac{1}{2}$ kg kosten 3,56 €.
c) 3 kg sind günstiger (1 kg kosten ungefähr 2,55 €) als 4,5 kg Waschmittel (1 kg kosten ungefähr 2,61 €).
d) 650 g lose sind günstiger als eine Tüte (100 g kosten ungefähr 0,31 €).

Rückspiegel, Seite 163, links

1

a) 5,0 %; 45,0 %; 80,0 %; 22,0 %; 33,3 %
b) 53,3 %; 81,8 %; 83,3 %
c) 25 %; 70 %

2

0,85; 0,17; 0,09; 1,2; 0,035

3

Jan: 48 %; Kira: 32 %; Leon: 16 %; Sina: 4 %

4

Grundwert	Prozentwert	Prozentsatz
520 €	56 €	10,8 %
48,5 m	36,9 m	76 %
46,1 kg	17,5 kg	38 %

5

Der neue Preis beträgt 193,70 €.

6

„wichtig": 340 Jugendliche
„unwichtig": 125 Jugendliche
„keine Meinung": 35 Jugendliche

7

Der Preis ohne Rabatt war 900 €.

Rückspiegel, Seite 163, rechts

1
a) 66,7 %; 48,0 %; 60,0 %; 3,6 %; 55,0 %
b) 18,5 %; 55,6 %; 187,5 %
c) 6 %; 25 %

2
0,07; 0,125; 0,0225; 0,0325; 2,5

3
Werte gerundet
Europa: 7,1 %; Amerika: 28,8 %;
Asien: 29,9 %; Australien: 4,0 %;
Afrika: 20,7 %; Antarktis: 9,6 %;

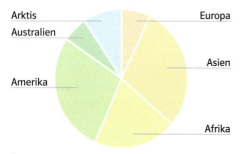

4

Grundwert	Prozentwert	Prozentsatz
107,25 €	3,75 €	3,5 %
3,8 km	4,75 km	125 %
250 kg	11,25 kg	$4\frac{1}{2}$ %

5
Der Preis wurde um etwa 25 % ermäßigt.

6
Industrie: 18,4 Mio. Tonnen
Haushalte: 37,6 Mio. Tonnen
Verkehr (30 %): 24,0 Mio. Tonnen

7
Marina musste 237,50 € bezahlen.

Rückspiegel, Seite 183, links

1
Rangliste:
Björn 0,2; Sven 0,3; Nelli 0,7; Sabrina 0,8; Ismail 1,5;
Petra 1,6; Silke 2,8; Anke 2,9; Anna 3,6; Martin 3,6;
Afua 4,1; Peter 4,1; Olga 4,2; Jens 4,2; Dirk 5,8; Marvin 6,1;
Sonja 6,5; Abdul 7,0; Sascha 7,1; Stefan 7,3; Magida 8,3;
Marco 9,8; Nina 11,7; David 13,1; Alina 13,2
17 Schülerinnen und Schüler wohnen weiter als 3,5 km entfernt und erhalten eine Fahrtkostenerstattung.

2
Mittelwert: $\frac{130,5}{25}$ km = 5,22 km.
Zentralwert: Der Wert an der 13. Stelle: Jens oder Olga mit 4,2 km.
Erklärung der Abweichung: Es gibt einige Schülerinnen und Schüler, die sehr weit von der Schule entfernt wohnen. Dadurch weicht der Mittelwert vom Zentralwert nach oben ab.

3
auf keinen Fall: 1236 Personen
eigentlich dagegen: 645 Personen
unentschieden: 372 Personen
eigentlich dafür: 501 Personen
sehr dafür: 246 Personen

4
a) Etwa 36 % der Autos stammen aus dem Raum Stuttgart
b) Jasmins Schätzung ist besser, da sie viel mehr Autos gezählt hat.

5
Mittelwert: $\frac{1022}{800}$ = 1,2775

Zentralwert: An der 400. bzw. 401. Stelle liegt der Wert 1.

Rückspiegel, Seite 183, rechts

1 Die Behauptung von Jens ist falsch, denn es wohnen 12 Kinder näher an der Schule als Jens, aber nur 11 Kinder wohnen weiter entfernt.
Richtige Behauptungen wären gewesen:
- Mindestens die Hälfte aller Kinder wohnt nicht weiter von der Schule entfernt als ich (14 Kinder von 25 Kindern).
- Mindestens die Hälfte aller Kinder wohnt nicht näher an der Schule als ich (13 Kinder von 25 Kindern).

2
Rangliste für die Jungen:
Björn 0,2; Sven 0,3; Ismail 1,5; Martin 3,6; Peter 4,1; Jens 4,2; Dirk 5,8; Marvin 6,1; Abdul 7,0; Sascha 7,1; Stefan 7,3; Marco 9,8; David 13,1
Rangliste für die Mädchen:
Nelli 0,7; Sabrina 0,8; Petra 1,6; Silke 2,8; Anke 2,9; Anna 3,6; Afua 4,1; Olga 4,2; Sonja 6,5; Magida 8,3; Nina 11,7; Alina 13,2

	Jungen	Mädchen
Minimum	0,2	0,7
Maximum	13,1	13,2
Spannweite	12,9	12,5
Mittelwert	$\frac{70,1}{13} \approx 5,392$	$\frac{60,4}{12} \approx 5,033$
Zentralwert	5,8	3,85

3
Zeitung: 2107 Personen
Plakat: 1440 Personen
Postwurfsendung: 2240 Personen
Rundfunk: 1200 Personen
Sonstiges: 1013 Personen

4
a) Bei der Stichprobe sollte Frau Loos in jeder zweiten Kiste einen Apfel untersuchen.
b) Insgesamt hat Frau Loos 1500 Äpfel gekauft.
Etwa $\frac{2}{25}$ = 0,08 = 8% davon sind faul. Frau Loos muss mit ungefähr 120 faulen Äpfeln rechnen.

5
a) In 250 Schoten befinden sich 1005 Erbsen. Pro Schote ist mit 4,02 Erbsen zu rechnen. Bei 15 000 Schoten kann man mit 60 300 Erbsen rechnen.
b) Bei 300 Schoten ist mit 1206 Erbsen zu rechnen. Frau Retz hat also Unrecht.

Register

Abnahme 21, 25
absolut 148, 159
absolute Häufigkeit 168, 178
äquivalent 76, 92
Äquivalenzumformung 92
Assoziativgesetz 37, 40
Ausklammern 45, 48, 83
Ausmultiplizieren 45, 48

Distributivgesetz 45
Drehpunkt 110
Dreieck 58
–, allgemeines 58, 68
–, gleichschenkliges 58, 68
–, gleichseitiges 58, 68
– kongruent 62
–, rechtwinkliges 58, 68
– Seiten-Winkel-Beziehung 59
–, spitzwinkliges 58, 68
–, stumpfwinkliges 58, 68
Dreieck konstruieren 61, 68
– sss 61, 68
– ssw 61, 62, 68
– sws 61, 68
– wsw 61, 62, 68
Dreiecksformen 58, 68
Dreiecksungleichung 62
Dreisatz 130, 140
–, umgekehrter 135, 140
Dynamische Geometriesoftware
(DGS) 57, 65, 72, 117, 126

Faktorisieren 83

Gegenzahl 14, 25
Gerade durch den Ursprung 132, 140
Gesamtheit 171
Gesamtzahl 168
gleichartig 78
Gleichungen
– lösen 92, 96
Grundmenge 95
Grundwert 153, 157, 159

Häufigkeitsliste 178
Höhe 66, 68
– im Dreieck 66

Höhenschnittpunkt 66, 68
Hyperbel 137

Inkreis 64, 68
Inkreismittelpunkt 64, 68

Koeffizient 78
Kommutativgesetz 37, 40
Konstruktion 61, 115
– von Dreiecken 61, 68
– eines Vierecks 121
Konstruktionsbeschreibung 115
Konstruktionszeichnung 115
Koordinate 23, 25
Koordinatensystem 23, 25, 35

Liste 166, 178

Methode
– Diagramme am PC 154
– DGS 57
– Prozente
  grafisch darstellen 152
– Rangliste mit dem Computer 167
– runden 151
– Skizzen 102
– Statistiken auswerten 176
– Tabellen 102
– Terme benennen 84
– Umgang
  mit einfachen Formeln 160
– Zahlenreihen fortsetzen 39
– Zentralwert
  mit dem Computer 182
Minusklammer 37
Mittelpunktswinkel 118
Mittelsenkrechte 64, 68
– im Dreieck 64
– Konstruktion 64

Ordnen
– rationaler Zahlen 18, 25

Parkette 124, 125
–, regelmäßige 124, 125
Planfigur 61, 115
Plusklammer 37

Proportionalitätsfaktor 132, 140
Prozent 150, 159
Prozentkreis 152, 159
Prozentsatz 153, 159
Prozentschreibweise 150
Prozentstreifen 152, 159
Prozentwert 153, 155, 159

Quadrant 23, 25

Rangliste 166, 178
rationale Zahlen
– addieren 32, 48
– dividieren 42, 48
– multiplizieren 40, 48
– subtrahieren 34, 48
Rechenreihenfolge 45, 48
relativ 148, 159
relative Häufigkeit 168, 178

Schwerpunkt 66, 68
Schwerlinien 66
Seitenhalbierende 66, 68
– im Dreieck 66
statistische Erhebung 166
Steigung 162
Stichprobe 171, 178
Stücke
– eines Vierecks 115
Symmetrieachse 110, 121
Symmetriewinkel 110, 121

Term 76
Terme
– addieren 78, 86
–, äquivalente 86
– dividieren 80, 86
–, gleichartige 86
– mit Klammern 83, 86
– multiplizieren 80
– subtrahieren 78, 86
– vereinfachen 80
– zusammenfassen 78
Textaufgaben
– lösen 99

196

Umkreis 64, 68
Umkreismittelpunkt 64, 68
Urliste 166, 178

Variable 76, 86
Vergleich
–, absoluter 148, 159
–, relativer 148, 159
Vergleichen
– rationaler Zahlen 18, 25
Verbindungsgesetz 37, 40
Vertauschungsgesetz 37, 40
Verteilungsgesetz 45, 48, 83, 86
Vielecke
–, regelmäßige 118, 121
Vierecke
–, allgemeine 110
–, besondere 110
–, Haus der 110, 121
Vorzeichen 14

Wert
– eines Terms 76
Winkelhalbierende 64, 68
– im Dreieck 64
– Konstruktion 64
Winkelsumme 56
– im Dreieck 56, 68
– im Viereck 113, 121

x-Achse 23, 25
x-Wert 23, 25

y-Achse 23, 25
y-Wert 23, 25

Zahlen
–, ganze 14, 17, 25
– Gegenzahl 14
–, natürliche 17
–, negative 14
–, rationale 16, 17, 25
Zahlengerade
–, ganze 14
–, rationale 25
Zentralwert 173, 177, 178
Zunahme 21, 25
Zuordnung
–, Graph einer proportionalen 132, 140
–, Graph einer
  umgekehrt proportionalen 137, 140
–, proportionale 132, 140
–, umgekehrt proportionale 137, 140

Mathematische Symbole

=	gleich
<	kleiner als
>	größer als
$\mathbb{N}$	Menge der natürlichen Zahlen
$\mathbb{Z}$	Menge der ganzen Zahlen
$\mathbb{Q}$	Menge der rationalen Zahlen
$g \perp h$	die Geraden g und h sind zueinander senkrecht
⌐	rechter Winkel
$g \parallel h$	die Geraden g und h sind parallel
g, h, …	Buchstaben für Geraden
A, B, … , P, Q, …	Buchstaben für Punkte
α, β, γ, δ, …	griechische Buchstaben für Winkel
$\overline{AB}$	Strecke mit den Endpunkten A und B
A(−2|4)	Punkt im Koordinatensystem mit dem x-Wert −2 und y-Wert 4

Maßeinheiten und Umrechnungen

Zeiteinheiten

Jahr	Tag	Stunde	Minute	Sekunde
1 a =	365 d			
	1 d =	24 h		
		1 h =	60 min	
			1 min =	60 s

Gewichtseinheiten

Tonne	Kilogramm	Gramm	Milligramm
1 t =	1000 kg		
	1 kg =	1000 g	
		1 g =	1000 mg

Längeneinheiten

Kilometer	Meter	Dezimeter	Zentimeter	Millimeter
1 km =	1000 m			
	1 m =	10 dm		
		1 dm =	10 cm	
			1 cm =	10 mm

Flächeneinheiten

Quadrat-kilometer	Hektar	Ar	Quadrat-meter	Quadrat-dezimeter	Quadrat-zentimeter	Quadrat-millimeter
1 km² =	100 ha					
	1 ha =	100 a				
		1 a =	100 m²			
			1 m² =	100 dm²		
				1 dm² =	100 cm²	
					1 cm² =	100 mm²

Raumeinheiten

Kubikmeter	Kubikdezimeter	Kubikzentimeter	Kubikmillimeter
1 m³ =	1000 dm³		
	1 dm³ =	1000 cm³	
	1 l =	1000 ml	
		1 cm³ =	1000 mm³

Bildquellenverzeichnis

4.1 Avenue Images GmbH (Comstock), Hamburg; **4.2** Getty Images (David Gould), München; **4.3** Avenue Images GmbH (StockTrek), Hamburg; **4.4** Avenue Images GmbH (BrandXPictures), Hamburg; **5.1** Corbis (zefa/LWA-Stephen Welstead), Düsseldorf; **5.2** Getty Images (Paula Hibl), München; **5.3** Getty Images (Erlanson Productions), München; **5.4** Avenue Images GmbH (PhotoDisc), Hamburg; **5.5** Getty Images (altrendo images), München; **12.1** Avenue Images GmbH (Comstock), Hamburg; **12.4** Getty Images (Miguel Salmeron), München; **12.5** Okapia (NOAA/Bortniak), Frankfurt; **12.6** Avenue Images GmbH (PhotoDisc), Hamburg; **13.1** Getty Images (Alistair Berg), München; **15.5** Fotosearch Stock Photography (Maps Resources), Waukesha, WI; **16.2** Masterfile Deutschland GmbH (Bryan Reinhart), Düsseldorf; **20.1** plainpicture GmbH & Co. KG (G. Schade), Hamburg; **20.2** Getty Images (Bongarts), München; **21.1** VISUM Foto GmbH (Schultze/Zeitenspiegel), Hamburg; **22.3** Astrofoto, Sörth; **28.1** Corbis (van Hasselt), Düsseldorf; **30.1** Getty Images (David Gould), München; **31.1** Getty Images (James Darell), München; **32.1** Corbis (Tom Stewart), Düsseldorf; **37.1** Getty Images RF (PhotoDisc), München; **42.2** Corbis (LATREILLE FRANCOIS/CDP), Düsseldorf; **44.2** MEV Verlag GmbH, Augsburg; **47.3** Corbis (James Randklev), Düsseldorf; **47.4** AKG, Berlin; **52.1** Picture-Alliance (dpa), Frankfurt; **52.4** Arco Images GmbH (Therin-Weise), Lünen; **54.1** Avenue Images GmbH (StockTrek), Hamburg; **63.5** MEV Verlag GmbH, Augsburg; **65.4** laif, Köln; **69.4** Corbis (Yann Arthus-Bertrand), Düsseldorf; **71.5** Picture-Alliance (KPA/Ziese), Frankfurt; **72.1 Getty Images (Bongarts), München**; **74.1** Avenue Images GmbH (BrandXPictures), Hamburg; **74.3** Imago, Berlin; **75.2** Fotosearch Stock Photography (Brand X Pictures), Waukesha, WI; **75.3** Gebhardt, Dieter, Asperg; **76.2** laif (Hub), Köln; **80.1** vario images GmbH & Co.KG (Christoph Papsch), Bonn; **90.1** Corbis (zefa/LWA-Stephen Welstead), Düsseldorf; **90.3** Avenue Images GmbH (BrandXPictures), Hamburg; **91.1** Corbis (zefa/Dan Kenyon), Düsseldorf; **91.2** Getty Images (Clarissa Leahy), München; **95.1** altrofoto.de, Regensburg; **102.1** Corbis (Bettmann), Düsseldorf; **106.2** Ullstein Bild GmbH, Berlin; **106.3** Picture-Alliance (akg-images/Werner Unfug), Frankfurt; **108.1** Getty Images (Paula Hibl), München; **109.2** Getty Images (Stone/PM Images), München; **112.1** creativ collection Verlag GmbH, Freiburg; **119.1** Corbis (Ralph A. Clevenger), Düsseldorf; **119.2** Mauritius Images (Rosenfeld), Mittenwald; **119.4** Corbis (Adam Woolfitt), Düsseldorf; **119.5** Musiolek GmbH, Lehrte/Arpke; **124.2** Corbis (zefa/Gregor Schuster), Düsseldorf; **124.6** Getty Images (Peter Anderson), München; **125.1** Getty Images RF (Photo Disc), München; **128.1** Getty Images (Erlanson Productions), München; **130.1** Corbis, Düsseldorf; **131.2** www.bilderbox.com (wodicka), Thening; **131.3** Picture-Alliance (Fotoreport), Frankfurt; **133.3** Max Cropp e.K., Hamburg; **133.4** Corbis (Sally A. Morgan), Düsseldorf; **133.5** Thinkstock (iStockphoto), München; **133.6** Alamy Images (Reino Hanninen), Abingdon, Oxon; **133.7** Geotop, München; **135.1** Mauritius Images (Gilsdorf), Mittenwald; **135.2** creativ collection Verlag GmbH, Freiburg; **136.3** Avenue Images GmbH (Corbis RF), Hamburg; **137.1** Getty Images (Image Bank), München; **139.1** Werner Otto Reisefotografie – Bildarchiv, Oberhausen; **141.2** Werner Otto Reisefotografie – Bildarchiv, Oberhausen; **142.1** Caro Fotoagentur (Bastian), Berlin; **144.2** Silva Deutschland GmbH, Friedrichsdorf; **146.1** Avenue Images GmbH (PhotoDisc), Hamburg; **147.1** Avenue Images GmbH (BrandXPictures), Hamburg; **148.1** Getty Images (Bongarts/Lars Baron), München; **149.1** MEV Verlag GmbH, Augsburg; **150.1** Picture-Alliance (dpa), Frankfurt; **152.4** Getty Images (Image Bank/Lori Adamski Peek), München; **153.1** Mauritius Images (age), Mittenwald; **155.1** Alamy Images (iWitness Photos), Abingdon, Oxon; **156.2** Avenue Images GmbH (Stockbyte), Hamburg; **157.1 Avenue Images GmbH (Index Stock), Hamburg**; **161.1** Getty Images (Image Bank/Romilly Lockyer), München; **161.3 Getty Images (Stone/Catherine Ledner), München**; **162.3** Otto Bock Healthcare GmbH ((C) by Otto Bock), Duderstadt; **163.4** Corbis (Robert Dowling), Düsseldorf; **164.1** Getty Images (altrendo images), München; **166.1** Mauritius Images (Grafica), Mittenwald; **168.1** MEV Verlag GmbH, Augsburg; **168.2** Corbis (zefa/Holger Winkler), Düsseldorf; **171.1** Avenue Images GmbH (Iconotec), Hamburg; **171.3** MEV Verlag GmbH, Augsburg; **172.2** ddp images GmbH (dapd/Axel Schmidt), Hamburg; **173.1** MEV Verlag GmbH, Augsburg; **174.2** Vodafone D2 GmbH, Düsseldorf; **176.1** DigitalVision, Maintal-Dörnigheim; **177.1** laif (Matthias Jung), Köln; **180.1** Corbis RF (RF), Düsseldorf; **180.2** Getty Images (Girl Ray), München; **180.3** Avenue Images GmbH (Digital Vision), Hamburg; **181.1** Getty Images (M. Krasowitz), München; **181.2** Corbis RF (RF), Düsseldorf; **182.2** MEV Verlag GmbH, Augsburg

Alle übrigen Fotos entstammen dem Archiv des Ernst Klett Verlags GmbH, Stuttgart.

Sollte es in einem Einzelfall nicht gelungen sein, den korrekten Rechteinhaber ausfindig zu machen, so werden berechtigte Ansprüche selbstverständlich im Rahmen der üblichen Regelungen abgegolten.